南开大学公共数学系列教材

# 经济类数学分析

（上册）

（修订版）


**主　编**　张效成

**副主编**　张　阳　徐　锬　赵志勇

## 内容简介

本书是南开大学根据新世纪教学改革成果而编写的系列教材之一.全书分上、下两册,本书为上册.内容包括:函数、极限与连续、导数与微分、微分中值定理与导数的应用、不定积分、定积分.

与经济类传统的高等数学教材相比,本书加强了基础理论的阐述,大致相当于理科数学分析的深度.在内容上注重对学生抽象思维和逻辑上严谨论证的训练,同时也兼顾对学生数学运算能力以及运用能力的培养.

本书可作为对数学有较高要求的经济管理类专业本科生的教材,也可作为理科数学的参考教材.

**图书在版编目(CIP)数据**

经济类数学分析.上册/张效成主编.—天津:天津大学出版社,2005.7(2020.7重印)
ISBN 978-7-5618-2160-2

Ⅰ.经… Ⅱ.张… Ⅲ.数学分析-高等学校-教材 Ⅳ.017

中国版本图书馆CIP数据核字(2005)第069224号

**出版发行** 天津大学出版社
**地　　址** 天津市卫津路92号天津大学内(邮编:300072)
**电　　话** 发行部:022-27403647
**网　　址** publish.tju.edu.cn
**印　　刷** 廊坊市海涛印刷有限公司
**经　　销** 全国各地新华书店
**开　　本** 169mm×239mm
**印　　张** 16
**字　　数** 356千
**版　　次** 2005年7月第1版
**印　　次** 2020年7月第9次
**印　　数** 11401-12000
**定　　价** 29.00元

---

# 修订版前言

转眼之间，本书的第一版已经使用三年了．作为编者同时又是使用者，每讲授一次就会发现若干问题，有的是我们自己发现的，有的是同事们发现的，还有的是学生们发现的．随着时间的推移，问题也就渐渐地多了起来，于是就有了修订的必要．借此机会向给本书提出过意见或建议的热心读者表示衷心的感谢．

本次修订在体例上没有作大的改动，一些文字上的错误得到了纠正，一些疏漏与不足得到了完善或改进．比较明显的改进之一是将目录细化到“目”一级，这样会更便于阅读．

此外，借此机会我们想做一点补充说明．

本书是南开大学经济类专业高等数学课程改革的一项成果．自 2004 年以来，南开大学经济类各专业本科生要用第一学年的两个学期学完微积分，每周安排 4 课时的讲授和 2 课时的习题课，所用教材是我们编写的《经济类数学分析》上册和下册；要用第二学年的两个学期学完线性代数、概率论与数理统计，每周安排 4 课时的讲授；第三学年要用一个学期学完经济应用数学课程（包括微分方程、最优化和随机过程初步三部分内容），所用教材是我们编写的《经济应用数学教程》，每周 4 课时的讲授．因此，本书是为后续的数学课程打基础的．

本书修订版的出版，得到了天津大学出版社的大力支持，在此表示衷心的感谢．

修订版中存在的问题，欢迎广大专家、同行和读者批评指正．

编者于南开大学数学科学学院

2008 年 4 月

# 前　言

多年来，高等数学一直是南开大学非数学类专业本科生必修的校级公共基础课．由于各个学科门类的情况差异较大，该课程又形成了包含多个层次、多个类别的体系结构．层次不同，类别不同，教学目标和教学要求有所不同，课程内容的深度与宽度也有所不同，自然所使用的教材也应有所不同．

教材建设是课程建设的一个重要方面，属于基础性建设．时代在前进，教材也应适时更新而不能一劳永逸．因此，教材建设是一项持续的不可能有“句号”的工作．20 世纪 80 年代以来，南开大学的老师们就陆续编写出版了面向物理类、经济管理类和人文类等多种高等数学教材．这些教材为当时的数学教学做出了重要贡献，也为公共数学教材建设奠定了基础，积累了经验．

21 世纪是一个崭新的世纪．随着新世纪的到来，人们似乎对数学也有了一个崭新的认识：数学不仅是工具，更是一种素养，一种能力，一种文化．已故数学大师陈省身先生在其晚年为将中国建设成为数学大国乃至最终成为数学强国而殚精竭虑．他尤其对大学生们寄予厚望．他不仅关心着数学专业的学生，也以他那博大胸怀关心着非数学专业的莘莘学子．2004 年他挥毫为天津市大学生数学竞赛题词，并与获奖学生合影留念．这也是老一辈数学家对我们的激励与鞭策．另一方面，近年来一大批与数学交叉的新兴学科如金融数学、生物数学等不断涌现．这也对我们的数学教育和数学教学提出了许多新要求．而作为课程基础建设的教材建设自当及时跟进．现在呈现在读者面前的便是新世纪南开大学公共数学系列教材之一——经济类数学分析（上册）．

本书主要内容是极限与连续、一元函数微分学、一元函数积分学以及广义积分．和以往的经济类高等数学教材相比，其突出特点是从理科数学分析的高度，对基本理论做了较为严谨的阐述，以期为学生打下比较坚实的数学理论基础，正因为此，本书被赋予了《经济类数学分析》的名称．

我们之所以要加大经济类本科生基础数学的深度主要是基于以下的考虑．众所周知，在经济学中引入数学方法大约已有 200 多年的历史．经济学各个学科领域的发展历史一次又一次地证明，数学方法是经济学中最重要的方法之一，是经济学理论取得突破性发展的重要工具．

例如对经济学影响最大的瓦尔拉斯（L. Warlas，1834—1910）的一般均衡理论，从数学角度看始终缺乏坚实的基础．这个问题经过数学家和经济学家们 80 年的努力才得以解决．其中包括大数学家诺伊曼（J. von Neumann，1903—1957）在 20 世纪 30 年代的研究（他提出了著名的经济增长模型），列昂惕夫（W. Leontiev，1906—1999）的研究（他因其投入产出分析获 1973 年诺贝尔经济学奖），还包括萨缪尔森（P. Samuelson，1915—）

和希克斯(J. R. Hicks,1904—1989)的研究(他们分获1970年和1972年诺贝尔经济学奖). 而最终在1954年给出一般经济均衡存在性严格证明的是阿罗(K. J. Arrow,1921—)和德布鲁(G. Debreu,1921—). 他们两人也因此先后获1972年和1983年诺贝尔经济学奖. 阿罗和德布鲁都以学习数学开始他们的学术生涯. 阿罗获有数学的学士和硕士学位,德布鲁则是由法国布尔巴基学派培养出来的数学家.

再来看现代金融理论的发展过程. 第二次世界大战以前,金融学是经济学的一个分支. 金融学研究的方法是以定性思维推理和语言描述为主. 20世纪50年代初马柯维茨(H. M. Markowitz,1927—)最先把数理工具引入金融研究,提出了投资组合理论,因此被看作是现代金融学理论——分析金融学的发端. 后人把马柯维茨的工作和20世纪70年代布莱克(F. Black,1938—1995)和舒尔斯(M. S. Scholes,1941—)提出的期权定价公式称为"华尔街的两次数学革命". 他们也都以其具有划时代意义的工作而获得诺贝尔经济学奖.

此外,一个非常明显的事实是,诺贝尔经济学奖得主大多都具有良好的数理基础,有的原本就是杰出的数学家.

毋庸多叙,仅仅以上这些事实就告诉我们,对于经济类专业的本科生来说,良好的数学基础及其修养是多么的重要. 正是基于这样一种认识,我们修订了经济类专业公共数学课程的教学大纲,并编写了这本教材. 而且,为了保证学生得到一定的训练,每周除4课时讲授外,还分小班开设了习题课.

本书也可作为管理类专业本科生教材,还可作为相关教师的参考书.

本书的编写得到了南开大学"新世纪教学改革"项目"公共数学课程建设改革与实践"的资助,得到了南开大学教务处、南开大学经济学院和南开大学数学学院的大力支持和帮助. 在教材编写、录入和试用过程中,南开大学数学学院薛锋老师周密细致的组织协调工作为我们提供了有力的保障. 韩志欣、张华、尚作峰和陈福康等同学牺牲了假期录入书稿. 对来自方方面面的关心、支持和帮助,我们在这里一并表示衷心感谢.

由于我们的水平有限,缺点和不足在所难免,诚望读者批评指正.

编者

2005年6月于南开园

# 目　录

# 第1章 函数

## 1.1 集合与实数系

### 1.1.1 集合

由于今后学习的需要，本段将介绍一般集合论的基本知识.

**1.集合的概念**

具有某种性质的对象的全体称为**集合**，简称**集**.称组成集合的每个对象为集合的**元素**，习惯上用大写字母 $A,B,C,\cdots$ 表示集合，用小写字母 $a,b,c,\cdots$ 表示元素.若元素 $a$ 属于集合 $A$，则记为 $a\in A$；否则，记为 $a\notin A$ 或 $a\,\overline{\in}\,A$.不含任何元素的集合，称为**空集**，记为 $\varnothing$.若 $A$ 仅含有限个元素，则称 $A$ 是**有限集**；否则，称 $A$ 是**无限集**.

若 $A$ 的元素都是 $B$ 的元素，则称 $A$ 是 $B$ 的**子集**，或说 $B$ 包含 $A$，记为 $A\subset B$（读作 $A$ 包含于 $B$），或 $B\supset A$（读作 $B$ 包含 $A$），空集 $\varnothing$ 是任何集合的子集.若 $A\subset B$ 且 $B\subset A$，则称 $A$ 与 $B$ **相等**，记作 $A=B$，若 $A\subset B$ 且 $A\neq B$，则称 $A$ 是 $B$ 的**真子集**，记作 $A\subsetneqq B$.

**2.集合的表示方法**

(1)枚举法，即将集合中的元素逐一列举出来，如 $A=\{1,2,3\}$.

(2)概括法，用 $A=\{a\mid a$ 具有性质 $P\}$ 表示.例如

$$A=\{x\mid -1<x<1,x\in\mathbf{R}\}$$

表示 $A$ 是由所有介于 $-1$ 和 $1$ 之间的实数构成的集合.

**3.集合的运算**

集合的基本运算有并、交和差.

设 $A,B$ 是两个集合，由所有属于 $A$ 或者属于 $B$ 的元素组成的集合，称为 $A$ 与 $B$ 的**并集**（简称**并**），记作 $A\cup B$，即

$$A\cup B=\{x\mid x\in A \text{ 或 } x\in B\}.$$

更一般地，$n$ 个集合 $A_1,A_2,\cdots,A_n$ 的并集是所有那些至少属于 $A_i\,(i=1,2,\cdots,n)$ 之一的元素构成的集合，记为

$$\bigcup_{i=1}^{n}A_i=A_1\cup A_2\cup\cdots\cup A_n=\{x\mid x\in A_1 \text{或 } x\in A_2\cdots\text{或 } x\in A_n\}.$$

由所有属于 $A$ 又属于 $B$ 的元素组成的集合，称为 $A$ 与 $B$ 的**交集**（简称**交**），记作 $A\cap B$，即

$$A\cap B=\{x\mid x\in A \text{ 且 } x\in B\}.$$

更一般地,$n$ 个集合 $A_1,A_2,\cdots,A_n$ 的交集是同属于诸 $A_i(i=1,2,\cdots,n)$ 的所有元素构成的集合,记为

$$\bigcap_{i=1}^{n}A_i=A_1\cap A_2\cap\cdots\cap A_n=\{x\mid x\in A_1 \text{ 且 } x\in A_2\cdots \text{ 且 } x\in A_n\}.$$

由所有属于 $A$ 而不属于 $B$ 的元素组成的集合,称为 $A$ 与 $B$ 的**差集**(简称**差**),记作 $A\setminus B$,即

$$A\setminus B=\{x\mid x\in A \text{ 且 } x\notin B\}.$$

在某些理论和应用研究中,我们仅限于考虑某一确定集合 $X$ 的元素及其子集 $A$,$B$,$C$ 等,此时,称集合 $X$ 为**全集**或**基本集**,称 $X\setminus A$ 为 $A$ 的**补集**或**余集**,记为 $A^c$,即

$$A^c=\{x\mid x\in X \text{ 且 } x\notin A\}.$$

(对子集 $B$,$C$ 可以有类似表示).

若 $A\cap B\neq\varnothing$,则称 $A$ 与 $B$ 有**非空交集**,否则称 $A$ 与 $B$ **不相交**.若 $A\neq\varnothing$,则称 $A$ 为**非空集**.

## 1.1.2 实数系

以数为元素的集合称为**数集**.

约定:**自然数**是指全体非负整数,自然数的集合记为 $\mathbf{N}$.全体正整数集合记为 $\mathbf{N}_+$.

**整数**是指自然数和负整数,整数的集合记为 $\mathbf{Z}$.**有理数**是一切形如 $\frac{p}{q}$ 的数,其中 $p\in\mathbf{Z}$,$q\in\mathbf{Z}$,且 $q\neq 0$,有理数集记为 $\mathbf{Q}$. **实数**是有理数和无理数(无限不循环小数)的统称,实数集又称**实数系**,记为 $\mathbf{R}$.

如无特殊说明,本书所说的数都是实数.

**1.实数集的基本性质**

取定了原点、长度单位和方向的直线称为**数直线**或称为**数轴**.每一个实数在数轴上有唯一的点与之对应;反过来,数轴上的每一个点代表了唯一的一个实数.今后,我们对实数和数轴上的点不加区别.

我们不加证明地给出实数集 $\mathbf{R}$ 的下列基本性质.

**命题 1.1.1** 设 $a,b\in\mathbf{R}$,则三个关系式:$a=b$,$a>b$,$a<b$ 中必有且只有一个关系式成立.

**命题 1.1.2** 设 $a,b,c\in\mathbf{R}$ 且 $a>b$,$b>c$,则 $a>c$.

以上两命题称为实数的有序性.

**命题 1.1.3** **(实数的稠密性)**设 $a,b\in\mathbf{R}$,且 $a<b$,则必存在实数 $r$,使得 $a<r<b$.

**命题 1.1.4** **(阿基米德(Archimedes)公理)**对于任意给定的 $a\in\mathbf{R}$,必有大于 $a$ 的自然数 $n$ 存在.

**命题 1.1.5** 实数集 $\mathbf{R}$ 具有连续性.

对实数集的连续性概念,可以这样理解:由于实数与数轴上的点是一一对应的,而数轴上的点是连续分布的,因此实数也连续且无空隙地充满整个数轴,即 $\mathbf{R}$ 具有连续性.应当注意,有理数集也具有有序性、稠密性,但由于有理数点之间存在着许许多多的空隙——无理数点,使得有理数点集不能充满数轴,因而有理数集不具有连续性.

**2.绝对值**

设 $a\in\mathbf{R}$,数 $a$ 的绝对值 $|a|$ 定义为

$$|a|=\begin{cases} a, & a\geqslant 0, \\ -a, & a<0. \end{cases}$$

$|a|$ 的几何意义是数轴上的点 $a$ 与原点之间的距离.

绝对值有下列基本性质,设 $a,b\in\mathbf{R}$,则有下列关系成立.

(1) $|a|\geqslant 0$.

(2) $|-a|=|a|$.

(3) $-|a|\leqslant a\leqslant|a|$.

(4) $|ab|=|a||b|$.

一般地,对于任意有限多个实数 $a_1,a_2,\cdots,a_n$,有

$$|a_1a_2\cdots a_n|=|a_1||a_2|\cdots|a_n|.$$

(5)若 $b\neq 0$,则 $\left|\dfrac{a}{b}\right|=\dfrac{|a|}{|b|}$.

(6) $|a+b|\leqslant|a|+|b|$(三角不等式).

一般地,有

$$|a_1+a_2+\cdots+a_n|\leqslant|a_1|+|a_2|+\cdots+|a_n|.$$

(7) $|a-b|\geqslant\big||a|-|b|\big|$.

(8)对于正数 $\delta$,不等式 $|x-a|<\delta$ 等价于不等式 $a-\delta<x<a+\delta$.

**3.区间与邻域**

为了描述变量的变化范围,我们引进区间的概念.如无特别声明,我们总假定 $x\in\mathbf{R}$.设 $a,b\in\mathbf{R}$ 为常量,$a<b$.

称集合 $\{x|a<x<b\}$ 为由 $a,b$ 确定的**开区间**,记为 $(a,b)$ 或 $a<x<b$.

称集合 $\{x|a\leqslant x\leqslant b\}$ 为由 $a,b$ 确定的**闭区间**,记为 $[a,b]$ 或 $a\leqslant x\leqslant b$.

集合 $\{x|a\leqslant x<b\}$ 和集合 $\{x|a<x\leqslant b\}$ 均称为由 $a,b$ 确定的**半开区间**,分别记为 $[a,b)$ 和 $(a,b]$.

$a,b$ 称为上述各区间的端点.因为 $a,b$ 为有限实数,区间 $(a,b)$,$[a,b]$,$[a,b)$ 与 $(a,b]$ 都称为**有限区间**.

今后,还将用到下述无限区间.实数系全体即整个数轴,记为 $(-\infty,+\infty)$ 或 $\{x|-\infty<x<+\infty\}$,符号"$\infty$"读作无穷大.

集合 $\{x|x\geqslant a\}$,其中 $a$ 为一实数,记为 $[a,+\infty)$ 或 $\{x|a\leqslant x<+\infty\}$.类似地,还有 $(a,+\infty)$,$(-\infty,a]$,$(-\infty,a)$ 等等.

以后在不需要明确所论区间是否包含端点，以及是有限区间还是无限区间时，就简单地称它为“区间”，且常用 $I$ 或 $X$ 等字母表示.

设 $\delta>0$，称开区间 $(x_0-\delta,x_0+\delta)$ 为点 $x_0$ 的 **$\delta$ 邻域**，记为 $U(x_0,\delta)$，它是以 $x_0$ 为中心，长为 $2\delta$ 的开区间. 有时我们不关心 $\delta$ 的大小，常用“$x_0$ 的附近”或“$x_0$ 的某邻域”来代替 $x_0$ 的 $\delta$ 邻域，此时记为 $U(x_0)$.

称集合 $\{x\mid 0<|x-x_0|<\delta\}$ 为点 $x_0$ 的**空心邻域**，记为 $\mathring{U}(x_0,\delta)$.

称开区间 $(x_0-\delta,x_0)$ 为点 $x_0$ 的**左 $\delta$ 邻域**；称开区间 $(x_0,x_0+\delta)$ 为点 $x_0$ 的**右 $\delta$ 邻域**.

**4. 数集的界**

**定义 1.1.1** 对于数集 $A$，若有常数 $M(m)$，使得对任意 $x\in A$，有

$$x\leqslant M(x\geqslant m),$$

则称 $A$ 为有**上(下)界**，并称 $M(m)$ 是 $A$ 的一个**上(下)界**.

既有上界又有下界的数集称为**有界数集**；否则称为**无界数集**.

显然，若一数集有上(下)界，则必有无数多个上(下)界. 事实上，凡大于 $M$(小于 $m$)的数都是该数集的上(下)界. 但是，最小上界(最大下界)却只能有一个.

**公理 1.1.1** 任何非空的有上界的实数集 $A$ 必存在最小上界，称之为 $A$ 的**上确界**，记为 $\sup A$.

**注** 若 $A$ 的上确界属于 $A$，则称 $A$ 为上确界可达. 此时，上确界显然是 $A$ 中最大的数. $A$ 的上确界也可能不属于 $A$. 例如，$A=\{x\mid x\in\mathbf{R},x^2<2\}$ 是有上界的，上确界是 $\sqrt{2}$，但 $\sqrt{2}\notin A$.

**推论** 任何有下界的非空实数集 $A$，必存在最大下界，称之为 $A$ 的**下确界**，记为 $\inf A$.

**定理 1.1.1** 为使实数 $M(m)$ 是数集 $A$ 的上(下)确界，充分必要条件是以下两个条件必须同时满足：

(1) 对任何 $x\in A$，$x\leqslant M(x\geqslant m)$；

(2) 对任何 $\varepsilon>0$，存在 $x\in A$，使 $x>M-\varepsilon(x<m+\varepsilon)$.

**定理 1.1.2** 若数集 $A$ 有上(下)确界，则该上(下)确界是唯一的.

最后，我们也经常用 $\sup A=+\infty$ 表示 $A$ 无上界，用 $\inf A=-\infty$ 表示 $A$ 无下界.

## 1.2 函数概念

### 1.2.1 映射

**1. 映射概念**

**定义 1.2.1** 设 $X,Y$ 是两个非空集合，如果存在一个法则 $f$，使得对 $X$ 中每个元

素$x$,按法则$f$在$Y$中有唯一确定的元素$y$与之对应,则称$f$为从$X$到$Y$的**映射**,记作

$$f:X\to Y.$$

其中$y$称为元素$x$在映射$f$下的**像**,并记作$f(x)$,即$y=f(x)$,而元素$x$称为元素$y$在映射$f$下的**原像**;集合$X$称为映射$f$的**定义域**,记作$D_f$,即$D_f=X$;$X$中所有元素的像所组成的集合称为映射$f$的**值域**,记作$R_f$或$f(X)$,即

$$R_f=f(X)=\{f(x)\mid x\in X\}.$$

**说明:**

(1)构成一个映射必须具备以下三个要素:集合$X$,即定义域$D_f=X$;集合$Y$,即值域的范围,$R_f\subset Y$;对应法则$f$,使对每个$x\in X$,有唯一确定的$y=f(x)$与之对应.

(2)对每个$x\in X$,元素$x$的像$y$是唯一的;而对每个$y\in R_f$,$y$的原像不一定是唯一的;映射$f$的值域$R_f$是$Y$的一个子集,即$R_f\subset Y$,但不一定$R_f=Y$.

**例 1.2.1**　设$f:\mathbf{R}\to\mathbf{R}$,对每个$x\in\mathbf{R}$,$f(x)=x^2$.显然,$f$是一个映射,$f$的定义域$D_f=\mathbf{R}$,值域$R_f=\{y\mid y\geqslant 0\}$,它是$\mathbf{R}$的一个真子集.对于$R_f$中的元素$y$,除$y=0$外,它的原像不是唯一的,如$y=9$就有$x=3$和$x=-3$两个原像.

**例 1.2.2**　设$f:\left[-\frac{\pi}{2},\frac{\pi}{2}\right]\to[-1,1]$,对每个$x\in\left[-\frac{\pi}{2},\frac{\pi}{2}\right]$,$f(x)=\sin x$.显然,$f$是一个映射,其定义域$D_f=\left[-\frac{\pi}{2},\frac{\pi}{2}\right]$,值域$R_f=[-1,1]$.

设$f$是从集合$X$到集合$Y$的映射,若$R_f=Y$,即$Y$中任一元素$y$都是$X$中某元素的像,则称$f$为$X$到$Y$**上的映射**或**满射**;若对$X$中任意两个不同元素$x_1\neq x_2$,均有$f(x_1)\neq f(x_2)$,则称$f$为$X$到$Y$的**单射**;若映射$f$既是单射又是满射,则称$f$为$X$到$Y$的**一一映射**.例1.2.1中的映射既非单射又非满射,例1.2.2中的映射既是单射又是满射,因此是一一映射.

映射又称**算子**.根据集合$X,Y$的不同情形,在不同的数学分支中,映射又有不同的惯用名称.例如,从非空集$X$到数集$Y$的映射,又称为$X$上的泛函,从非空集$X$到它自身的映射又称为$X$上的变换,从实数集或其子集$X$到实数集$Y$的映射通常称为定义在$X$上的函数.

**2.逆映射与复合映射**

设$f$是$X$到$Y$的单射,由定义,对每个$y\in R_f$,有唯一的$x\in X$适合$f(x)=y$.于是,我们可以定义一个从$R_f$到$X$的新映射$g$,即

$$g:R_f\to X.$$

对每个$y\in R_f$,规定$g(y)=x$,且此$x$满足$f(x)=y$,称$g$为$f$的**逆映射**,记作$f^{-1}$,其定义域$D_{f^{-1}}=R_f$,其值域$R_{f^{-1}}=X$.

按上述定义,只有单射才存在逆映射,所以,在例1.2.1和例1.2.2中,只有例1.2.2中的映射$f$才有逆映射$f^{-1}$,这个$f^{-1}$是反正弦函数,其主值:$f^{-1}(x)=\arcsin x$,$x\in[-1,1]$,定义域$D_{f^{-1}}=[-1,1]$,主值范围$R_{f^{-1}}=\left[-\frac{\pi}{2},\frac{\pi}{2}\right]$.

设有两个映射

$$g:X\to Y_1,f:Y_2\to Z,$$

其中 $Y_1\subset Y_2$,则由映射 $g$ 和 $f$ 可以确定一个从 $X$ 到 $Z$ 的对应法则,它将每个 $x\in X$ 映射成 $f[g(x)]\in Z$.显然,这个对应法则确定了一个从 $X$ 到 $Z$ 的映射,称此映射为映射 $g$ 和 $f$ 构成的**复合映射**,记作 $f\circ g$,即

$$f\circ g:X\to Z,$$
$$(f\circ g)(x)=f[g(x)],x\in X.$$

由复合映射的定义可知,映射 $g$ 和 $f$ 构成复合映射的条件是:$g$ 的值域 $R_g$ 必须包含在 $f$ 的定义域内,即 $R_g\subset D_f$;否则不能构成复合映射.由此可见,映射 $g$ 和 $f$ 的复合是有顺序的.$f\circ g$ 有意义并不表示 $g\circ f$ 也有意义,即使 $f\circ g$ 和 $g\circ f$ 都有意义,复合映射 $f\circ g$ 和 $g\circ f$ 也未必相同.

**例 1.2.3** 设有映射 $g:\mathbf{R}\to[-1,1]$,对每个 $x\in\mathbf{R}$, $g(x)=\sin x$;另有一个映射 $f:[-1,1]\to[0,1]$,对每个 $u\in[-1,1]$, $f(u)=\sqrt{1-u^2}$.于是,映射 $g$ 和 $f$ 构成的复合映射 $f\circ g:\mathbf{R}\to[0,1]$,对每个 $x\in X$,有

$$(f\circ g)(x)=f[g(x)]=f(\sin x)=\sqrt{1-(\sin x)^2}=|\cos x|.$$

## 1.2.2 函数概念

**1.常量与变量**

在分析研究过程中,数值始终保持不变的量称为**常量**;数值变化的量称为**变量**.例如,圆周率 $\pi$ 是常量,而一天的温度、某商品的日销售量等就是变量.设 $x$ 是一变量,由实际问题所规定或由人们所限定的 $x$ 的取值范围,称为 $x$ 的**变域**.

**2. 函数的定义**

**定义 1.2.2** 设 $x,y$ 是两个变量,$x$ 取值于实数集合 $X$.如果对于每一个 $x\in X$,都可以按照某一给定规则 $f$,唯一地确定一个实数 $y$ 与之对应,则称 $f$ 是从 $X$ 到实数 $\mathbf{R}$ 内的一个函数,记作

$$f:X\to\mathbf{R}.$$

其中,$x$ 称为**自变量**,$y$ 称为**因变量**,自变量 $x$ 的变域 $X$ 称为函数的**定义域**,记作 $D_f$,对于每一个 $x\in X$,按规则 $f$ 所唯一确定的实数 $y$,称为函数 $f$ 在 $x$ 处的**函数值**,记作 $y=f(x)$.函数值 $f(x)$ 的全体所构成的集合称为函数 $f$ 的**值域**,记作 $R_f$.

**说明:**

(1) 按照上述定义,记号 $f$ 和 $f(x)$ 的含义是有区别的.$f$ 表示自变量 $x$ 和因变量 $y$ 之间的对应法则,$f(x)$ 则表示与自变量 $x$ 对应的函数值.但习惯上常用记号"$f(x),x\in X$",或"$y=f(x),x\in X$"表示定义在 $X$ 上的函数.

(2)表示函数的符号 $f$ 是可以任意选取的.除了 $f$ 外,还可用其他符号,如"$g$","$F$"或"$\varphi$"等.相应地,函数可记 $y=g(x)$, $y=F(x)$ 或 $y=\varphi(x)$ 等.有时还直接用因

变量的记号来表示函数,即 $y=y(x)$.

(3)在函数定义中,有两个基本要素:一是自变量的定义域 $D_f$,一是对应法则 $f$.只有当两个函数的定义域相同,对应法则也相同时,才能认为这两个函数是相同的,否则就是不同的.例如,函数 $y=x^2, x\in(-1,1)$ 和 $y=x^2, x\in[-1,1]$,显然它们有相同的对应法则,但由于自变量的定义域不同,所以它们是两个不同的函数.

(4)函数的定义域通常由以下两种方式确定:一种是有实际背景的函数,其定义域由实际意义确定.例如,设某商品单价为 $p$,销售数量为 $x$,销售收入为 $r$,则 $r=px$,在此函数中,$x$ 的定义域显然应当是$[0,+\infty)$;另一种是数学式子表达的函数,约定这种函数的定义域是使该数学式子有意义的一切实数组成的集合,这种定义域称为函数的自然定义域.在这种约定之下,函数可用"$y=f(x)$"表达,而不必再表出 $D_f$.例如,$y=\sqrt{1-x^2}$的定义域显然就是$[-1,1]$,而 $y=\dfrac{1}{\sqrt{1-x^2}}$的定义域则是$(-1,1)$.

(5)在函数的定义中,对于每个 $x\in X$,与之对应的函数值 $y$ 是唯一的,这样定义的函数称为**单值函数**;否则,如果 $y$ 不是唯一的,就是**多值函数**.例如,设变量 $x$ 和 $y$ 之间的对应法则由方程 $y^2=x$ 给出.显然,对于 $x=1$,$y$ 有 1 和 $-1$ 两个值与之对应.不过,对于多值函数,往往只要附加一些条件,就可以将它化为单值函数,这样得到的单值函数称为多值函数的单值分支.例如,在由 $y^2=x$ 给出的对应法则中,附加"$y\leqslant 0$"的条件,即以"$y^2=x$ 且 $y\leqslant 0$"作为对应法则,就可得到一个单值分支 $y=y_2(x)=-\sqrt{x}$,$x\in[0,+\infty)$.

**3. 函数的表示方法**

函数的对应法则可用不同的方法来表示,常用的表示法有解析法、列表法和图像法.其中解析法是微积分学中表示函数的主要方法.

1)列表法

所谓列表法就是将自变量的一组常数值与其对应的一组函数值列成一个数表,其优点是便于查找函数值.例如,三角函数表、对数函数表等常用数学用表,银行中的外汇兑换表等.

2)图像法

所谓图像法就是用坐标平面上的点或曲线来表示纵坐标 $y$ 是横坐标 $x$ 的函数.

**例 1.2.4**　用图像法表示函数 $y=[x]$.

这里$[x]$表示不大于 $x$ 的最大整数,称为 $x$ 的整数部分,故常称之为**取整函数**,即若 $x=n+r$,$n$ 为整数,$0\leqslant r<1$,则$[x]=n$.其图像见图 1.1.

3)解析法

所谓解析法就是将自变量与因变量之间的对应法则用方程给出.这些方程通常称为函数的解析表达式.

具体地,又分为三种情况:

(1)显函数,函数 $y$ 由 $x$ 的解析式直接表示出来,称这种形式的函数为**显函数**,如 $y$

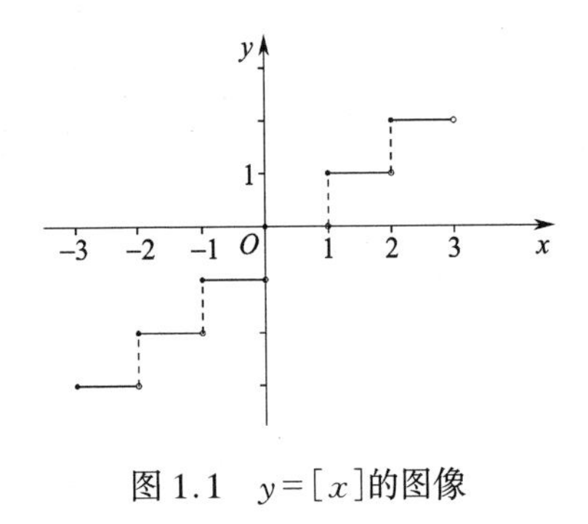

图 1.1　$y=[x]$的图像

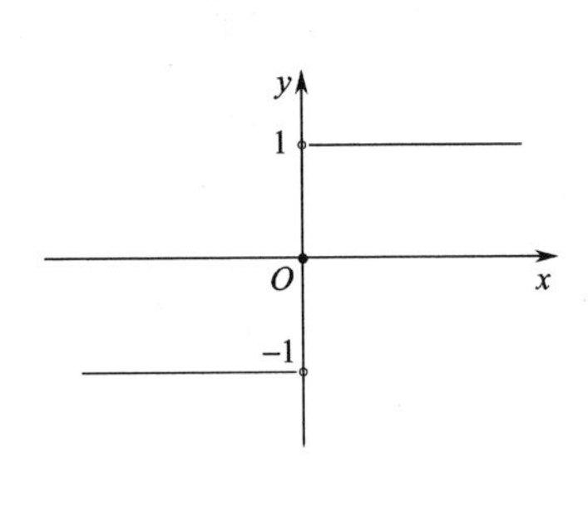

图 1.2　$y=\text{sgn } x$

$=\sqrt{1-x^2}$.

(2)隐函数,自变量 $x$ 和因变量 $y$ 之间对应法则是由一个二元方程 $F(x,y)=0$ 给出的,并且 $y$ 未被表示成 $x$ 的显函数形式,则称此函数为**隐函数**,如 $e^y-xy=0$. 显然,隐函数是函数的更一般形式. 这是因为显函数可看成隐函数,而且一个隐函数未必总能从其满足的方程 $F(x,y)=0$ 中解成显函数的形式.

(3)分段函数,在函数的解析表示法中,有些函数在其定义域的不同范围具有不同的解析表达式,这种函数称为**分段函数**. 例如

$$y=\text{sgn } x=\begin{cases}-1, & x<0,\\ 0, & x=0,\\ 1, & x>0\end{cases}$$

是一个分段函数, 其定义域为 $X=(-\infty,+\infty)$,这个函数称为**符号函数**,其图像如图 1.2 所示. 应当注意的是,分段函数是用几个解析式子合起来表示一个函数,而不是几个函数.

## 1.3　函数的特性

### 1.3.1　函数的奇偶性

**定义 1.3.1**　设函数的定义域为 $X$,

(1) 如果对任意 $x\in X$,必有 $-x\in X$ 且 $f(-x)=-f(x)$,则称 $f(x)$为 $X$ 上的**奇函数**;

(2) 如果对任意 $x\in X$,必有 $-x\in X$ 且 $f(-x)=f(x)$,则称 $f(x)$为 $X$ 上的**偶函数**.

例如,$y=x^3$是$(-\infty,+\infty)$上的奇函数,$y=x^2$是$(-\infty,+\infty)$上的偶函数.

**说明:**

(1)奇函数的图像关于原点对称,即如果点 $P(x,f(x))$在函数的图形上,则点 $P'(-x,-f(x))$也在此图形上,如图 1.3 所示. 偶函数的图像关于 $y$ 轴对称,即如果

点 $Q(x,f(x))$在函数的图形上,则点 $Q'(-x,f(x))$也在此图形上,如图 1.4 所示.

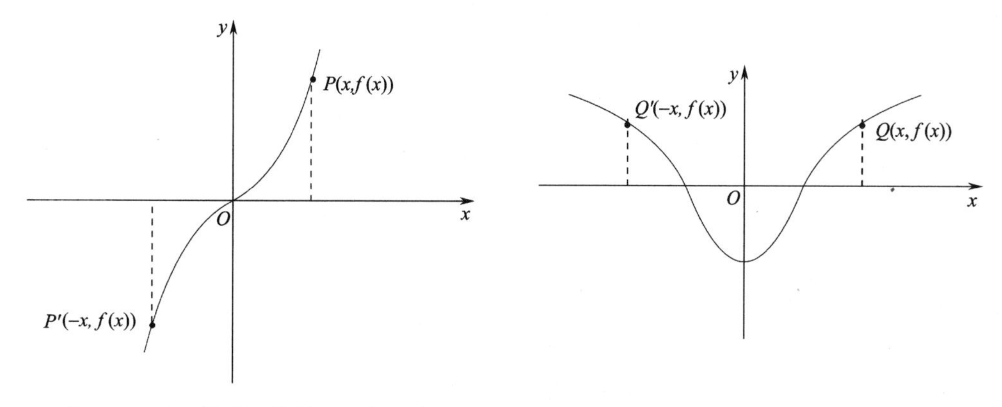


图 1.3　奇函数的图像关于原点对称　　　图 1.4　偶函数的图像关于 $y$ 轴对称

(2)容易证明下列结论:

两个奇函数的代数和仍然是奇函数;两个偶函数的代数和仍然是偶函数.

两个奇(偶)函数的乘积是偶函数;一个奇函数与一个偶函数的乘积是奇函数.

## 1.3.2　函数的单调性

**定义 1.3.2**　设函数 $y=f(x)$的定义域为 $X$,区间 $I\subset X$,如果对于区间 $I$ 上任意 $x_1$及 $x_2$,当 $x_1<x_2$时,恒有

$$f(x_1)\leqslant f(x_2)\quad (f(x_1)\geqslant f(x_2)),$$

则称函数 $f(x)$在区间 $I$ 上**单调增加**(**单调减少**)(图 1.5(a),(b));如果对于区间 $I$ 上任意两点 $x_1$及 $x_2$,当 $x_1<x_2$时,恒有

$$f(x_1)<f(x_2)\quad (f(x_1)>f(x_2)),$$

则称函数 $f(x)$在区间 $I$ 上**严格单调增加**(**严格单调减少**).单调增加(或严格单调增加)和单调减少(或严格单调减少)函数统称为**单调函数**.

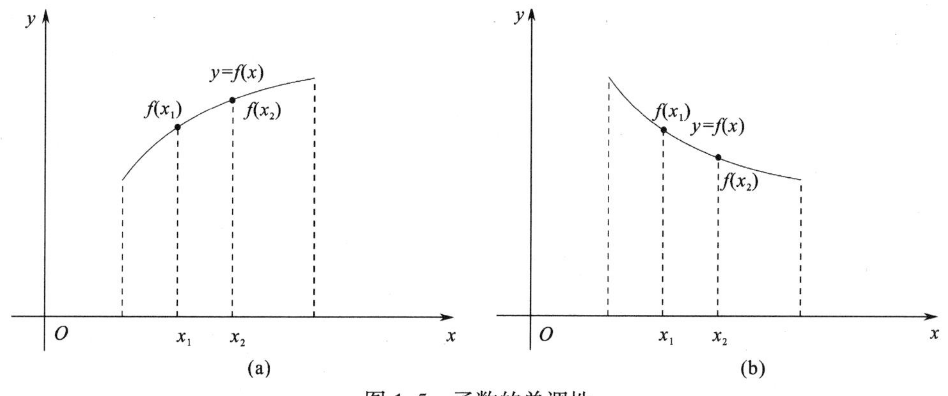


图 1.5　函数的单调性

(a)单调增加的函数　(b)单调减少的函数

注意,函数的单调性往往与讨论的区间有关.例如,函数 $y=x^2$ 在区间 $(-\infty,0]$ 上是单调减少的,在区间 $[0,+\infty)$ 上是单调增加的,但在区间 $(-\infty,+\infty)$ 内它不是单调的.

### 1.3.3 函数的有界性

**定义 1.3.3** 设函数 $f(x)$ 的定义域为 $D$,数集 $X\subset D$.如果存在常数 $M$,使得对任意 $x\in X$,恒有 $f(x)\leqslant M$,则称函数 $f(x)$ 在 $X$ 上有上界,称 $M$ 为 $f(x)$ 在 $X$ 上的一个**上界**.如果存在常数 $m$,使得对任意 $x\in X$,恒有 $f(x)\geqslant m$,则称函数 $f(x)$ 在 $X$ 上有下界,称 $m$ 为 $f(x)$ 在 $X$ 上的一个**下界**.如果存在正常数 $K$,使得对任意 $x\in X$,恒有 $|f(x)|\leqslant K$,则称 $f(x)$ 在 $X$ 上**有界**.如果这样的 $K$ 不存在,即对任何正常数 $K$,总存在 $x_0\in X$,使得 $|f(x_0)|>K$,则称函数 $f(x)$ 在 $X$ 上**无界**.

例如:函数 $f(x)=\sin x$ 在 $(-\infty,+\infty)$ 内有上界,数 1 就是它的一个上界(当然,大于 1 的任何数也是它的上界);同时,它在 $(-\infty,+\infty)$ 内也有下界,数 $-1$ 就是它的一个下界(当然,小于 $-1$ 的任何数也是它的下界).又对任何 $x\in(-\infty,+\infty)$,恒有 $|\sin x|\leqslant 1$,故 $f(x)=\sin x$ 在 $(-\infty,+\infty)$ 内是有界的,这时 $K=1$(当然也可取大于 1 的任何数作为 $K$,而使 $|f(x)|\leqslant K$ 成立).

**例 1.3.1** 试证函数 $f(x)=\dfrac{1}{x}$ 在开区间 $(\delta,1)$(这里 $0<\delta<1$)内有界,而在开区间 $(0,1)$ 内无界.

**证** 因为对任何 $x\in(\delta,1)$,恒有

$$|f(x)|=\left|\frac{1}{x}\right|=\frac{1}{x}<\frac{1}{\delta}=M,$$

由定义 1.3.3, $f(x)=\dfrac{1}{x}$ 在 $(\delta,1)$ 内有界.

因为对任意给定的正数 $M$,可令 $x_0=\dfrac{1}{M+1}\in(0,1)$,则

$$f(x_0)=\frac{1}{x_0}=M+1>M.$$

因此, $f(x)$ 在 $(0,1)$ 内无界.

### 1.3.4 函数的周期性

**定义 1.3.4** 设函数 $f(x)$ 的定义域为 $X$,如果存在常数 $T>0$,使得对任何 $x\in X$, $x\pm T\in X$,恒有 $f(x\pm T)=f(x)$,则称 $f(x)$ 是以 $T$ 为周期的**周期函数**.

**说明:**

(1)满足 $f(x\pm T)=f(x)$ 的最小正数 $T$ 称为函数 $f(x)$ 的**最小正周期**,通常将这个正周期称为 $f(x)$ 的**基本周期**,简称**周期**.例如, $f(x)=\sin x$ 是周期函数, $2n\pi$ 都是

它的周期($n=1,2,\cdots$),其中 $2\pi$ 是它的最小正周期.

(2)并非每个周期函数都有最小正周期.例如狄利克雷(Dirichlet)函数

$$D(x)=\begin{cases}1, & x\ 为有理数,\\ 0, & x\ 为无理数\end{cases}$$

是周期函数,任何正有理数 $r$ 都是它的周期,但不存在最小的正有理数,所以它没有最小正周期.再如常数函数 $y=C$ 也是周期函数,任何实数都可以作为它的周期,但它没有最小正周期,因为没有最小正实数.

(3)对于周期函数,只要画出 $f(x)$在一个周期上的图像,则整个 $f(x)$的图像就可以利用该周期上的图像向左或向右进行周期性平移得到.

**例 1.3.2**　证明 $f(x)=x\cos x$ 不是周期函数.

**证**　(反证法)假设 $f(x)=x\cos x$ 是周期函数,且周期为 $T(T>0)$,则对任意实数 $x$ 都有

$$(x+T)\cos(x+T)=x\cos x.$$

在上式中,令 $x=0$,得

$$T\cos T=0.$$

因为 $T\neq 0$,故必须有

$$\cos T=0. \tag{1}$$

再令 $x=\frac{\pi}{2}$,有

$$\left(\frac{\pi}{2}+T\right)\cos\left(\frac{\pi}{2}+T\right)=\frac{\pi}{2}\cos\frac{\pi}{2}=0.$$

而 $\cos\left(\frac{\pi}{2}+T\right)=-\sin T$,即上式可写为

$$\left(\frac{\pi}{2}+T\right)\cos\left(\frac{\pi}{2}+T\right)=-\left(\frac{\pi}{2}+T\right)\sin T=0,$$

因为$\frac{\pi}{2}+T\neq 0$,故必须有

$$\sin T=0. \tag{2}$$

由(1)和(2)可知,这样的 $T$ 不存在,故 $f(x)=x\cos x$ 不是周期函数.

## 1.4　反函数和复合函数

### 1.4.1　反函数

在实际问题中,自变量和因变量的地位并不是绝对的.在一定的条件下,函数中自变量和因变量的地位可以互换,这样就得到一个新函数,这个函数就是原来那个函数的反函数.作为逆映射的特例,我们有以下关于反函数的定义.

**定义 1.4.1** 设给定函数 $y=f(x)$,定义域为 $X$,值域为 $Y$,如果对任意 $y\in Y$,依规则 $f$ 总有唯一的一个 $x\in X$ 与之对应,这样就得到一个以 $y$ 为自变量的函数,称这个函数为 $y=f(x)$的**反函数**.

一般地,$y=f(x)$的反函数记作 $x=f^{-1}(y),y\in Y$.

$y=f(x)$与 $x=f^{-1}(y)$互为反函数.例如,函数 $y=x^3,x\in\mathbf{R}$ 是单射,所以它的反函数存在,即为 $x=y^{\frac{1}{3}},y\in\mathbf{R}$.反函数的实质在于它所表示的对应规则,至于用什么字母来表示反函数中的自变量是无关紧要的.由于习惯上自变量用 $x$ 表示,因变量用 $y$ 表示,于是 $y=x^3,x\in\mathbf{R}$ 的反函数通常写作 $y=x^{\frac{1}{3}},x\in\mathbf{R}$.更一般地,$y=f(x),x\in\mathbf{R}$ 的反函数记作 $y=f^{-1}(x),x\in f(X)$.相对于反函数 $y=f^{-1}(x)$来说,原来的函数 $y=f(x)$称为**直接函数**.

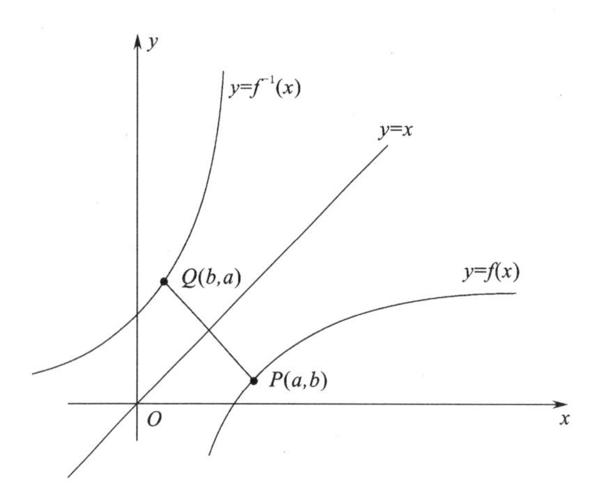

图 1.6 $y=f(x)$和 $y=f^{-1}(x)$的图像

把直接函数 $y=f(x)$和它的反函数 $y=f^{-1}(x)$的图形画在同一坐标平面上,则这两个图形关于直线 $y=x$ 对称(图 1.6).这是因为如果 $P(a,b)$ 是 $y=f(x)$图形上的点,则有 $b=f(a)$.按反函数的定义,有 $a=f^{-1}(b)$,故 $Q(b,a)$是 $y=f^{-1}(x)$图形上的点;反之亦然.而 $P(a,b)$与 $Q(b,a)$是关于直线 $y=x$ 对称的.

当然,并非任何函数都有反函数,只有当函数 $f$ 是单射时才具有反函数.如果 $f$ 是定义在 $X$ 上的严格单调函数,则 $f:X\to f(X)$是单射,于是 $f$ 的反函数 $f^{-1}$必定存在.

**定理 1.4.1** 设函数 $f(x)$的定义域为 $D$,数集 $X\subset D$.如果函数 $y=f(x)$在 $X$ 上严格单调增加(减少),又设和 $X$ 相对应的值域是 $Y$,则函数 $y=f(x)$在 $X$ 上必存在反函数 $x=f^{-1}(y)$,并且它在 $Y$ 上也是严格单调增加(减少)的.

**证** 设函数 $y=f(x),x\in X$ 严格单调增加,即对任意 $x_1,x_2\in X$,如果 $x_1<x_2$,必有 $f(x_1)<f(x_2)$.因此,对每一个 $y\in Y$,有唯一的 $x\in X$ 与 $y$ 对应,故在 $Y$ 上定义了一个函数,由反函数定义,这个函数就是 $y=f(x)$的反函数 $x=f^{-1}(y)$.

再证明 $x=f^{-1}(y)$在 $Y$ 上严格单调增加.设任意两点 $y_1,y_2\in Y$,且 $y_1<y_2$,相应地,有 $x_1=f^{-1}(y_1),x_2=f^{-1}(y_2)$,因函数 $y=f(x)$在 $X$ 上严格单调增加,故当$f(x_1)<f(x_2)$时,必有 $x_1<x_2$,即 $f^{-1}(y_1)<f^{-1}(y_2)$.所以,反函数 $x=f^{-1}(y)$在 $Y$ 上严格单调增加.

$y=f(x)$严格单调减少的情形,同理可证.

例如:$y=x^2,x\in(-\infty,+\infty)$,其值域 $Y=[0,+\infty)$,对每一 $y\in[0,+\infty)$,在

$(-\infty,+\infty)$中有 $x$ 的两个值$x=\pm\sqrt{y}$使得$x^2=y$,故在$(-\infty,+\infty)$内 $y=x^2$不存在反函数.但对于 $y=x^2,x\in[0,+\infty)$,由于其是严格单调增加的,按定理 1.4.1,它存在反函数 $y=\sqrt{x},x\in[0,+\infty)$;对于 $y=x^2,x\in(-\infty,0]$,由于其是严格单调减少的,故也存在反函数 $y=-\sqrt{x},x\in[0,+\infty)$.

注意,定理的条件"严格单调"中"严格"两字不可忽略,如 $y=[x]$具有单调性,但因为它不是严格单调的函数,故它不存在反函数.此外,还需要说明的是,严格单调是反函数存在的充分条件,而非必要条件.例如

$$f(x)=\begin{cases} x, & x\text{ 为有理数}, \\ -x, & x\text{ 为无理数}. \end{cases}$$

它在$(-\infty,+\infty)$上为单值的,不是单调的,但它存在反函数,即它自身.

### 1.4.2　复合函数

我们经常会把两个或两个以上的函数组合成另一函数.例如,由 $y=a^u$ 和 $u=x^3$ 组合成 $y=a^{x^3}$.在此例中,$u$ 是中间变量,$y$ 通过 $u$ 而成为 $x$ 的函数,于是,对于 $y=a^{x^3}$ 来讲,称 $y$ 为 $x$ 的复合函数.显然,复合函数的形成实际上是把一个函数代入另一个函数得到的,这种把一个函数代入另一个函数的运算称为**复合运算**.

其实,复合函数是前述复合映射的一个特例.采用通常函数的记号,复合函数的概念可表述如下.

**定义 1.4.2**　设函数 $y=f(u),u\in U$ 和函数 $u=\varphi(x),x\in X$,且 $\varphi(X)\subset U$,则由下式确定的函数

$$y=f[\varphi(x)],x\in X$$

称为由函数 $y=f(u)$和函数 $u=\varphi(x)$构成的**复合函数**,其定义域为 $X$,变量 $u$ 称为**中间变量**.

函数 $f$ 和函数 $\varphi$ 构成的复合函数,记为 $f\circ\varphi$,即

$$(f\circ\varphi)(x)=f[\varphi(x)].$$

与复合映射一样,$f$ 和 $\varphi$ 能构成复合函数 $f\circ\varphi$ 的条件是:函数 $\varphi$ 在 $X$ 上的值域 $\varphi(X)$必须包含在 $f$ 的定义域 $U$ 内,否则不能构成复合函数.例如,$y=f(u)=\lg u$,$u\in(0,+\infty)$;$u=\varphi(x)=3x+2,x\in(-\infty,+\infty)$.显然,$\varphi(x)$的值域为$(-\infty,+\infty)$,没有被包含在 $f$ 的定义域$(0,+\infty)$之内,故不能复合.但是,如果对 $u=\varphi(x)=3x+2$,限定$x\in X_1=(-\frac{2}{3},+\infty)$,则此时 $\varphi(x)$的值域为$(0,+\infty)$,从而两个函数可以构成复合函数

$$y=\lg(3x+2),x\in(-\frac{2}{3},+\infty).$$

复合函数可以推广到含有多个中间变量的情形.

**例 1.4.1** 设 $f(x)=\sqrt{x}+1,\varphi(x)=x^2$,求 $f[\varphi(x)],\varphi[f(x)]$,并求出它们的定义域.

**解** $f[\varphi(x)]=\sqrt{\varphi(x)}+1=\sqrt{x^2}+1=|x|+1$,其定义域为$(-\infty,+\infty)$.

$\varphi[f(x)]=[f(x)]^2=(\sqrt{x}+1)^2=x+2\sqrt{x}+1$,其定义域为$[0,+\infty)$.

**例 1.4.2** 设

$$f_n(x)=\underbrace{f\{f\cdots f[f}_{n次}(x)]\},$$

若 $f(x)=\dfrac{x}{\sqrt{1+x^2}}$,求 $f_n(x)$.

**解** 此题采用代入法,即将一个函数中的自变量替代为另一个函数的表达式,并且为求出 $f_n(x)$,可采用数学归纳法.

当 $n=2$ 时,

$$f_2(x)=f[f(x)]=\frac{f(x)}{\sqrt{1+f^2(x)}}=\frac{\dfrac{x}{\sqrt{1+x^2}}}{\sqrt{1+\left(\dfrac{x}{\sqrt{1+x^2}}\right)^2}}=\frac{x}{\sqrt{1+2x^2}};$$

设对于 $n=k$ 时,有

$$f_k(x)=\frac{x}{\sqrt{1+kx^2}};$$

则对于 $n=k+1$,有

$$f_{k+1}(x)=\frac{\dfrac{x}{\sqrt{1+kx^2}}}{\sqrt{1+\dfrac{x^2}{1+kx^2}}}=\frac{x}{\sqrt{1+(k+1)x^2}}.$$

从而,由数学归纳法,对任何自然数 $n$,有 $f_n(x)=\dfrac{x}{\sqrt{1+nx^2}}$.

**例 1.4.3** 设 $f(e^{x-1})=3x-2$,求 $f(x)$.

**解** 给定复合后的函数,求复合之前的函数,对于这种问题,可考虑以下两种方法.

方法一,变量代换法.

令 $u=e^{x-1}$,则 $x=\ln u+1$,所以

$$f(u)=3x-2=3(\ln u+1)-2=3\ln u+1,$$

因此,$f(x)=3\ln x+1(x>0)$.

方法二,拼凑法.

由 $f(e^{x-1})=3x-2$,可得

$$f(e^{x-1})=3(x-1)+1=3\ln e^{x-1}+1,$$

把 $e^{x-1}$看作是代入到 $f$ 中的函数,故

$$f(x)=3\ln x+1\quad(x>0).$$

## 1.5　初等函数

在数学的发展过程中，形成了最简单、最常用的六类函数，即常数函数、幂函数、指数函数、对数函数、三角函数和反三角函数．这六类函数统称为**基本初等函数**．在这六类函数中，指数函数和对数函数互为反函数，三角函数和反三角函数互为反函数．基本初等函数经有限次四则运算和复合运算所得的函数称为初等函数．

为了学习后面知识的需要，本节对基本初等函数做简明扼要的回顾．

### 1.5.1　基本初等函数

**1．常数函数**

$y=C$，$C$ 是常数．常数函数的定义域为$(-\infty,+\infty)$，它是偶函数并且有界，其图像是过$(0,C)$点且平行 $x$ 轴的直线(图 1.7)．

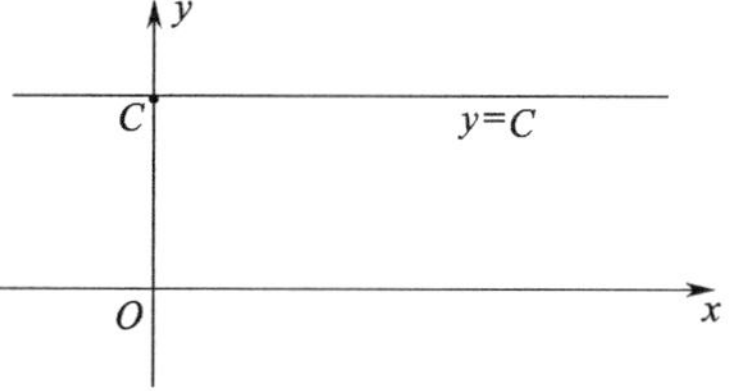


图 1.7　常数函数

**2．幂函数**

$y=x^{\mu}$，其中 $\mu$ 为任意实数．它的定义域随 $\mu$ 值不同而不同，但不论 $\mu$ 为何值，它在$(0,+\infty)$内恒有定义．

$\mu=0$ 时，函数是常数 1(但 $x\neq0$)．

$\mu$ 是正整数时，其定义域是全体实数．

$\mu>0$ 时，$y=x^{\mu}$ 的图形如图 1.8(a)所示．曲线都通过点$(0,0)$和点$(1,1)$，而且在$(0,+\infty)$内是单调增加的．

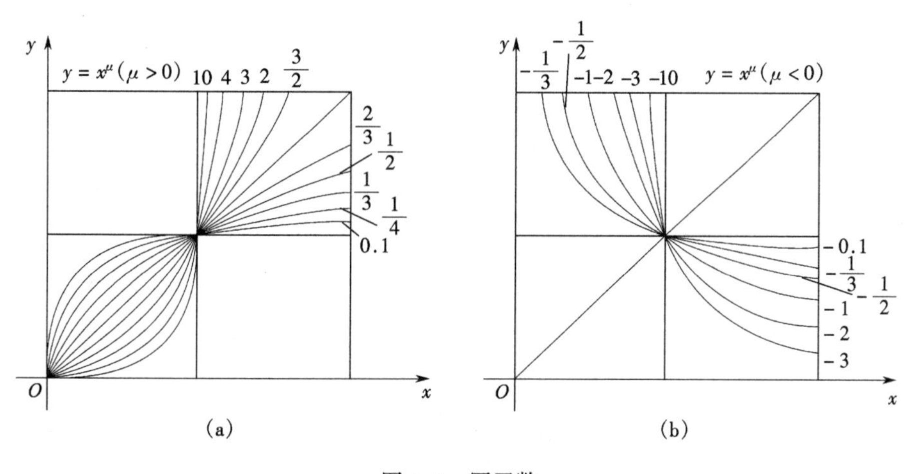


图 1.8　幂函数

$\mu<0$ 时，$y=x^{\mu}$ 的图形如图 1.8(b)所示．曲线都通过$(1,1)$点，且在$(0,+\infty)$内是单调减少的．

**3.指数函数**

$y=a^x\quad(a>0,a\neq1)$.它的定义域是$(-\infty,+\infty)$. $a>1$时,指数函数是严格单调增加的,$0<a<1$时,它是严格单调减少的.参见图1.9(a),(b),其图形永远过(0,1)点.

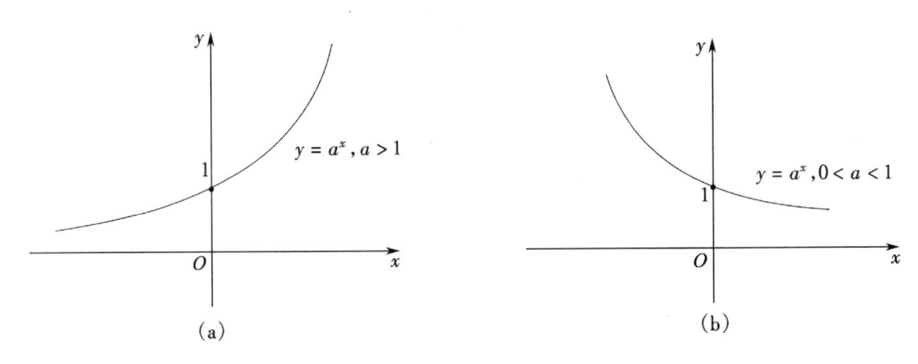


图1.9 指数函数

**4.对数函数**

$$y=\log_a x\quad(a>0,a\neq1).$$

对数函数的定义域是$(0,+\infty)$. $a>1$时,它在$(0,+\infty)$内严格单调增加;$0<a<1$时,它在$(0,+\infty)$内严格单调减少.其图形永远过(1,0)点(见图1.10).对数函数$y=\log_a x$是指数函数$y=a^x$的反函数.

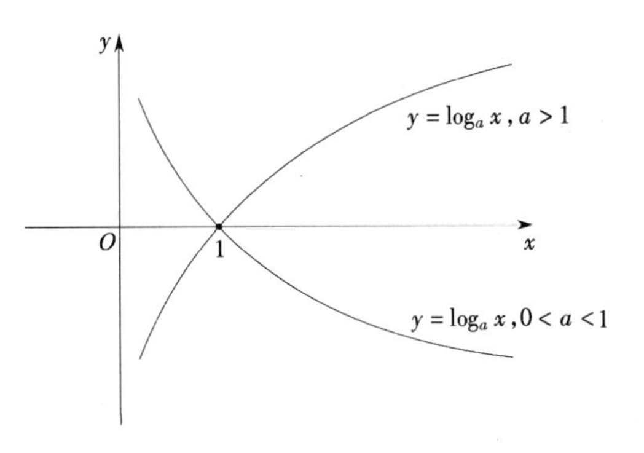


图1.10 对数函数

**5.三角函数**

三角函数包括以下六种:

$$y=\sin x,\quad y=\cos x,\quad y=\tan x,\quad y=\cot x,\quad y=\sec x,\quad y=\csc x.$$

三角函数均为周期函数.

$y=\sin x$和$y=\cos x$的定义域是$(-\infty,+\infty)$,值域是闭区间$[-1,1]$,它们都是以$2\pi$为周期的周期函数(图1.11(a),(b)). $y=\sin x$是奇函数,$y=\cos x$是偶函数.

$y=\tan x$和$y=\sec x$的定义域是$\{x\mid x\in(k\pi-\frac{\pi}{2},k\pi+\frac{\pi}{2}),k\in\mathbf{Z}\}$,值域分别是$(-\infty,+\infty)$和$(-\infty,-1]\cup[1,+\infty)$. $y=\tan x$是奇函数,并且是以$\pi$为周期的周期函数(图1.11(c)),$y=\sec x$是偶函数,是以$2\pi$为周期的周期函数(图1.11(e)).

$y=\cot x$和$y=\csc x$的定义域是$\{x\mid x\in(k\pi,(k+1)\pi),k\in\mathbf{Z}\}$,值域分别是$(-\infty,+\infty)$和$(-\infty,-1]\cup[1,+\infty)$.它们都是奇函数. $y=\cot x$是以$\pi$为周期的周期函数(图1.11(d)),$y=\csc x$是以$2\pi$为周期的周期函数(图1.11(f)).

注意,在微积分中,三角函数的角度单位一律采用弧度制.

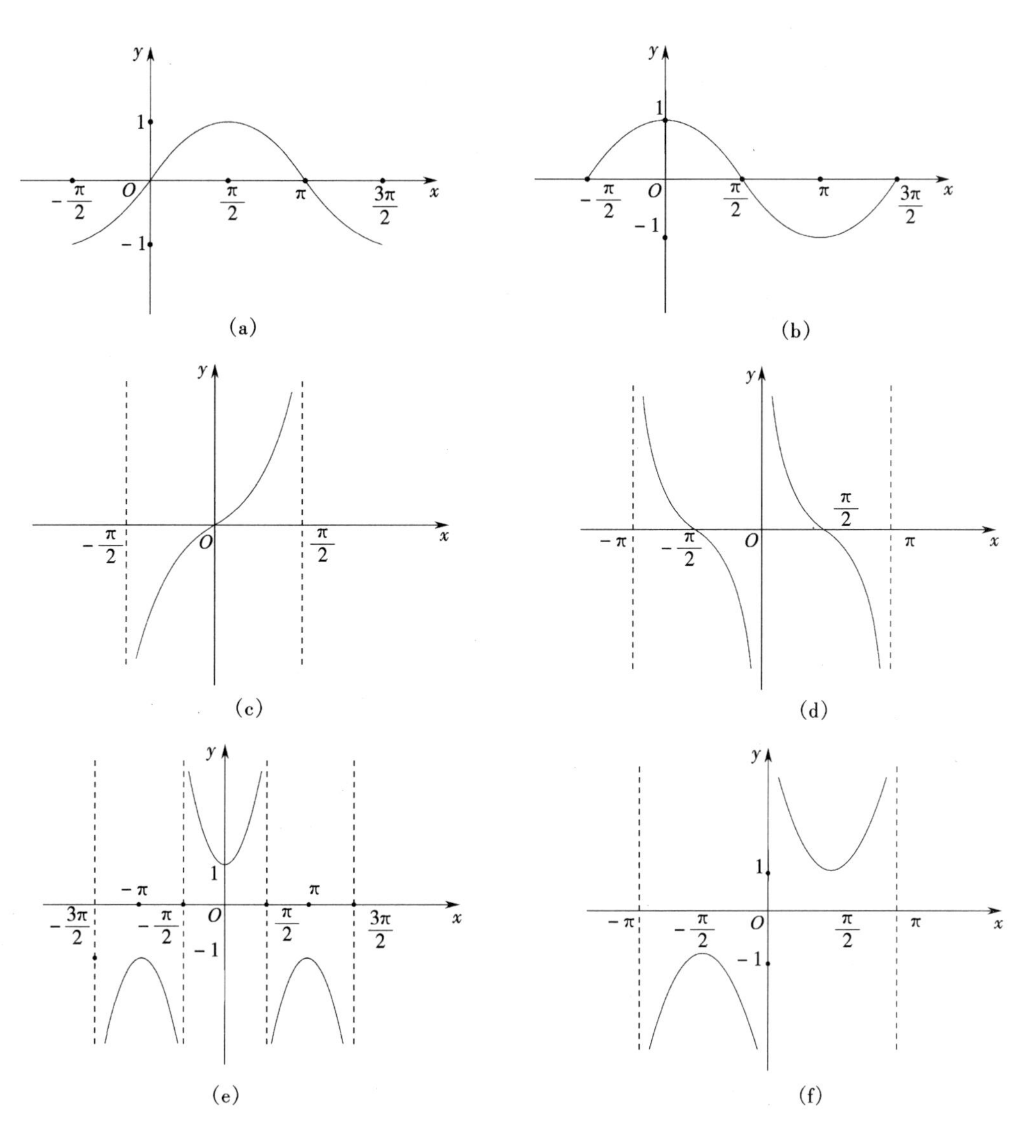


图1.11　三角函数

**6.反三角函数**

| 函数 | 定义域 | 值域 |
|---|---|---|
| $y=\arcsin x$ | $-1\leqslant x\leqslant 1$ | $-\frac{\pi}{2}\leqslant y\leqslant\frac{\pi}{2}$ |
| $y=\arccos x$ | $-1\leqslant x\leqslant 1$ | $0\leqslant y\leqslant\pi$ |
| $y=\arctan x$ | $-\infty<x<+\infty$ | $-\frac{\pi}{2}<y<\frac{\pi}{2}$ |
| $y=\operatorname{arccot} x$ | $-\infty<x<+\infty$ | $0<y<\pi$ |
| $y=\operatorname{arcsec} x$ | $x\leqslant -1,x\geqslant 1$ | $0\leqslant y\leqslant\pi$,且 $y\neq\frac{\pi}{2}$ |
| $y=\operatorname{arccsc} x$ | $x\leqslant -1,x\geqslant 1$ | $-\frac{\pi}{2}\leqslant y\leqslant\frac{\pi}{2}$,且 $y\neq 0$ |

图 1.12 中给出了最常用的 4 个反三角函数的图形,它们是

$$y=\arcsin x,\quad y=\arccos x,\quad y=\arctan x,\quad y=\operatorname{arccot} x.$$

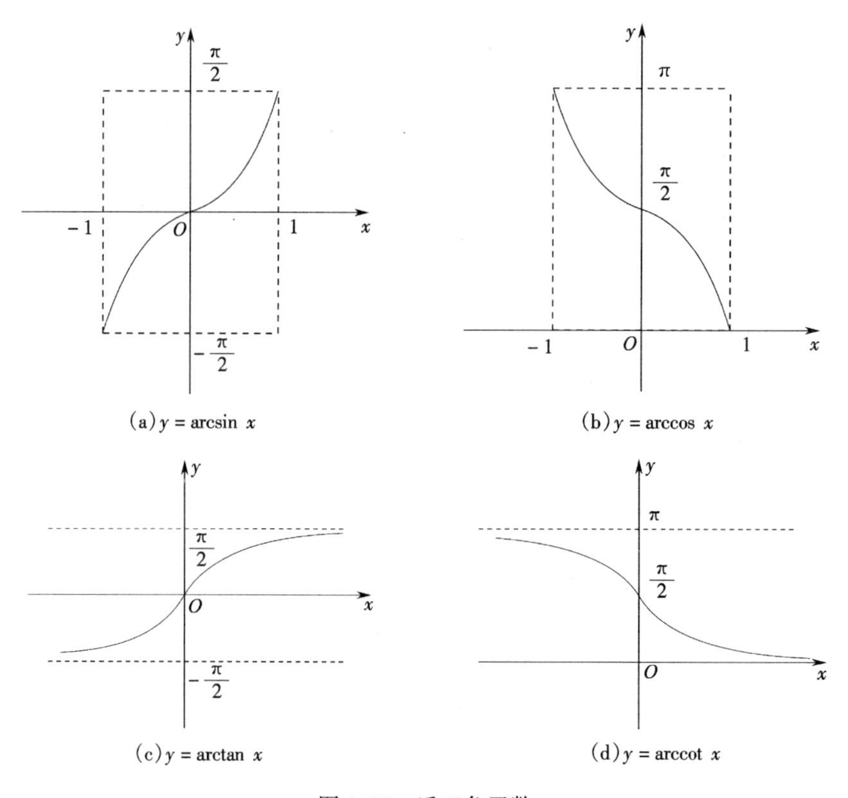


图 1.12　反三角函数

这四个反三角函数在各自的定义域内都是单调的,并且有界.

$y=\arcsin x$ 的基本性质:

(1)在$[-1,1]$内单调增加;

(2)$\arcsin(-x)=-\arcsin x$.

$y=\arccos x$ 的基本性质：

(1)在$[-1,1]$内单调减少；

(2)$\arccos(-x)=\pi-\arccos x$；

(3)$\arcsin x+\arccos x=\dfrac{\pi}{2}$.

$y=\arctan x$ 的基本性质：

(1)在$(-\infty,+\infty)$内单调增加；

(2)$\arctan(-x)=-\arctan x$.

$y=\operatorname{arccot} x$ 的基本性质：

(1)在$(-\infty,+\infty)$内单调减少；

(2)$y=\operatorname{arccot}(-x)=\pi-\operatorname{arccot} x$；

(3)$\arctan x+\operatorname{arccot} x=\dfrac{\pi}{2}$.

## 1.5.2　初等函数

由基本初等函数经过有限次四则运算或复合运算所得到的可用一个式子表示的函数，称为**初等函数**. 例如，多项式

$$y=a_0+a_1x+a_2x^2+\cdots+a_nx^n$$

及有理函数

$$y=\frac{a_0+a_1x+a_2x^2+\cdots+a_mx^m}{b_0+b_1x+b_2x^2+\cdots+b_nx^n}$$

都是初等函数，它们可由幂函数通过四则运算得到.

再如，函数

$$y=\sqrt{x^2}=|x|,y=\log_a(x^2+x+1),y=a^{x\sin x}(a>0,a\neq 1)$$

等也都是初等函数，它们是通过对基本初等函数进行四则运算和复合运算所得到的.

微积分学中涉及的主要是初等函数，但也研究一些非初等函数. 例如，前面提到的取整函数 $y=[x]$(“取整数部分”的运算不是四则运算)；再如，一般地，分段函数不是初等函数，如符号函数 $y=\operatorname{sgn} x$ 和狄利克雷函数，它们都不是初等函数. 不过，有的分段函数可能是初等函数，如

$$y=|x|=\begin{cases} x, & x\geqslant 0, \\ -x, & x<0. \end{cases}$$

它可以表示为

$$y=(x^2)^{\frac{1}{2}},$$

所以它是初等函数.

## 1.6 常用简单经济函数介绍

### 1.6.1 需求函数

需求函数(demand function)是指在某一特定时期内,市场上某种商品的需求量和决定这些需求量的各种因素之间的数量关系.一种商品的需求量 $Q_d$ 的多少取决于一系列因素,主要包括以下因素.

商品价格($p$):需求量的多少与商品价格的高低成反向变化,价格越低,需求越多,价格越高,需求越少.

相关商品价格($p_r$):一种商品的价格虽无变动,但与它相关商品的价格如果发生变动,也会影响到这种商品的需求量.例如,由于胶卷价格下降,会导致照相机需求量增加.

预期价格($p_e$):对一种商品未来价格的预期,也会对需求量产生重大影响.如果行情看涨,消费者可能大量抢购;如果行情看跌,消费者可能适当减少当前的购买.

家庭收入($M$):一般说来,家庭收入增加,就会增加对商品的需求量;反之,就会减少对商品的需求量.

个人偏好($F$):消费者个人的偏好(preference)对需求量会有明显影响.商品的价格虽无变动,但由于个人对这种商品偏好的增强或减弱,需求量也会相应增加或减少.

时间变化($t$):一种商品的需求量还与年、季、节、昼、夜等有关.例如,空调机夏季的需求量要高于冬季.

一种商品的需求量 $Q_d$ 与上述各因素之间的关系,可以表示为下列需求函数

$$Q_d = f(p, p_r, p_e, M, F, t, \cdots).$$

其中,$Q_d$ 是因变量,$p, p_r, p_e, M, F, t$ 等是自变量,这是多元函数.

在经济分析中,一般假定在其他条件不变的情况下,着重研究 $p, p_r, M$ 分别对 $Q_d$ 的影响,即有

需求价格函数 $Q_d = f(p) \quad (p \geqslant 0)$, (1.6.1)

需求交叉函数 $Q_d = g(p_r) \quad (p_r \geqslant 0)$, (1.6.2)

需求收入函数 $Q_d = h(M) \quad (M \geqslant 0)$. (1.6.3)

在各种需求函数中,最重要的是需求价格函数(price function of demand).它假定在其他条件不变情况下,专门研究一种商品的价格变动对需求量的影响.我们谈到需求函数时,一般指需求价格函数.

更进一步,为简便起见,可以又假定需求量与价格之间具有线性函数关系,这样,式(1.6.1)就可以具体写为

$$Q_d = a_0 - a_1 p \quad (a_0 > 0, a_1 > 0). \tag{1.6.4}$$

### 1.6.2 供给函数

供给函数(supply function)是指在某一特定时期内,某种商品的供给量和影响这些供给量的各种因素之间的数量关系.这些因素主要包括以下几类.

商品价格($p$):一种商品供给量的多少与其价格成正向变动,即价格越高,供给量越多,反之亦然.

相关商品价格($p_r$):当相关的其他商品价格变动时也会对一种商品价格产生影响.例如,当猪肉的替代品牛肉涨价时,生产猪肉的厂商就会转而生产牛肉,从而使猪肉的供给量减少.

预期价格($p_e$):对未来价格的预期,也可能对供给量产生影响.例如当行情看涨时,厂商就会囤积居奇,待价而沽.

生产成本($C$):生产成本主要受生产要素价格和技术的影响.生产要素价格上涨,势必增加生产成本,导致供应量减少.而技术的进步,往往意味着产量的增加或成本的降低,于是厂商愿意并且能够在原有价格下增加供应量.

自然条件($N$):很多商品的供应量与自然条件有密切关系.比如农产品,遇到风调雨顺,就会大丰收,而干旱或水涝,就会严重减产.

总之,一种商品的供应量 $Q_s$ 可以表示为下列供给函数

$$Q_s=\varphi(p,p_r,p_e,C,N,\cdots)$$

通常假定其他条件不变,着重研究 $p,C$ 对 $Q_s$的影响,即

供给价格函数 $Q_s=\varphi(p)$, $\qquad$ (1.6.5)

供给成本函数 $Q_s=\psi(C)$. $\qquad$ (1.6.6)

其中,最重要的是供给价格函数(price function of supply).一般情况下,谈到供给函数时,即指供给价格函数.

### 1.6.3 生产函数

生产函数(product function)表示投入(inputs)与产出(outputs)之间的技术关系.设产量为 $Q$,它是因变量,自变量则有:$L$(劳动),$K$(资本),$T$(技术)等.于是,我们可以得到一个多元函数

$$Q=f(L,K,T,\cdots).$$

为了简化我们的分析与研究,在一定时期内,我们常常假定资本($K$)、技术($T$)等因素不变,而着重研究劳动力投入对产量的影响,这时就得到

$$Q=f(L).$$

例如,$Q=f(L)=a_0+a_1L+a_2L^2+a_3L^3$,即为一种短期生产函数.

### 1.6.4 成本函数

产品成本是以货币形式表现的企业生产和销售产品的全部费用支出.成本函数(cost function)表示了费用总额与产量(或销售量)之间的依赖关系.产品成本可分为固定成本(fixedcost)和变动成本(variablecost)两部分.所谓固定成本,即指在一定时期内不随产量变化的那部分成本;所谓变动成本,即指随产量变化而变化的那部分成本.

一般地,以货币计值的成本 $C$ 是产量 $x$ 的函数,即 $C=C(x)(x\geqslant 0)$,称其为成本函数.当产量 $x=0$ 时,$C(0)$就是固定成本值.

称$\overline{C}(x)=\dfrac{C(x)}{x}(x>0)$为单位成本函数或平均成本函数.

### 1.6.5 收入函数与利润函数

销售某种商品的收入 $R$ 等于该商品的单位价格 $p$ 乘以销售量 $x$,即 $R=px$,称此函数为**收入函数**.又销售利润 $L$ 则等于收入 $R$ 减去成本 $C$,即 $L=R-C$,称之为**利润函数**.

**例 1.6.1** 某厂生产一种产品,根据调查得到需求函数为 $x=-900p+45\,000$,其中 $x$ 为需求量,$p$ 为价格.又该厂生产该产品的固定成本是 270 000 元,单位产品的变动成本为 10 元.为获得最大利润,该产品出厂价格应为多少?在此价格下,销售量应为多少?

**解** 因为利润函数 $L=R-C$,故应先求出成本 $C$ 与收入 $R$,并设法将 $L$ 表示成价格 $P$ 的函数.若以 $x$ 表示产量,依题意,成本函数为

$$C(x)=270\,000+10x,$$

又因为需求函数为

$$x=-900p+45\,000,$$

代入 $C(x)$中,得

$$C(p)=-9\,000p+720\,000.$$

收入函数

$$R(p)=px=p(-900p+45\,000)=-900p^2+45\,000p.$$

于是,利润函数

$$\begin{aligned}L(p)&=R(p)-C(p)\\&=-900(p^2-60p+800)=-900(p-30)^2+90\,000.\end{aligned}$$

这是一个二次函数,容易求得当价格 $p=30$ 元时,利润 $L=90\,000$ 元为最大利润.

在此价格下,销售量应为

$$X=-900\times 30+45\,000=18\,000 \quad (\text{单位}).$$

答:为获得最大利润,出厂价格应为 30 元,在此价格下,销售量应达到 18 000 单位.

## 习题 1

**1.** 求下列函数的定义域：

(1) $y=\dfrac{1}{\sqrt{1-x^2}}$；

(2) $y=\dfrac{1}{\sqrt{|x|-1}}$；

(3) $y=\sqrt{\lg\dfrac{3x-x^2}{2}}$；

(4) $y=\sqrt{1-2x}+\arcsin\dfrac{3x-1}{2}$；

(5) $y=\sqrt{\dfrac{x^2(1-x^2)}{6-x-x^2}}$；

(6) $y=\arccos(2x/(1+x))$.

**2.** 设 $f(\dfrac{1}{x})=x(1+\sqrt{x^2+1})(x>0)$，求 $f(x)$.

**3.** 设 $y=\dfrac{1}{2x}f(t-x)$，且当 $x=1$ 时，$y=\dfrac{1}{2}t^2-t+5$，求 $f(x)$.

**4.** 求下列函数的反函数：

(1) $y=2^{x-1}$；

(2) $y=\begin{cases}1+x^2, & 当\ x>0,\\ 0, & 当\ x=0,\\ -1-x^2, & 当\ x<0;\end{cases}$

(3) $y=2\sin 3x$；

(4) $y=\sqrt{1-x^2}\ (-1\leqslant x\leqslant 0)$.

**5.** 求函数 $y=\log_a(x+\sqrt{x^2-1})(a>0,a\neq 1)$ 的反函数.

**6.** 设 $f(x)=\begin{cases}-x^2, & x<-1,\\ 1+2x, & x\geqslant -1.\end{cases}$ 求 $f^{-1}(x)$，$f(f(x))$.

**7.** 作下列函数的图像：

(1) $y=-\dfrac{x}{2}-1$；

(2) $y=\arcsin(\sin x)$.

**8.** 判断下列函数的奇偶性：

(1) $f(x)=\cos x^{\sin x}$；

(2) $f(x)=x\ln\dfrac{1-x}{1+x}$；

(3) $f(x)=\begin{cases}1-e^{-x}, & x<0,\\ e^x-1, & x>0;\end{cases}$

(4) $f(x)=\left(\dfrac{1}{2+\sqrt{3}}\right)^x+\left(\dfrac{1}{2-\sqrt{3}}\right)^x$；

(5) $f(x)=\sqrt[3]{(1-x)^2}+\sqrt[3]{(1+x)^2}$；

(6) $f(x)=\ln((1-x)/(1+x))$.

**9.** 设 $f(x)$ 满足条件 $2f(x)+f\left(\dfrac{1}{x}\right)=\dfrac{a}{x}$（$a$ 为常数），证明 $f(x)$ 是奇函数.

**10.** 设 $f(x)$ 是以正数 $a$ 为周期的周期函数，且已知当 $0<x\leqslant a$ 时，$f(x)=x^3$，试求周期函数 $f(x)$.

**11.**证明:函数 $f(x)$在区间$(a,b)$内有界的充分必要条件是$f(x)$在$(a,b)$内既有上界,又有下界.

**12.**设单值函数 $f(x)$满足关系式:

$$f^2(\lg u)-2uf(\lg u)+u^2\lg u=0,\ u\in(0,10),$$

且 $f(0)=0$,求 $f(x)$.

**13.**对函数 $f(x)$,$x\in[-l,\ l]$,证明存在奇函数 $g(x)$与偶函数 $h(x)$使得对任何 $x\in[-l,l]$,

$$f(x)=g(x)+h(x).$$

**14.**设 $\varphi(x)=x^2$,$\psi(x)=2^x$,求 $\varphi[\psi(x)]$, $\psi[\varphi(x)]$, $\varphi[\varphi(x)]$和 $\psi[\psi(x)]$.

**15.**在半径为 $R$ 的球内作内接圆柱体,求此圆柱体的体积 $V$ 与它的高 $h$ 之间的函数关系.

**16.**某商品供给量 $Q$ 对价格 $p$ 的函数关系为

$$Q=Q(p)=a+bc^p.$$

今知 $p=2$ 时 $Q=30$;$p=3$ 时 $Q=50$;$p=4$ 时 $Q=90$,求供给量 $Q$ 对价格 $p$ 的函数关系.

# 第 2 章　极限与连续

积分学中定积分的思想早在 2500 年前就已萌生了.而微分学思想的萌生则比积分学晚了近 2000 年,开始于讨论曲线的切线问题.17 世纪中叶,牛顿(Newton,1642—1727)和莱布尼茨(Leibniz,1646—1716)先后创立了微积分.这是继欧几里得(Euclid,纪元前 4—3 世纪)几何之后,全部数学中的一个最伟大创造.然而,由于当时还没有对函数和极限等概念建立起严格的定义,使得他们未能将自己的方法建立在严密的逻辑基础之上.这引起了人们长达 1 个世纪的争论与误解,但同时也推动了人们对极限、函数等基本概念的严格探讨.经过许多数学家的努力,柯西(Cauchy,1789—1857)才以极限理论为微积分奠定下了坚实的基础.微积分学中许多概念都是通过极限定义的,其中的基本运算实质都是极限运算.

本章叙述极限的基本概念与性质,讨论函数的连续性.

## 2.1　数列极限

### 2.1.1　数列极限的定义

**定义 2.1.1**　如果函数 $f$ 的定义域是正整数集,为方便仍记为 $\mathbf{N}$,并按 $n\in\mathbf{N}$ 由小到大的顺序,把对应的函数值 $f(n)=y_n$ 排成一列:

$$y_1,y_2,\cdots,y_n,\cdots \tag{2.1.1}$$

则称之为**数列**,简记为 $\{y_n\}$.其中 $n$ 是**自变量**,也称之为**下标**.$y_n$ 称为数列(2.1.1)的**通项**.

以下是一些数列的例子:

(1) $\left\{\dfrac{1}{n}\right\}:1,\dfrac{1}{2},\dfrac{1}{3},\cdots,\dfrac{1}{n},\cdots$;

(2) $\left\{\dfrac{(-1)^n}{n^2}\right\}:-1,\dfrac{1}{2^2},-\dfrac{1}{3^2},\cdots,\dfrac{(-1)^n}{n^2},\cdots$;

(3)无理数 $\sqrt{2}$ 的不足近似值,精确到 1,0.1,0.01,0.001,…的数列是

$$1,1.4,1.41,1.414,1.4142,\cdots;$$

(4)常数列

$$C,C,\cdots,C,\cdots.$$

注意,在(4)中尽管各项的数相等,但是它们在数列中处于不同位置,即它们分别与不同的正整数 $n$ 相对应,所以应看作是数列中不同的项.

**定义 2.1.2** 设$\{y_n\}$是一数列，如果 $n_k(k=1,2,\cdots)$是一正整数列且

$$n_1<n_2<n_3<\cdots<n_k<\cdots,$$

则称$\{y_{n_k}\}$是数列$\{y_n\}$的一个**子数列**，简称**子列**. 例如，分别由$\{y_n\}$的偶数项和奇数项组成的数列$\{y_{2k}\}$和$\{y_{2k-1}\}$都是$\{y_n\}$的子列. 注意，$k$ 表示$\{y_{n_k}\}$是子列的第 $k$ 项，而 $n_k$ 表示 $y_{n_k}$ 是原数列$\{y_n\}$中的第 $n_k$项，因此，$n_k\geqslant k$.

考察数列 $y_n=1-10^{-n}$，即

$$0.9,0.99,0.999,\cdots,0.\underbrace{99\cdots9}_{n\text{位}},\cdots \tag{2.1.2}$$

显然，当 $n$ 越来越大时，$y_n$越来越接近 1. 所谓“$y_n$越来越接近 1”也就是$|y_n-1|$越来越接近 0. 所以对数列(2.1.2)可以说“当 $n$ 越来越大时，$|y_n-1|$可以比预先给定的任何一个正数 $\varepsilon$ 还要小”. 事实上，显见$|y_n-1|=10^{-n}$，故对 $\varepsilon=0.1$，只要 $n>1$，就有$|y_n-1|<\varepsilon$. 对 $\varepsilon=0.01$，只要 $n>2$，就有$|y_n-1|<\varepsilon$. 对一般的 $\varepsilon>0$，如果$n>[-\lg\varepsilon]$(取“$-\lg\varepsilon$”的整数部分)，则 $n\geqslant[-\lg\varepsilon]+1>-\lg\varepsilon$，$-n<\lg\varepsilon$，从而

$$|y_n-1|=10^{-n}<\varepsilon.$$

将上述例子一般化，就有下面的数列极限的定义.

**定义 2.1.3** 对数列$\{y_n\}$，若存在常数 $a$，对任意 $\varepsilon>0$，总存在正整数 $N$，使得当 $n>N$ 时，

$$|y_n-a|<\varepsilon \tag{2.1.3}$$

恒成立，则称数列$\{y_n\}$的极限是 $a$，或称数列$\{y_n\}$收敛于 $a$，记作

$$\lim_{n\to\infty} y_n=a \qquad \text{或} \qquad y_n\to a \quad (n\to\infty).$$

如果一个数列有极限，就称这个数列是**收敛**的，否则称它为**发散**的.

定义 2.1.3 称为数列极限的“$\varepsilon-N$”定义. 上述定义用附录 1 中的逻辑符号还可简要表述为

$$\lim_{n\to\infty} y_n=a \Leftrightarrow \forall\varepsilon>0, \exists N\in\mathbf{N}, \forall n>N, |y_n-a|<\varepsilon.$$

**说明：**

(1)正数 $\varepsilon$ 是预先给定的. 一旦给出，它就是固定的. 根据这个固定的 $\varepsilon$，再去寻找对应的满足式(2.1.3)的正整数 $N$. 因此，$N$ 是依赖于 $\varepsilon$ 的. 为了表示 $N$ 对 $\varepsilon$ 的这种依赖关系，有时也将 $N$ 写成$N_\varepsilon$或$N(\varepsilon)$. 同时还应注意，当 $\varepsilon$ 给定之后，$N$ 并不是唯一的，即我们关心的是它的存在性，而不是它的具体数值. 很明显，如果对某 $\varepsilon>0$，正整数 $N$ 满足式(2.1.3)，则把任何一个比 $N$ 大的正整数作为$N$，式(2.1.3)仍成立.

(2)容易明白，若 $\varepsilon$ 是任意给定的正数，则 $C\cdot\varepsilon$($C$ 是正常数)，$\sqrt{\varepsilon}$，$\varepsilon^2$，$\cdots$也都是任意给定的正数. 虽然它们在形式上与 $\varepsilon$ 不同，但本质上与 $\varepsilon$ 起同样作用. 今后在有关极限问题的证明中，经常会用到与 $\varepsilon$ 本质相同的其他各种形式.

(3)在定义 2.1.3 中，正数 $\varepsilon$ 是任意的. 虽然 $\varepsilon$ 可以取充分的大，然而此时不等式$|y_n-a|<\varepsilon$ 并不能证明$\{y_n\}$无限趋近于 $a$. 因此，为能证明$\{y_n\}$无限趋近于 $a$，主要是

指 $\varepsilon$ 可以任意小. 所以,证明极限问题时,常常可以限定 $\varepsilon$ 的范围. 例如,为了使 $\left[\frac{1}{\varepsilon}-1\right]$是正整数,我们限定 $0<\varepsilon\leqslant\frac{1}{2}$,从而有$\left[\frac{1}{\varepsilon}-1\right]\geqslant 1$.

(4)若数列$\{y_n\}$不收敛,则称$\{y_n\}$是发散的. 例如,数列$\{2n\}$,当 $n\to\infty$时,$2n$ 无限增大,它不趋近于任何一个确定的常数,故$\{2n\}$没有极限;再如,数列$\left\{\frac{1+(-1)^n}{2}\right\}$,即

$$0,1,0,1,\cdots$$

当 $n\to\infty$时,$y_n$始终在 0 和 1 两个数值上来回跳动,显然不趋近于任何一个确定常数,故该数列也没有极限. 采用逻辑符号,可将数列$\{y_n\}$发散表述为

$$\forall a\in\mathbf{R},\exists\varepsilon_0>0,\forall N\in\mathbf{N},\exists n_0>N,|y_{n_0}-a|\geqslant\varepsilon_0.$$

**例 2.1.1**　证明$\lim\limits_{n\to\infty}\frac{1}{n^\alpha}=0,\alpha>0$.

**分析**　任给 $\varepsilon>0$,我们要证存在 $N$,使当 $n>N$ 时,$\left|\frac{1}{n^\alpha}-0\right|=\frac{1}{n^\alpha}<\varepsilon$. 由于$\frac{1}{n^\alpha}<\varepsilon$,即 $n^\alpha>\frac{1}{\varepsilon}$或$n>\left(\frac{1}{\varepsilon}\right)^{\frac{1}{\alpha}}$. 因此,取 $N=\left[\left(\frac{1}{\varepsilon}\right)^{\frac{1}{\alpha}}\right]+1$ 即可.

**证**　任给 $\varepsilon>0$,取 $N=\left[\left(\frac{1}{\varepsilon}\right)^{\frac{1}{\alpha}}\right]+1$,则当 $n>N$ 时,有

$$n>\left[\left(\frac{1}{\varepsilon}\right)^{\frac{1}{\alpha}}\right]+1>\left(\frac{1}{\varepsilon}\right)^{\frac{1}{\alpha}},$$

$$n^\alpha>\frac{1}{\varepsilon},$$

$$\left|\frac{1}{n^\alpha}-0\right|=\frac{1}{n^\alpha}<\varepsilon.$$

从而

$$\lim_{n\to\infty}\frac{1}{n^\alpha}=0,\alpha>0.$$

**注**　由此例可得证明数列$\{y_n\}$以 $a$ 为极限的一般思路. “任给 $\varepsilon>0$”是证明的开始. 给出 $\varepsilon$ 之后,要找出 $N\in\mathbf{N}$,使 $n>N$ 时不等式$|y_n-a|<\varepsilon$ 成立. 因此,找 $N$ 是证明的关键. 如何找 $N$ 呢? 一般应解关于 $n$ 的不等式$|y_n-a|<\varepsilon$. 使这个不等式成立的 $N$ 有无穷多个,从中任取一个作为 $N$ 即可.

**例 2.1.2**　证明$\lim\limits_{n\to\infty}\frac{n^2-n+1}{2n^2+n-2}=\frac{1}{2}$.

**分析**　任给 $\varepsilon>0$,我们要证存在 $N$,使当 $n>N$ 时,

$$\left|\frac{n^2-n+1}{2n^2+n-2}-\frac{1}{2}\right|<\varepsilon.$$

直接解此不等式比较困难,故设法把左边放大,以达化简之目的. 由于

$$\left|\frac{n^2-n+1}{2n^2+n-2}-\frac{1}{2}\right|=\left|\frac{2(n^2-n+1)-(2n^2+n-2)}{2(2n^2+n-2)}\right|=\left|\frac{-3n+4}{2(2n^2+n-2)}\right|,$$

又因对任何正整数 $n$,

$$\left|-3n+4\right|<3n+4\leqslant 7n,$$

而当 $n>2$ 时,

$$2(2n^2+n-2)>2(2n^2)>n^2.$$

因此,当 $n>2$ 时,

$$\left|\frac{-3n+4}{2(2n^2+n-2)}\right|<\frac{7n}{n^2}=\frac{7}{n}.$$

显然,如果 $\frac{7}{n}<\varepsilon$,则

$$\left|\frac{n^2-n+1}{2n^2+n-2}-\frac{1}{2}\right|<\varepsilon.$$

而要 $\frac{7}{n}<\varepsilon$,只要 $n>\frac{7}{\varepsilon}$,故取 $N=\max\left\{2,\left[\frac{7}{\varepsilon}\right]\right\}$ 即可.

**证** 任给 $\varepsilon>0$,取 $N=\max\left\{2,\left[\frac{7}{\varepsilon}\right]\right\}$,则当 $n>N$ 时,有

$$\left|\frac{n^2-n+1}{2n^2+n-2}-\frac{1}{2}\right|<\varepsilon,$$

从而

$$\lim_{n\to\infty}\frac{n^2-n+1}{2n^2+n-2}=\frac{1}{2}.$$

**注** 直接解不等式 $\left|\frac{n^2-n+1}{2n^2+n-2}-\frac{1}{2}\right|<\varepsilon$ 来求 $n$ 是很困难的. 但由于数列极限的定义只要求存在 $N$,在满足要求的 $N$ 中取哪一个都可以. 所以通常采用"放大"的方法简化解不等式的运算. 例如,本例中将 $\left|\frac{-3n+4}{2(2n^2+n-2)}\right|$ 放大为 $\frac{7}{n}$. 而不等式 $n>\frac{7}{\varepsilon}$ 是很容易求解的,并且满足不等式 $n>\frac{7}{\varepsilon}$ 的 $n$ 也必然使不等式 $\left|\frac{n^2-n+1}{2n^2+n-2}-\frac{1}{2}\right|<\varepsilon$ 成立.

一般说来,一个式子放大的方法不是唯一的,用不同放大的方法,找到的 $N$ 可能不同.

**例 2.1.3** 证明 $\lim\limits_{n\to\infty}\sqrt[n]{a}=1\ (a>1)$.

**分析**

$$\begin{aligned}a-1&=(a^{\frac{1}{n}})^n-1=(a^{\frac{1}{n}}-1)(a^{\frac{n-1}{n}}+a^{\frac{n-2}{n}}+\cdots+a^{\frac{1}{n}}+1)\\&>n(a^{\frac{1}{n}}-1)\text{(当 } a>1 \text{ 且 } x>0 \text{ 时,指数函数 } y=a^x>1\text{)},\end{aligned}$$

从而

$$0<a^{\frac{1}{n}}-1<\frac{a-1}{n}.$$

于是,任给 $\varepsilon>0$,如果$\frac{a-1}{n}<\varepsilon$,则$|\sqrt[n]{a}-1|<\varepsilon$,而要使$\frac{a-1}{n}<\varepsilon$,只需 $n>\frac{a-1}{\varepsilon}$即可.

**证**　任给 $\varepsilon>0$,取 $N=\left[\frac{a-1}{\varepsilon}\right]+1$,则当 $n>N$ 时,有

$$n>\left[\frac{a-1}{\varepsilon}\right]+1>\frac{a-1}{\varepsilon},$$

即

$$\frac{a-1}{n}<\varepsilon,$$

亦即

$$|\sqrt[n]{a}-1|=\sqrt[n]{a}-1<\frac{a-1}{n}<\varepsilon.$$

所以　$\lim\limits_{n\to\infty}\sqrt[n]{a}=1(a>1)$.

**注**　此题巧妙之处在于将“$a-1$”恒等变为“$(a^{\frac{1}{n}})^n-1$”,然后做因式分解,将其缩小为“$n(a^{\frac{1}{n}}-1)$”,从而等于将$|\sqrt[n]{a}-1|$放大为$\frac{a-1}{n}$.

**例 2.1.4**　证明$\lim\limits_{n\to\infty}\frac{n}{2^n}=0$.

**分析**　由牛顿二项式定理知

$$2^n=(1+1)^n=C_n^0+C_n^1+C_n^2+\cdots+C_n^n,$$

其中　$C_n^k=\frac{n!}{k!\ (n-k)!}$.

于是,当 $n>2$ 时,

$$2^n>C_n^2=\frac{n(n-1)}{2},$$

$$\frac{n}{2^n}<\frac{n}{\frac{n(n-1)}{2}}<\frac{2}{n-\frac{n}{2}}=\frac{4}{n}.$$

因此,若$\frac{4}{n}<\varepsilon$,就有$\frac{n}{2^n}<\varepsilon$,而要使$\frac{4}{n}<\varepsilon$,只需 $n>\frac{4}{\varepsilon}$即可.

**证**　任给 $\varepsilon>0$,取 $N=\left[\frac{4}{\varepsilon}\right]+2$,则当 $n>N$ 时,有

$$\left|\frac{n}{2^n}-0\right|=\frac{n}{2^n}<\frac{4}{n}<\frac{4}{\frac{4}{\varepsilon}}=\varepsilon,$$

所以　$\lim\limits_{n\to\infty}\frac{n}{2^n}=0$.

**例 2.1.5**　证明$\lim\limits_{n\to\infty}\sqrt[n]{n}=1$.

**分析**　任给 $\varepsilon>0$,我们要证存在 $N$,使当 $n>N$ 时,$|\sqrt[n]{n}-1|<\varepsilon$.今令 $h_n=\sqrt[n]{n}-1$

$(h_n>0)$,于是$\sqrt[n]{n}=h_n+1$,从而

$$\begin{aligned} n &=(1+h_n)^n \\ &=1+nh_n+\frac{n(n-1)}{2!}h_n^2+\cdots+h_n^n \\ &>\frac{n(n-1)}{2!}h_n^2. \end{aligned}$$

注意 $n>2$ 时,$n-1>\frac{n}{2}$,故有 $n>\frac{n^2}{4}h_n^2$,亦即

$$h_n<\frac{2}{\sqrt{n}}.$$

如果$\frac{2}{\sqrt{n}}<\varepsilon$,则$|\sqrt[n]{n}-1|<\varepsilon$,而要$\frac{2}{\sqrt{n}}<\varepsilon$,只要 $n>\left[\frac{4}{\varepsilon^2}\right]$,故取 $N=\max\left\{2,\left[\frac{4}{\varepsilon^2}\right]\right\}$即可.

**证** 任给 $\varepsilon>0$,取 $N=\max\left\{2,\left[\frac{4}{\varepsilon^2}\right]\right\}$,则当 $n>N$ 时,

$$|\sqrt[n]{n}-1|<\frac{2}{\sqrt{n}}<\varepsilon.$$

所以 $$\lim_{n\to\infty}\sqrt[n]{n}=1.$$

**注** 此极限以后会经常用到,请读者记住.

**例 2.1.6** 设$\lim\limits_{n\to\infty}x_n=a$,$\lim\limits_{n\to\infty}y_n=a$,且

$$z_n=\begin{cases} x_k, & n=2k-1, \\ y_k, & n=2k. \end{cases}\text{这里 } k=1,2,\cdots.$$

即数列$\{z_n\}$为 $x_1,y_1,x_2,y_2,\cdots,x_n,y_n,\cdots$,则$\lim\limits_{n\to\infty}z_n=a$.

**证** 任给 $\varepsilon>0$,由于$\lim\limits_{n\to\infty}x_n=a$,所以存在 $N_1$,使当 $n>N_1$时,有

$$|x_n-a|<\varepsilon.$$

又由于$\lim\limits_{n\to\infty}y_n=a$,所以对此给定的 $\varepsilon$,亦存在 $N_2$,使当 $n>N_2$时,有

$$|y_n-a|<\varepsilon.$$

今取 $N=\max\{2N_1,2N_2\}$,则当 $n>N$ 时,若 $n=2k-1$ 为奇数,则 $2k-1>2N_1>2N_1-1$,故 $k>N_1$,所以

$$|z_n-a|=|x_k-a|<\varepsilon;$$

若 $n=2k$ 为偶数,则 $2k>2N_2$,$k>N_2$,所以

$$|z_n-a|=|y_k-a|<\varepsilon.$$

因此不管 $n$ 为奇数或偶数,只要 $n>N$,就有

$$|z_n-a|<\varepsilon,$$

所以 $$\lim_{n\to\infty}z_n=a.$$

**注:**若数列$\{z_n\}$有两个子列$\{x_n\}$和$\{y_n\}$,并起来就是整个数列$\{z_n\}$,且$\lim\limits_{n\to\infty}x_n=$

$\lim\limits_{n\to\infty} y_n=a$，则$\lim\limits_{n\to\infty} z_n=a$. 特别地，若$\lim\limits_{n\to\infty} z_{2n-1}=\lim\limits_{n\to\infty} z_{2n}=a$，则$\lim\limits_{n\to\infty} z_n=a$.

**例 2.1.7**　证明数列$\{(-1)^n\}$发散.

**分析**　只需证明，$\forall a\in\mathbf{R}$都不是数列$\{(-1)^n\}$的极限.

**证**　$\forall a\in\mathbf{R},\exists\varepsilon_0=1$.

若$a\geqslant 0,\forall N\in\mathbf{N},\exists n_0$(奇数)$>N$使得$|(-1)^{n_0}-a|=|-1-a|=1+a\geqslant 1$;

若$a<0,\forall N\in\mathbf{N},\exists n_0$(偶数)$>N$使得$|(-1)^{n_0}-a|=|1-a|=1+(-a)>1$.

因此，$a$ 不是$\{(-1)^n\}$的极限，故$\{(-1)^n\}$发散.

## 2.1.2　数列极限的性质

以下所介绍的性质十分重要.

**定理 2.1.1**　设$y_n=C$是一个常数列，则$\lim\limits_{n\to\infty} y_n=C$，即常数列的极限就是该常数本身.

**定理 2.1.2**　设$\lim\limits_{n\to\infty} y_n=a$，则$\lim\limits_{n\to\infty}|y_n|=|a|$.

**定理 2.1.3**　(唯一性)若数列$\{y_n\}$收敛，则它的极限是唯一的.

**证**　设$\lim\limits_{n\to\infty} y_n=a$且$\lim\limits_{n\to\infty} y_n=b$. 根据数列极限定义，分别有

$$\forall\varepsilon>0,\begin{cases}\exists N_1\in\mathbf{N},\forall n>N_1,|y_n-a|<\varepsilon,\\ \exists N_2\in\mathbf{N},\forall n>N_2,|y_n-b|<\varepsilon.\end{cases}$$

取$N=\max\{N_1,N_2\},\forall n>N,|y_n-a|<\varepsilon$和$|y_n-b|<\varepsilon$，于是$\forall n>N$，有

$$\begin{aligned}|a-b|&=|a-y_n+y_n-b|\leqslant|a-y_n|+|y_n-b|\\&<\varepsilon+\varepsilon=2\varepsilon\end{aligned}$$

即$a=b$. 从而数列$\{y_n\}$的极限是唯一的.

**定理 2.1.4**　(有界性)若数列$\{y_n\}$收敛，则$\{y_n\}$有界.

**分析**　所谓$\{y_n\}$有界，即指$\exists M>0,\forall n\in\mathbf{N},|y_n|\leqslant M$. 为证$\{y_n\}$有界，可设$\lim\limits_{n\to\infty} y_n=a$. 根据数列极限定义，取定$\varepsilon$(如$\varepsilon=1$)，则$\{y_n\}$中必存在一项$y_N$，在$y_N$之后的所有项$y_n(n>N)$都在开区间$(a-1,a+1)$之内，显然有界. 数列$\{y_n\}$在此开区间之外至多有有限项$y_1,y_2,\cdots,y_N$. 有限多项当然有界. 于是，能找到$M>0$满足定理要求.

**证**　设$\lim\limits_{n\to\infty} y_n=a$，由数列极限定义，取定$\varepsilon_0=1$，则$\exists N\in\mathbf{N},\forall n>N$，有

$$|y_n-a|<1.$$

又$|y_n|-|a|\leqslant|y_n-a|$，则当$n>N$时，$|y_n|-|a|\leqslant|y_n-a|<1$或$|y_n|<|a|+1$. 而数列$\{y_n\}$中的项只有前$N$项可能不满足$|y_n|<|a|+1$: $y_1,y_2,\cdots,y_N$. 令

$$M=\max\{|y_1|,|y_2|,\cdots,|y_N|,|a|+1\}.$$

于是，$\forall n\in\mathbf{N},|y_n|\leqslant M$.

**说明**:

(1)定理 2.1.4 的等价命题是:若数列$\{y_n\}$无界,则$\{y_n\}$发散;

(2)数列$\{y_n\}$有界仅是其收敛的必要条件不是充分条件.

**定理 2.1.5** (保序性)设$\lim\limits_{n\to\infty} x_n=a$,$\lim\limits_{n\to\infty} y_n=b$.

(1)若 $a>b$,则存在 $N\in\mathbf{N}$,使当 $n>N$ 时,有 $x_n>y_n$;

(2)若存在 $N\in\mathbf{N}$,当 $n>N$ 时,有 $x_n\geqslant y_n$,则 $a\geqslant b$.

**证** (1)取 $\varepsilon=\dfrac{a-b}{2}>0$,则存在 $N_1$,当 $n>N_1$时,有$|x_n-a|<\dfrac{a-b}{2}$,从而 $x_n>a-\dfrac{a-b}{2}=\dfrac{a+b}{2}$;同样,存在 $N_2$,当 $n>N_2$时,有$|y_n-b|<\dfrac{a-b}{2}$,从而 $y_n<b+\dfrac{a-b}{2}=\dfrac{a+b}{2}$.取 $N=\max\{N_1,N_2\}$,当 $n>N$ 时,有 $x_n>\dfrac{a+b}{2}>y_n$.

(2)(反证法)假设 $a<b$,则由(1)知存在 $N$,当 $n>N$ 时,有 $x_n<y_n$,与已知矛盾.

**注** 在定理 2.1.5(2)中,不能由 $x_n>y_n$,推出 $a>b$.例如数列$\left\{\dfrac{1}{n}\right\}$和$\left\{\dfrac{1}{n^2}\right\}$,当 $n>1$ 时,$\dfrac{1}{n}>\dfrac{1}{n^2}$,但两个数列的极限都是 0.

**推论** (保号性)若$\lim\limits_{n\to\infty} x_n=a$ 且$a\neq 0$,则存在 $N$,当 $n>N$ 时,$x_n$与$a$ 同号.

**证** 在定理 2.1.5(1)中,取 $y_n=0$ 即得.

**定理 2.1.6** (数列极限的运算法则)若数列$\{x_n\}$,$\{y_n\}$都收敛,则它们的和、差、积、商(分母的极限不为 0)的数列也收敛,且

$$\lim_{n\to\infty}(x_n\pm y_n)=\lim_{n\to\infty} x_n\pm\lim_{n\to\infty} y_n, \tag{2.1.4}$$

$$\lim_{n\to\infty}(x_n y_n)=\lim_{n\to\infty} x_n \lim_{n\to\infty} y_n, \tag{2.1.5}$$

$$\lim_{n\to\infty}\frac{x_n}{y_n}=\frac{\lim\limits_{n\to\infty} x_n}{\lim\limits_{n\to\infty} y_n}\quad\left(\lim_{n\to\infty} y_n\neq 0\right). \tag{2.1.6}$$

**证** 设

$$\lim_{n\to\infty} x_n=a,\quad \lim_{n\to\infty} y_n=b. \tag{2.1.7}$$

(1)证明式(2.1.4).

由式(2.1.7),$\forall\varepsilon>0$,$\exists N_1$,当 $n>N_1$时,有$|x_n-a|<\varepsilon$;$\exists N_2$,当 $n>N_2$时,有$|y_n-b|<\varepsilon$.取 $N=\max\{N_1,N_2\}$,则当 $n>N$ 时,有

$$|(x_n\pm y_n)-(a\pm b)|\leqslant|x_n-a|+|y_n-b|<\varepsilon+\varepsilon=2\varepsilon,$$

即式(2.1.4)成立.

(2)证明式(2.1.5).

因为收敛数列有界,故存在常数 $M>0$,使

$$|x_n|\leqslant M,\quad n=1,2,\cdots.$$

同(1)类似,取 $N=\max\{N_1,N_2\}$,当 $n>N$ 时,有

$$|x_ny_n-ab|\leqslant|x_ny_n-x_nb|+|x_nb-ab|=|x_n||y_n-b|+|x_n-a||b|$$
$$<M\varepsilon+|b|\varepsilon=(M+|b|)\varepsilon,$$

即式(2.1.5)成立.

(3)证明式(2.1.6).

由于$\lim\limits_{n\to\infty}y_n=b\neq0$,对于$\frac{|b|}{2}>0$,由定理 2.1.5(1)知$\exists N_3$,当$n>N_3$时,有$|y_n|>\frac{|b|}{2}$.于是,

$$\left|\frac{1}{y_n}\right|<\frac{2}{|b|}. \tag{2.1.8}$$

取$N=\max\{N_1,N_2,N_3\}$,当$n>N$时,有

$$\left|\frac{x_n}{y_n}-\frac{a}{b}\right|=\frac{1}{|y_nb|}|x_nb-ay_n|\leqslant\frac{1}{|y_n||b|}[|x_nb-ab|+|ab-ay_n|]$$
$$=\frac{1}{|y_n||b|}[|b||x_n-a|+|a||b-y_n|]<\frac{2}{b^2}(|b|+|a|)\varepsilon,$$

即式(2.1.6)得证.

**推论**　若$\lim\limits_{n\to\infty}x_n=a$,则对任意常数$C$,

$$\lim_{n\to\infty}Cx_n=C\lim_{n\to\infty}x_n. \tag{2.1.9}$$

**证**　只需取$y_n=C,n=1,2,\cdots$,由式(2.1.5)即得式(2.1.9).

**例 2.1.8**　求极限$\lim\limits_{n\to\infty}\frac{n^2-n+1}{2n^2+n-2}$.

**解**　将分式$\frac{n^2-n+1}{2n^2+n-2}$的分子、分母同除以$n^2$,再由定理 2.1.6,有

$$\lim_{n\to\infty}\frac{n^2-n+1}{2n^2+n-2}=\lim_{n\to\infty}\frac{1-\frac{1}{n}+\frac{1}{n^2}}{2+\frac{1}{n}-\frac{2}{n^2}}=\frac{\lim\limits_{n\to\infty}\left(1-\frac{1}{n}+\frac{1}{n^2}\right)}{\lim\limits_{n\to\infty}\left(2+\frac{1}{n}-\frac{2}{n^2}\right)}$$
$$=\frac{\lim\limits_{n\to\infty}1-\lim\limits_{n\to\infty}\frac{1}{n}+\lim\limits_{n\to\infty}\frac{1}{n^2}}{\lim\limits_{n\to\infty}2+\lim\limits_{n\to\infty}\frac{1}{n}-\lim\limits_{n\to\infty}\frac{1}{n^2}}=\frac{1-0+0}{2+0-0}=\frac{1}{2}.$$

**定理 2.1.7**　收敛数列的任何子列都收敛,而且与原数列有相同的极限.

**证**　设$\lim\limits_{n\to\infty}y_n=a$,$\{y_{m_k}\}$是$\{y_n\}$的一个子列,其中$m_k$是正整数,且

$$m_1<m_2<m_3<\cdots<m_k<\cdots.$$

任给$\varepsilon>0$,于是存在$N$,当$n>N$时,有$|y_n-a|<\varepsilon$,并且由于$m_n>m_N\geqslant N$,因此$|y_{m_n}-a|<\varepsilon$,所以$\lim\limits_{n\to\infty}y_{m_n}=a$.

**注**　定理 2.1.7 经常可以用来证明一些数列的发散性.例如,我们可以用反证法证明$y_n=(-1)^n$是发散的.假设$\{y_n\}$收敛,按定理 2.1.7,$\{y_n\}$的子列$\{y_{2n}\}$和$\{y_{2n+1}\}$应

该都收敛而且有相同的极限.但现在 $y_{2n}=(-1)^{2n}=1$,收敛于1;而 $y_{2n+1}=(-1)^{2n+1}=-1$,收敛于-1.当然 $-1\neq1$,所以“$\{y_n\}$收敛”这一假设不成立,故$\{y_n\}$发散.

## 2.1.3 数列收敛的判别定理

当已知数列$\{y_n\}$的极限是 $a$ 时,才能够利用数列极限的定义去加以证明.实际上,在很多情况下,首先需要解决的是判断数列是否收敛.

**1.两边夹定理**

**定理 2.1.8 (两边夹定理)**设$\{x_n\}$,$\{y_n\}$,$\{z_n\}$是三个数列,且满足

(1) $\lim\limits_{n\to\infty} x_n=\lim\limits_{n\to\infty} z_n=a$;

(2) $\exists N\in\mathbf{N}$,使当 $n>N$ 时,有 $x_n\leqslant y_n\leqslant z_n$,

则
$$\lim_{n\to\infty} y_n=a.$$

**证** 因为$\lim\limits_{n\to\infty} x_n=\lim\limits_{n\to\infty} z_n=a$,所以,$\forall\varepsilon>0$,$\exists N_1$,当 $n>N_1$时,有 $|x_n-a|<\varepsilon$,即 $a-\varepsilon<x_n<a+\varepsilon$;同时,$\exists N_2$,当 $n>N_2$时,有$|z_n-a|<\varepsilon$,即 $a-\varepsilon<z_n<a+\varepsilon$.于是,当 $n>\max\{N_1,N_2,N\}$时,有
$$a-\varepsilon<x_n\leqslant y_n\leqslant z_n<a+\varepsilon.$$
由此得
$$|y_n-a|<\varepsilon,$$
即
$$\lim_{n\to\infty} y_n=a.$$

**例 2.1.9** 求$\lim\limits_{n\to\infty}\sqrt[n]{a}\quad(a>0)$.

**解** 当 $a>1$ 时,$\exists N>a$,使当 $n>N$ 时,有
$$1<\sqrt[n]{a}<\sqrt[n]{n}.$$
由例 2.1.5,$\lim\limits_{n\to\infty}\sqrt[n]{n}=1$.再由两边夹定理知$\lim\limits_{n\to\infty}\sqrt[n]{a}=1$.

当$0<a<1$时,$\dfrac{1}{a}>1$,因而$\lim\limits_{n\to\infty}\sqrt[n]{\dfrac{1}{a}}=1$.而
$$\lim_{n\to\infty}\sqrt[n]{a}=\frac{1}{\lim\limits_{n\to\infty}\sqrt[n]{\dfrac{1}{a}}}=\frac{1}{1}=1.$$

当 $a=1$ 时,$\lim\limits_{n\to\infty}\sqrt[n]{a}=1$.

**注** 此极限以后也会经常用到.

**例 2.1.10** 证明$\lim\limits_{n\to\infty}\dfrac{a^n}{n!}=0\quad(a>0)$.

**证** $\exists k\in\mathbf{N}$,使 $k>a$.从而当 $n>k$ 时
$$0\leqslant\frac{a^n}{n!}=\frac{a}{1}\cdot\frac{a}{2}\cdots\frac{a}{k}\cdot\frac{a}{k+1}\cdots\frac{a}{n}$$

$$\leqslant\frac{a^k}{k!}\cdot\frac{a}{n}=\frac{a^{k+1}}{k!}\cdot\frac{1}{n},$$

而

$$\lim_{n\to\infty}\frac{a^{k+1}}{k!}\cdot\frac{1}{n}=\frac{a^{k+1}}{k!}\lim_{n\to\infty}\frac{1}{n}=0.$$

由两边夹定理,有

$$\lim_{n\to\infty}\frac{a^n}{n!}=0.$$

**例 2.1.11**　求 $\lim\limits_{n\to\infty}\sqrt[n]{a_1^n+a_2^n+\cdots+a_m^n}$,其中 $a_1,a_2,\cdots,a_m>0$.

**解**　令 $a=\max\{a_1,a_2,\cdots,a_m\}$,则

$$a\leqslant\sqrt[n]{a_1^n+a_2^n+\cdots+a_m^n}\leqslant a\sqrt[n]{m}.$$

由例 2.1.9 知 $\lim\limits_{n\to\infty}\sqrt[n]{m}=1$,故 $\lim\limits_{n\to\infty}a\sqrt[n]{m}=a$.由两边夹定理,有

$$\lim_{n\to\infty}\sqrt[n]{a_1^n+a_2^n+\cdots+a_m^n}=a.$$

**2.单调有界定理　重要极限 $\lim\limits_{n\to\infty}\left(1+\frac{1}{n}\right)^n$**

以下我们转而讨论单调数列收敛的判别定理,即单调有界定理.但在此之前,需做如下准备.

**定义 2.1.5**　设数列 $\{y_n\}$ 满足

$$y_n\leqslant y_{n+1}\quad(y_n\geqslant y_{n+1}),\quad n=1,2,\cdots,$$

则称 $\{y_n\}$ 是**单调增加(减少)**.若等号不成立,则称之为**严格单调增加(减少)**.单调增加和单调减少统称为**单调**.

**定义 2.1.6**　对于数列 $\{y_n\}$,若存在实数 $M$,使得对一切 $n$,恒有

(1) $y_n\leqslant M$,则称 $\{y_n\}$ 为**有上界数列**;

(2) $y_n\geqslant M$,则称 $\{y_n\}$ 为**有下界数列**.

显然,若 $\{y_n\}$ 是有界数列,则 $\{y_n\}$ 必有上界和下界;反之亦然.

**定理 2.1.9**　**(单调有界定理)**单调有界数列必有极限.

**证**　不妨设数列 $\{y_n\}$ 是单调增加有界数列,类似地,可证单调减少有界的情形.

由公理 1.1.1,数列 $\{y_n\}$ 的上确界存在,记为 $M=\sup\{y_n\}$.则由定理 1.1.1 知,① $\forall n,y_n\leqslant M$ 且② $\forall\varepsilon>0,\exists n_0\in\mathbf{N}$,使 $y_{n_0}>M-\varepsilon$.因为 $\{y_n\}$ 单调增加,当 $n>n_0$ 时,有

$$M-\varepsilon<y_{n_0}\leqslant y_n\leqslant M<M+\varepsilon,$$

即

$$|y_n-M|<\varepsilon,$$

亦即

$$\lim_{n\to\infty} y_n = M.$$

**注** 证明过程表明,单调增加(减少)有上(下)界数列不仅是收敛的,而且其**极限就是其上(下)确界**.

**例 2.1.12 (重要极限)** 证明数列 $y_n=\left(1+\frac{1}{n}\right)^n$ 收敛.

**证** (1)先证数列是单调增加的.

由二项式公式,

$$\begin{aligned} y_n &= \left(1+\frac{1}{n}\right)^n \\ &= 1+\frac{n}{1!}\frac{1}{n}+\frac{n(n-1)}{2!}\frac{1}{n^2}+\cdots+\frac{n(n-1)\cdots(n-n+1)}{n!}\frac{1}{n^n} \\ &= 1+1+\frac{1}{2!}\left(1-\frac{1}{n}\right)+\cdots+\frac{1}{n!}\left(1-\frac{1}{n}\right)\left(1-\frac{2}{n}\right)\cdots\left(1-\frac{n-1}{n}\right). \end{aligned}$$

同样

$$\begin{aligned} y_{n+1} &= \left(1+\frac{1}{n+1}\right)^{n+1} \\ &= 1+1+\frac{1}{2!}\left(1-\frac{1}{n+1}\right)+\cdots+\frac{1}{n!}\left(1-\frac{1}{n+1}\right)\left(1-\frac{2}{n+1}\right)\cdots\left(1-\frac{n-1}{n+1}\right) \\ &\quad +\frac{1}{(n+1)!}\left(1-\frac{1}{n+1}\right)\left(1-\frac{2}{n+1}\right)\cdots\left(1-\frac{n}{n+1}\right). \end{aligned}$$

比较 $y_n$ 和 $y_{n+1}$,除前两项相同外,后者的每一项都大于前者的对应项,且后者最后还多了一个正项,因此有

$$y_n < y_{n+1},\quad n=1,2,\cdots.$$

(2)再证数列有上界.

因为 $1-\frac{1}{n},1-\frac{2}{n},\cdots,1-\frac{n-1}{n}$ 都小于1,故

$$\begin{aligned} y_n &< 1+1+\frac{1}{2!}+\cdots+\frac{1}{n!} < 2+\frac{1}{2}+\frac{1}{2^2}+\cdots+\frac{1}{2^{n-1}} \\ &= 2+\frac{\frac{1}{2}-\frac{1}{2}\frac{1}{2^{n-1}}}{1-\frac{1}{2}} = 3-\frac{1}{2^{n-1}} < 3, \end{aligned}$$

即 $\{y_n\}$ 有上界.

由定理 2.1.9 知,$y_n=\left(1+\frac{1}{n}\right)^n$ 是收敛的,且以某个大于 2 小于 3 的数为极限,记此极限为 e,即

$$\lim_{n\to\infty} y_n = \lim_{n\to\infty}\left(1+\frac{1}{n}\right)^n = \mathrm{e}.$$

**注** e 是一个无理数,e=2.718 281 828 459 045…,以 e 为底的对数函数称为自然对数函数,记为 $\ln x$. $\ln x$ 和 $\mathrm{e}^x$ 是今后经常会遇到的.

**例 2.1.13** 证明:数列 $y_n=\sqrt{a+\sqrt{a+\sqrt{a+\cdots+\sqrt{a}}}}$($n$ 重根号)收敛($a>0$),并求出其极限.

**解** $y_1=\sqrt{a}$, $y_2=\sqrt{a+\sqrt{a}}=\sqrt{a+y_1}$, $y_3=\sqrt{a+\sqrt{a+\sqrt{a}}}=\sqrt{a+y_2}$,一般地

$$y_{n+1}=\sqrt{a+y_n}, \tag{1}$$

显然$\{y_n\}$是单调增加的(用归纳法容易证明).其次,可以证明$\{y_n\}$是有上界的.事实上,若 $a\geqslant 2$,则可以证明 $y_n\leqslant a$.这是因为 $y_1=\sqrt{a}\leqslant a$.若已知 $y_n\leqslant a$,则 $y_{n+1}=\sqrt{a+y_n}\leqslant\sqrt{2a}\leqslant\sqrt{a^2}=a$.故由数学归纳法知,对一切 $n$,$y_n\leqslant a$.若 $0<a<2$,则同样可证明 $y_n<2$.

所以,由单调有界定理,数列$\{y_n\}$收敛.

利用式(1)可以求出$\{y_n\}$的极限.事实上,由式(1)有

$$(y_{n+1})^2=a+y_n, \tag{2}$$

现在$\{y_{n+1}\}$是$\{y_n\}$的子列,故若$\lim\limits_{n\to\infty}y_n=A$,则同样$\lim\limits_{n\to\infty}y_{n+1}=A$.因此,在式(2)中令 $n\to\infty$,则得

$$A^2=a+A,$$

于是

$$A=\frac{1\pm\sqrt{1+4a}}{2},$$

其中的“$-$”舍去(因为$\frac{1-\sqrt{1+4a}}{2}<0$,而 $y_n>0$),所以

$$A=\frac{1+\sqrt{1+4a}}{2},$$

即

$$\lim_{n\to\infty}\sqrt{a+\sqrt{a+\sqrt{a+\cdots+\sqrt{a}}}}=\frac{1+\sqrt{1+4a}}{2}.$$

注意,用本例方法求极限,必须是在**已知极限存在**的前提下方可进行.

**3.柯西收敛定理**

前面介绍的两边夹定理和单调有界定理实际上是数列收敛的充分条件.下面将要介绍的柯西收敛定理则给出了数列收敛的充分必要条件.为此,需要做一些必要的准备工作.

**定理 2.1.10 (区间套定理)** 设有闭区间列$\{[a_n,b_n]\}$满足

(1)$[a_1,b_1]\supset[a_2,b_2]\supset\cdots\supset[a_n,b_n]\supset\cdots$;

(2)$\lim\limits_{n\to\infty}(b_n-a_n)=0$,

则存在唯一的实数 $\xi$ 属于所有的$[a_n,b_n]$,且$\lim\limits_{n\to\infty}a_n=\lim\limits_{n\to\infty}b_n=\xi$.

**证** 由(1)知这些区间的端点满足

$$a_1\leqslant a_2\leqslant\cdots\leqslant a_n\leqslant\cdots\leqslant b_n\leqslant\cdots b_2\leqslant b_1,$$

故数列$\{a_n\}$单调增加有上界,数列$\{b_n\}$单调减少有下界.由单调有界定理知,它们的极限均存在.

由(2)有$\lim\limits_{n\to\infty}(b_n-a_n)=\lim\limits_{n\to\infty}b_n-\lim\limits_{n\to\infty}a_n=0$,即

$$\lim_{n\to\infty}a_n=\lim_{n\to\infty}b_n,$$

且设此极限为$\xi$.由单调有界定理的证明知,$\xi$是$\{a_n\}$的上确界,同时又是$\{b_n\}$的下确界.因此,

$$a_n\leqslant\xi\leqslant b_n,n=1,2,\cdots.$$

即$\xi\in[a_n,b_n],n=1,2,\cdots$,即$\xi$属于所有闭区间.

下面证明$\xi$是唯一的公共点.假设还有$h\in[a_n,b_n](n=1,2,\cdots)$,即$\forall n$,有$a_n\leqslant h\leqslant b_n$.由两边夹定理$\xi=h$,唯一性得证.

利用区间套定理,就可证明下面的致密性定理.

**定理 2.1.11 (致密性定理)** 有界数列必有收敛子列.

**证** 设$\{y_n\}$是有界数列.如果$\{y_n\}$只是有限多个互异数的重复,则其中必有一个数重复无限次,设此数为$y_0$,则在$\{y_n\}$中取值为$y_0$的项是一个子列,此子列收敛于$y_0$.

以下设$\{y_n\}$中有无限多个互异的项.

由于$\{y_n\}$有界,取$a_1<b_1$,使$\{y_n\}\subset[a_1,b_1]$,并任取$y_{n_1}\in\{y_n\}$.将$[a_1,b_1]$二等分,得到两个闭子区间,其中必有一个含有$\{y_n\}$中无限多个项(如果两个子区间都是如此,则任选其中之一),记之为$[a_2,b_2]$,并任取$y_{n_2}\in\{y_n\}\cap[a_2,b_2]$,且使$n_2>n_1$.如此无限地等分下去,得到一个闭区间列$\{[a_n,b_n]\}$及子列$\{y_{n_k}\},y_{n_k}\in\{y_n\}\cap[a_k,b_k]$.

因为

(1)$[a_1,b_1]\supset[a_2,b_2]\supset\cdots\supset[a_n,b_n]\supset\cdots$,

(2)$\lim\limits_{k\to\infty}(b_k-a_k)=\lim\limits_{k\to\infty}\dfrac{b_1-a_1}{2^{k-1}}=0$,

满足闭区间套定理的条件,故存在$\xi$,使得$\lim\limits_{k\to\infty}a_k=\lim\limits_{k\to\infty}b_k=\xi$.又由于$a_k\leqslant y_{n_k}\leqslant b_k,k=1,2,\cdots$,由两边夹定理知$\lim\limits_{k\to\infty}y_{n_k}=\xi$.

致密性定理又称为波尔察诺-维尔斯特拉斯定理.

有了上面的准备,现在介绍柯西收敛定理.

**定理 2.1.12 (柯西收敛定理)** 数列$\{y_n\}$收敛的充分必要条件是:$\forall\varepsilon>0,\exists N\in\mathbf{N}$,当$m,n>N$时,有

$$|y_m-y_n|<\varepsilon. \tag{2.1.10}$$

**证** 必要性($\Rightarrow$).设$\lim\limits_{n\to\infty}y_n=a$,则$\forall\varepsilon>0,\exists N$,使当$n>N$时,有$|y_n-a|<\dfrac{\varepsilon}{2}$.于是,当$m,n>N$时,就有

$$|y_m - y_n| \leqslant |y_m - a| + |a - y_n| < \frac{\varepsilon}{2} + \frac{\varepsilon}{2} = \varepsilon.$$

充分性($\Leftarrow$).首先证$\{y_n\}$有界.为此,取$\varepsilon = 1$,由假设存在$N$,使当$m, n > N$时,$|y_m - y_n| < 1$.特别地,当$n > N$时,有$|y_n - y_{N+1}| < 1$.从而

$$|y_n| < |y_{N+1}| + 1 \qquad (n > N).$$

令$M = \max\{|y_1|, |y_2|, \cdots, |y_N|, |y_{N+1}| + 1\}$,则对一切$n$,

$$|y_n| \leqslant M,$$

即$\{y_n\}$有界.

由致密性定理,$\{y_n\}$有收敛子列$\{y_{n_k}\}$.设$\lim\limits_{k\to\infty} y_{n_k} = a$,以下证明$\{y_n\}$收敛于$a$.

$\forall \varepsilon > 0$,由假设$\exists N_1$,当$m, n > N_1$时,有$|y_m - y_n| < \frac{\varepsilon}{2}$;又$\lim\limits_{k\to\infty} y_{n_k} = a$,故$\exists K$,使当$k > K$时,有$|y_{n_k} - a| < \frac{\varepsilon}{2}$,取$N = \max\{N_1, K\}$,则当$n > N$时,由于$n_{N+1} \geqslant N + 1 > N$,因而

$$|y_n - a| \leqslant |y_n - y_{n_{N+1}}| + |y_{n_{N+1}} - a| < \frac{\varepsilon}{2} + \frac{\varepsilon}{2} = \varepsilon.$$

故$\lim\limits_{n\to\infty} y_n = a$.

**注**　我们把满足柯西收敛定理条件的数列称为**柯西列**.于是,该定理也可以叙述为:数列$\{y_n\}$收敛的充分必要条件是该数列为一柯西列.

如果在式(2.1.10)中,令$m = n + p$,则柯西收敛定理又可描述为:$\forall \varepsilon > 0$, $\exists N$,当$n > N$及$\forall p \in \mathbf{N}$,有

$$|y_{n+p} - y_n| < \varepsilon.$$

**例 2.1.14**　设$y_n = \frac{\sin 1}{2} + \frac{\sin 2}{2^2} + \cdots + \frac{\sin n}{2^n}$,试证$\{y_n\}$收敛.

**证**　设$m > n$,则

$$\begin{aligned}
|y_m - y_n| &= \left| \frac{\sin(n+1)}{2^{n+1}} + \frac{\sin(n+2)}{2^{n+2}} + \cdots + \frac{\sin m}{2^m} \right| \\
&\leqslant \left| \frac{\sin(n+1)}{2^{n+1}} \right| + \left| \frac{\sin(n+2)}{2^{n+2}} \right| + \cdots + \left| \frac{\sin m}{2^m} \right| \\
&\leqslant \frac{1}{2^{n+1}} + \frac{1}{2^{n+2}} + \cdots + \frac{1}{2^m} \\
&= \frac{1}{2^n}\left( \frac{1}{2} + \frac{1}{2^2} + \cdots + \frac{1}{2^{m-n}} \right) < \frac{1}{2^n}.
\end{aligned}$$

因为$\lim\limits_{n\to\infty} \frac{1}{2^n} = 0$,故对任给$\varepsilon > 0 (0 < \varepsilon < 1)$,取$N = \left[ \log_2 \frac{1}{\varepsilon} \right] + 1$,当$n > N$时,有$\left| \frac{1}{2^n} - 0 \right| < \varepsilon$,从而对所找到的$N$,当$m > n > N$时,有$|y_m - y_n| < \varepsilon$,根据柯西定理,$\{y_n\}$收敛.

**例 2.1.15** 设 $y_n=1+\frac{1}{2}+\frac{1}{3}+\cdots+\frac{1}{n}(n=1,2,\cdots)$,证明$\{y_n\}$发散.

**证** $\forall n\in\mathbf{N}$,取 $m=2n$,有

$$|y_m-y_n|=\frac{1}{n+1}+\frac{1}{n+2}+\cdots+\frac{1}{n+n}$$
$$\geqslant\frac{1}{n+n}+\frac{1}{n+n}+\cdots+\frac{1}{n+n}=\frac{1}{2}.$$

于是,若取 $\varepsilon=\frac{1}{2}$,则不存在这样的 $N\in\mathbf{N}$,使当任何 $m,n>N$ 时,有$|y_m-y_n|<\frac{1}{2}$,根据柯西收敛定理,$\{y_n\}$发散.

## 2.2 函数极限

数列作为一类特殊的函数,其自变量 $n$ 只有一种变化状态,即 $n\to\infty$(实际是 $+\infty$,因为 $n$ 取自然数,故“+”号可省略).但就一般函数而言,其自变量 $x$ 就有趋于无穷大和趋于某点这样两类状态,而每一类又可细分为三种不同情况.

### 2.2.1 $x$ 趋于无穷大时函数 $f(x)$ 的极限

$x$ 趋于无穷大的方式有三种:$x\to+\infty$,$x\to-\infty$和 $x\to\infty$.

**定义 2.2.1** 设函数 $y=f(x)$在$(a,+\infty)$上有定义,$A$ 是常数,若$\forall\varepsilon>0$,$\exists M>0$,使当 $x>M$,有

$$|f(x)-A|<\varepsilon,$$

则称 $A$ 是当$x\to+\infty$时 $f(x)$的极限,记为

$$\lim_{x\to+\infty}f(x)=A\text{ 或 }f(x)\to A(x\to+\infty).$$

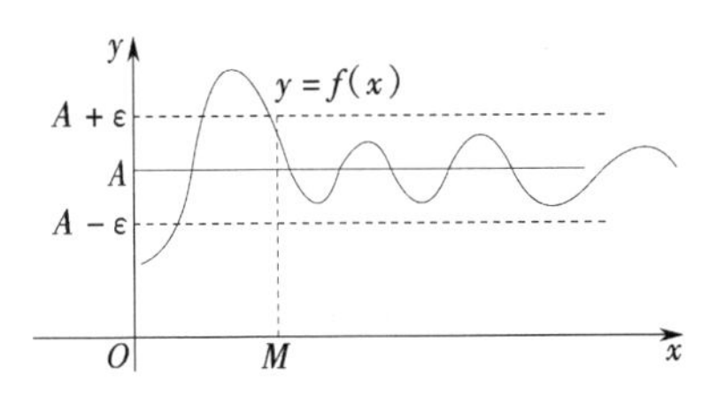


图 2.1 定义 2.2.1 的几何意义

定义 2.2.1 的几何意义是:对任给的 $\varepsilon>0$,总能找到 $M>0$,当 $x>M$ 时,$y=f(x)$的图像完全位于以直线 $y=A$ 为中心、宽为 $2\varepsilon$ 的带形区域内(图 2.1).

类似于定义 2.2.1,我们还有关于 $x\to-\infty$,$x\to\infty$时的定义.

**定义 2.2.2** 设函数 $y=f(x)$在$(-\infty,a)$上有定义,$A$ 是常数,若$\forall\varepsilon>0$,$\exists M>0$,使当 $x<-M$ 时,有

$$|f(x)-A|<\varepsilon,$$

则称 $A$ 是当$x\to-\infty$时 $f(x)$的极限,记为

$$\lim_{x\to-\infty}f(x)=A\text{ 或 }f(x)\to A(x\to-\infty).$$

**定义 2.2.3**　设函数 $y=f(x)$ 在 $(-\infty,+\infty)$ 上有定义，$A$ 是一常数，如果 $\forall\varepsilon>0$，$\exists M>0$，使当 $|x|>M$ 时，有

$$|f(x)-A|<\varepsilon,$$

则称 $A$ 是当 $x\to\infty$ 时 $f(x)$ 的极限，记为

$$\lim_{x\to\infty}f(x)=A\text{ 或 }f(x)\to A(x\to\infty).$$

**定理 2.2.1**　$\lim\limits_{x\to\infty}f(x)$ 存在的充分必要条件是 $\lim\limits_{x\to+\infty}f(x)$ 和 $\lim\limits_{x\to-\infty}f(x)$ 存在且相等.

**证**　必要性显然.

充分性. 设 $\lim\limits_{x\to+\infty}f(x)=\lim\limits_{x\to-\infty}f(x)=A$，可知，$\forall\varepsilon>0$，$\exists M_1>0$，当 $x>M_1$ 时，有

$$|f(x)-A|<\varepsilon.$$

同理，$\exists M_2>0$，当 $x<-M_2$ 时，有

$$|f(x)-A|<\varepsilon.$$

取 $M=\max\{M_1,M_2\}$，则当 $|x|>M$ 时，有

$$|f(x)-A|<\varepsilon,$$

即
$$\lim_{x\to\infty}f(x)=A.$$

**例 2.2.1**　证明：$\lim\limits_{x\to+\infty}\left(\dfrac{1}{2}\right)^x=0$.

**分析**　按定义 2.2.1，要证 $\forall\varepsilon>0$，$\exists M>0$，使当 $x>M$ 时，有

$$\left|\left(\frac{1}{2}\right)^x-0\right|<\varepsilon.$$

由 $\left|\left(\dfrac{1}{2}\right)^x-0\right|=\dfrac{1}{2^x}<\varepsilon$，解得 $x>\log_2\dfrac{1}{\varepsilon}$. 所以可取 $M=\log_2\dfrac{1}{\varepsilon}$，但为使 $M>0$，可令 $0<\varepsilon<1$.

**证**　$\forall\varepsilon>0(0<\varepsilon<1)$，取 $M=\log_2\dfrac{1}{\varepsilon}$，则当 $x>M$ 时，有

$$\left|\left(\frac{1}{2}\right)^x-0\right|=\frac{1}{2^x}<\frac{1}{2^M}=\varepsilon,$$

故
$$\lim_{x\to+\infty}\left(\frac{1}{2}\right)^x=0.$$

**注**　类似地，可证明当 $0<a<1$ 时，$\lim\limits_{x\to+\infty}a^x=0$；当 $a>1$ 时，$\lim\limits_{x\to-\infty}a^x=0$.

**例 2.2.2**　证明：$\lim\limits_{x\to+\infty}\left(1+\dfrac{1}{[x]}\right)^{[x]}=\mathrm{e}$.

**证**　函数 $\left(1+\dfrac{1}{[x]}\right)^{[x]}$ 在 $[1,+\infty)$ 上单增，且对任何 $x\geqslant1$，$\left(1+\dfrac{1}{[x]}\right)^{[x]}<\mathrm{e}$.

$\forall\varepsilon>0$，由于 $\lim\limits_{n\to\infty}\left(1+\dfrac{1}{n}\right)^n=\mathrm{e}$，故 $\exists N>0$，使当 $n>N$ 时，有

$$0<\mathrm{e}-\left(1+\frac{1}{n}\right)^n<\varepsilon.$$

任取 $n_0>N$,亦应有 $0<\mathrm{e}-\left(1+\dfrac{1}{n_0}\right)^{n_0}<\varepsilon$.

当 $x>n_0$时,

$$\mathrm{e}-\varepsilon<\left(1+\frac{1}{n_0}\right)^{n_0}\leqslant\left(1+\frac{1}{[x]}\right)^{[x]}<\mathrm{e}<\mathrm{e}+\varepsilon,$$

即

$$\left|\left(1+\frac{1}{[x]}\right)^{[x]}-\mathrm{e}\right|<\varepsilon,$$

所以 $$\lim_{x\to+\infty}\left(1+\frac{1}{[x]}\right)^{[x]}=\mathrm{e}.$$

**例 2.2.3** 证明:$\lim\limits_{x\to\infty}\dfrac{x}{2x+1}=\dfrac{1}{2}$.

**分析** $\forall\varepsilon>0$,要证$\exists M>0$,使当$|x|>M$时,有

$$\left|\frac{x}{2x+1}-\frac{1}{2}\right|<\varepsilon.$$

由于

$$\left|\frac{x}{2x+1}-\frac{1}{2}\right|=\left|\frac{2x-(2x+1)}{2(2x+1)}\right|=\frac{1}{2|2x+1|}<\frac{1}{|2x+1|},$$

而当$|x|>1$时,

$$\frac{1}{|2x+1|}<\frac{1}{|x|},$$

所以,如果$\dfrac{1}{|x|}<\varepsilon$,就有$\left|\dfrac{x}{2x+1}-\dfrac{1}{2}\right|<\varepsilon$.而这只要使$|x|>\dfrac{1}{\varepsilon}$即可.

**证** $\forall\varepsilon>0$,取 $M=\max\left\{1,\dfrac{1}{\varepsilon}\right\}$,则当$|x|>M$时,有

$$\left|\frac{x}{2x+1}-\frac{1}{2}\right|<\frac{1}{|x|}<\frac{1}{\frac{1}{\varepsilon}}=\varepsilon.$$

所以 $$\lim_{x\to\infty}\frac{x}{2x+1}=\frac{1}{2}.$$

**例 2.2.4** 证明:$x\to-\infty$时,1 不是 $\sin x$ 的极限.

**证** 只需证明$\exists\varepsilon_0>0$,使得对$\forall M>0$,总$\exists x_0<-M$,有$|\sin x_0-1|\geqslant\varepsilon_0$即可.

今取 $\varepsilon_0=\dfrac{1}{2}$,$\forall M>0$,总可以取正整数 $n_0$,使 $n_0\pi>M$,于是,取 $x_0=-n_0\pi<-M$,且

$$|\sin x_0-1|=|0-1|=1>\frac{1}{2}.$$

因此,当 $x\to-\infty$时,1 不是 $\sin x$ 的极限.

## 2.2.2　$x$ 趋于点 $x_0$ 时函数 $f(x)$ 的极限

现在,我们来讨论 $x$ 趋于点 $x_0$ 时函数 $f(x)$ 的极限,$x$ 将以 $x\to x_0$,$x\to x_0^+$,$x\to x_0^-$ 三种形式趋于 $x_0$.

**定义 2.2.4**　设函数 $f(x)$ 在点 $x_0$ 的某一邻域内有定义(但在 $x_0$ 处可以无定义),$A$ 是常数.若 $\forall\varepsilon>0$,$\exists\delta>0$,使得当 $0<|x-x_0|<\delta$ 时,有

$$|f(x)-A|<\varepsilon,$$

则称当 $x\to x_0$ 时,$f(x)$ 以 $A$ 为极限,记为

$$\lim_{x\to x_0}f(x)=A \text{ 或 } f(x)\to A(x\to x_0).$$

**说明:**

(1)函数 $f(x)$ 在点 $x_0$ 是否有极限与其在 $x_0$ 是否有定义是没有关系的.换言之,即使 $f(x)$ 在点 $x_0$ 没有定义,但 $f(x)$ 在点 $x_0$ 仍可能有极限.例如,$f(x)=\dfrac{x^2-1}{x-1}$,尽管该函数在点 $x=1$ 没有定义,但我们可以证明它在 $x=1$ 处有极限,极限值为2.如果 $f(x)$ 在点 $x_0$ 有定义,那么 $f(x)$ 在点 $x_0$ 是否有极限也与之无关.不仅如此,与 $f(x_0)$ 的值是多少也无关.例如,符号函数 $f(x)=\operatorname{sgn}x$ 在 $x=0$ 处有定义,但它在 $x=0$ 处无极限.

(2)我们所说的 $x$ 趋于 $x_0$,是指 $x$ 不等于 $x_0$ 而越来越接近 $x_0$ 这样一种变化状态.而且,符号"$x\to x_0$"是指 $x$ 既从左侧也从右侧趋于 $x_0$.

(3)定义中 $\delta$ 的大小一般说来与给定的 $\varepsilon$ 有关.我们是根据这个 $\varepsilon$ 去寻找使 $|f(x)-A|<\varepsilon$ 成立的那个 $\delta$ 的.正因为此,有时为了强调 $\delta$ 与 $\varepsilon$ 有关,特别把 $\delta$ 写成 $\delta_\varepsilon$ 或 $\delta(\varepsilon)$.不过,应当注意,如果某个 $\delta$ 能使上述不等式成立,那么比这个 $\delta$ 小的任何正数也必然能使该不等式成立.因此,$\forall\varepsilon>0$,关键是是否存在这样的 $\delta$,而不是 $\delta$ 的大小.

(4)定义 2.2.4 又称为函数极限的"$\varepsilon-\delta$"表达方法,与数列极限的"$\varepsilon-N$"表达方法一样,不能帮助我们求出函数的极限,只能用来判断一个常数是不是函数的极限.

(5)定义 2.2.4 的几何意义(见图 2.2)是:在 $y$ 轴上任给一个以 $A$ 为中心的 $\varepsilon$ 邻域 $(A-\varepsilon,A+\varepsilon)$,只要 $x$ 进入 $x_0$ 的 $\delta$ 邻域(但 $x\neq x_0$),对应的 $f(x)$ 就应落在 $A$ 的邻域 $(A-\varepsilon,A+\varepsilon)$ 内.

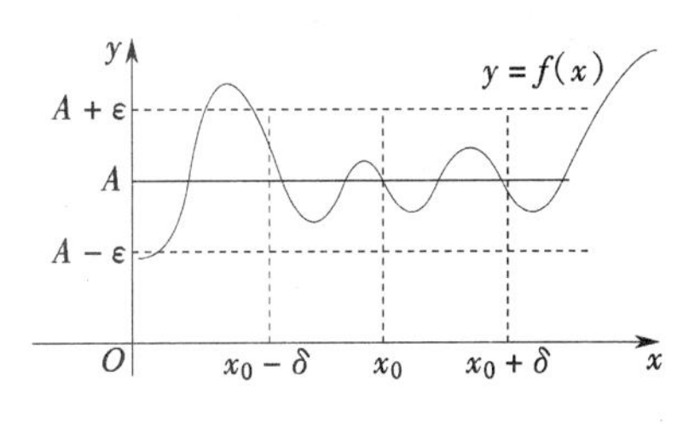

图 2.2　定义 2.2.4 的几何意义

(6)函数极限的否定叙述.有时我们需要描述 $f(x)$ 不以 $A$ 为极限,以"$x\to x_0$"为例,其"$\varepsilon-\delta$"语言的描述是:$\exists\varepsilon_0>0$,$\forall\delta>0$,总有 $x_\delta\in(x_0-\delta,x_0+\delta)(x_\delta\neq x_0)$,使得 $|f(x_\delta)-A|\geqslant\varepsilon_0$.

**例 2.2.5**　证明:$\lim\limits_{x\to a}x=a$.

**证** $\forall \varepsilon>0$,要求$|x-a|<\varepsilon$,于是,取$\delta=\varepsilon$,则当$0<|x-a|<\delta$时,就有

$$|x-a|<\varepsilon,$$

所以 $\lim\limits_{x\to a} x=a$.

**例 2.2.6** 证明:$\lim\limits_{x\to 3}\dfrac{x-3}{x^2-9}=\dfrac{1}{6}$.

**证** 尽管函数在$x=3$处无定义,但它在那点却有极限.因为$x\neq 3$时,

$$\left|\frac{x-3}{x^2-9}-\frac{1}{6}\right|=\frac{1}{6}\left|\frac{x^2-6x+9}{x^2-9}\right|=\frac{1}{6}\left|\frac{x-3}{x+3}\right|.$$

$\forall \varepsilon>0$,要想从$\dfrac{1}{6}\left|\dfrac{x-3}{x+3}\right|<\varepsilon$中解出$|x-3|$,分母中的$|x+3|$给我们带来了困难.但我们注意到对$x\to 3$来说,我们关注的是$x$无限接近3时,对应的函数值是否趋向于$\dfrac{1}{6}$.因此,我们可以只在3的某邻域内来讨论.例如限制$|x-3|<1$.这时,$2<x<3$或$3<x<4$.因而,

$$\left|\frac{x-3}{x^2-9}-\frac{1}{6}\right|=\frac{1}{6}\left|\frac{x-3}{x+3}\right|<\frac{1}{6}\left|\frac{x-3}{2+3}\right|=\frac{1}{30}|x-3|.$$

若$\dfrac{1}{30}|x-3|<\varepsilon$,就能保证$\left|\dfrac{x-3}{x^2-9}-\dfrac{1}{6}\right|<\varepsilon$,而这只要$|x-3|<30\varepsilon$即可.

$\forall \varepsilon>0$,取$\delta=\min\{1,30\varepsilon\}$,则当$0<|x-3|<\delta$时,有$\left|\dfrac{x-3}{x^2-9}-\dfrac{1}{6}\right|<\varepsilon$,所以,

$$\lim_{x\to 3}\frac{x-3}{x^2-9}=\frac{1}{6}.$$

**例 2.2.7** 证明当$x\to 0$时,1不是狄利克雷函数$D(x)$的极限.

**证** 狄利克雷函数

$$D(x)=\begin{cases}1, & x\text{ 为有理数},\\ 0, & x\text{ 为无理数}.\end{cases}$$

为要证明$x\to 0$时,1不是$D(x)$的极限,只要证明存在某个正数$\varepsilon_0$,使得对任何$\delta>0$,总可以在0的空心邻域$\{x\,|\,0<|x|<\delta\}$中找到一点$x_0$,使得

$$|D(x_0)-1|\geqslant\varepsilon_0.$$

今取$\varepsilon_0=\dfrac{1}{2}$,于是$\forall \delta>0$,在0的邻域$\{x\,|\,0<|x|<\delta\}$可取一无理点$x_0$,有$D(x_0)=0$,于是

$$|D(x_0)-1|=1>\varepsilon_0=\frac{1}{2}.$$

因此,当$x\to 0$时,1不是$D(x)$的极限.

在定义2.2.4中,如果我们仅限于考察$x$在$x_0$的一侧的极限,便有以下关于单边极限的定义.

**定义 2.2.5** 设函数$f(x)$在$x_0$的左邻域(或右邻域)有定义(但在$x_0$可以无定

义),$A$ 是常数.若 $\forall \varepsilon>0, \exists \delta>0$,使当 $x_0-\delta<x<x_0(x_0<x<x_0+\delta)$时,有

$$|f(x)-A|<\varepsilon,$$

则称 $A$ 是当 $x\to x_0$ 时 $f(x)$ 的**左(右)极限**,记为 $\lim\limits_{x\to x_0^-} f(x)=A\ (\lim\limits_{x\to x_0^+} f(x)=A)$ 或 $f(x_0-0)=A\ (f(x_0+0)=A)$.

左极限与右极限统称**单边极限**.

**定理 2.2.2** $\lim\limits_{x\to x_0} f(x)=A \Leftrightarrow \lim\limits_{x\to x_0^-} f(x)=\lim\limits_{x\to x_0^+} f(x)=A$.

**证**　必要性 $(\Rightarrow)$.

已知 $\lim\limits_{x\to x_0} f(x)=A$. 由极限定义知, $\forall \varepsilon>0, \exists \delta>0$,使当 $0<|x-x_0|<\delta$,即 $0<x-x_0<\delta$ 和 $0<x_0-x<\delta$ 时,有

$$|f(x)-A|<\varepsilon.$$

当 $0<x-x_0<\delta$ 时,有

$$|f(x)-A|<\varepsilon,$$

即

$$\lim_{x\to x_0^+} f(x)=A.$$

同样,当 $0<x_0-x<\delta$ 时,有

$$|f(x)-A|<\varepsilon,$$

即

$$\lim_{x\to x_0^-} f(x)=A.$$

故

$$\lim_{x\to x_0^-} f(x)=\lim_{x\to x_0^+} f(x)=A.$$

充分性 $(\Leftarrow)$.

因为 $\lim\limits_{x\to x_0^-} f(x)=A$,故 $\forall \varepsilon>0, \exists \delta_1>0$,使当 $0<x_0-x<\delta_1$ 时,有

$$|f(x)-A|<\varepsilon.$$

又因为 $\lim\limits_{x\to x_0^+} f(x)=A$,则对同一个 $\varepsilon>0, \exists \delta_2>0$,使当 $0<x-x_0<\delta_2$ 时,有

$$|f(x)-A|<\varepsilon.$$

今取 $\delta=\min\{\delta_1,\delta_2\}$,则当 $0<|x-x_0|<\delta$ 时,有

$$|f(x)-A|<\varepsilon,$$

即

$$\lim_{x\to x_0} f(x)=A.$$

**注**　从定理 2.2.2 知,若 $\lim\limits_{x\to x_0^-} f(x)$ 和 $\lim\limits_{x\to x_0^+} f(x)$ 中有一个不存在,或两者都存在但不相等,则 $\lim\limits_{x\to x_0} f(x)$ 不存在. 此定理经常可以用来证明函数在一点的极限不存在.

**例 2.2.8** 证明符号函数

$$f(x)=\operatorname{sgn} x=\begin{cases}-1, & x<0,\\ 0, & x=0,\\ 1, & x>0\end{cases}$$

当 $x\to 0$ 时,极限不存在.

**证** 因为当 $x>0$ 时,$f(x)=1$,故当 $x>0$ 时,有

$$|f(x)-1|=|1-1|=0,$$

即 $\forall\varepsilon>0$,可任取 $\delta>0$,当 $0<x<\delta$ 时,有 $|f(x)-1|=0<\varepsilon$,因此 $\lim\limits_{x\to 0^+}f(x)=1$.类似地,可证明 $\lim\limits_{x\to 0^-}f(x)=-1$.

由于 $\lim\limits_{x\to 0^+}f(x)\neq\lim\limits_{x\to 0^-}f(x)$,故 $\lim\limits_{x\to 0}f(x)$ 不存在.

## 2.2.3 函数极限的性质

函数极限具有和数列极限相似的性质,其证明过程亦相当一致,故有些定理只做叙述而不加以证明,并且以下仅就 $\lim\limits_{x\to x_0}f(x)$ 情形给出相应定理,读者很容易就将它们推广到 $x\to\infty$ 等其他情形.

**定理 2.2.3** 设 $f(x)=C$ 是常数函数,则对任意实数 $x_0$,$\lim\limits_{x\to x_0}f(x)=C$,即常数函数的极限就是该常数.

**定理 2.2.4** 设 $\lim\limits_{x\to x_0}f(x)=a$,则 $\lim\limits_{x\to x_0}|f(x)|=|a|$.

**定理 2.2.5** **(唯一性)**若 $\lim\limits_{x\to x_0}f(x)$ 存在,则在该点的极限是唯一的.

**定理 2.2.6** **(局部有界性)**若 $\lim\limits_{x\to x_0}f(x)=a$,则 $\exists M>0$ 和 $\delta_0>0$,使当 $0<|x-x_0|<\delta_0$ 时,有 $|f(x)|\leqslant M$.

**证** 设 $\lim\limits_{x\to x_0}f(x)=a$,则对于给定的 $\varepsilon_0>0$,$\exists\delta_0>0$,使当 $0<|x-x_0|<\delta_0$ 时,有

$$|f(x)-a|<\varepsilon_0.$$

因为 $|f(x)|-|a|\leqslant|f(x)-a|<\varepsilon_0$,故

$$|f(x)|<|a|+\varepsilon_0.$$

取 $M=|a|+\varepsilon_0$,于是,当 $0<|x-x_0|<\delta_0$ 时,有 $|f(x)|\leqslant M$.

**定理 2.2.7** **(保序性)**设 $\lim\limits_{x\to x_0}f(x)=a$,$\lim\limits_{x\to x_0}g(x)=b$,

(1)若 $a>b$,则 $\exists\delta_0>0$,使当 $0<|x-x_0|<\delta_0$ 时,有 $f(x)>g(x)$;

(2)若 $\exists\delta_0>0$,当 $0<|x-x_0|<\delta_0$ 时,有 $f(x)\geqslant g(x)$,则 $a\geqslant b$.

**推论** **(保号性)**若 $\lim\limits_{x\to x_0}f(x)=a$ 且 $a\neq 0$,则 $\exists\delta>0$,使当 $0<|x-x_0|<\delta$ 时,$f(x)$ 与 $a$ 同号.

**定理 2.2.8**　**(函数极限的运算法则)**若$\lim\limits_{x\to x_0} f(x)$和$\lim\limits_{x\to x_0} g(x)$都存在,则

$$\lim_{x\to x_0}(f(x)\pm g(x))=\lim_{x\to x_0} f(x)\pm \lim_{x\to x_0} g(x);$$

$$\lim_{x\to x_0}(f(x)\cdot g(x))=\lim_{x\to x_0} f(x)\cdot \lim_{x\to x_0} g(x);$$

$$\lim_{x\to x_0}\frac{f(x)}{g(x)}=\frac{\lim\limits_{x\to x_0} f(x)}{\lim\limits_{x\to x_0} g(x)}\qquad(\lim_{x\to x_0} g(x)\neq 0).$$

**推论**　设$\lim\limits_{x\to x_0} f(x)$存在,则对任意常数$C$,有

$$\lim_{x\to x_0} Cf(x)=C\lim_{x\to x_0} f(x).$$

**定理 2.2.9**　**(复合函数的极限)**设$y=f(g(x))$是由函数$y=f(u)$和$u=g(x)$复合而成.若$\lim\limits_{u\to u_0} f(u)=A$,$\lim\limits_{x\to x_0} g(x)=u_0$(当$x\neq x_0$时,$g(x)\neq u_0$),则

$$\lim_{x\to x_0} f(g(x))=A.$$

**证**　由于$\lim\limits_{u\to u_0} f(u)=A$,所以$\forall\,\varepsilon>0$,$\exists\,\eta>0$,使当$0<|u-u_0|<\eta$时,有

$$|f(u)-A|<\varepsilon.$$

又因为$\lim\limits_{x\to x_0} g(x)=u_0$,故对上述$\eta>0$,$\exists\,\delta>0$,使当$0<|x-x_0|<\delta$时,有

$$|g(x)-u_0|<\eta.$$

所以,当$0<|x-x_0|<\delta$时,有

$$|f(g(x))-A|=|f(u)-A|<\varepsilon,$$

即

$$\lim_{x\to x_0} f(g(x))=A.$$

利用定理2.2.8及其推论和定理2.2.9,可以方便地求一些函数的极限.

**例 2.2.9**　求$\lim\limits_{x\to 2}(2x^2-3x+5)$.

**解**　直接运用函数极限的四则运算有

$$\begin{aligned}\lim_{x\to 2}(2x^2-3x+5)&=\lim_{x\to 2}(2x^2)-\lim_{x\to 2}(3x)+\lim_{x\to 2}5\\&=2(\lim_{x\to 2}x)^2-3\lim_{x\to 2}x+\lim_{x\to 2}5\\&=2\cdot 2^2-3\cdot 2+5=7.\end{aligned}$$

同理可得,对一般多项式

$$P_n(x)=a_nx^n+a_{n-1}x^{n-1}+\cdots+a_1x+a_0,$$

有

$$\begin{aligned}\lim_{x\to x_0} P_n(x)&=\lim_{x\to x_0}(a_nx^n+a_{n-1}x^{n-1}+\cdots+a_1x+a_0)\\&=a_n{x_0}^n+a_{n-1}{x_0}^{n-1}+\cdots+a_1x_0+a_0,\end{aligned}$$

即

$$\lim_{x\to x_0} P_n(x)=P_n(x_0).$$

对于有理分式函数$f(x)=\dfrac{P(x)}{Q(x)}$,其中$P(x)$,$Q(x)$均为多项式,且$Q(x_0)\neq 0$,

则

$$\lim_{x\to x_0} f(x)=\lim_{x\to x_0}\frac{P(x)}{Q(x)}=\frac{\lim\limits_{x\to x_0} P(x)}{\lim\limits_{x\to x_0} Q(x)}=\frac{P(x_0)}{Q(x_0)}=f(x_0).$$

**例 2.2.10** 求$\lim\limits_{x\to 2}\dfrac{2-x}{4-x^2}$.

**解** 本题分子、分母的极限均为 0,但它们有因子 $2-x$,当 $x\to 2$ 时,$x\neq 2$,$x-2\neq 0$,所以

$$\lim_{x\to 2}\frac{2-x}{4-x^2}=\lim_{x\to 2}\frac{2-x}{(2-x)(2+x)}=\lim_{x\to 2}\frac{1}{x+2}=\frac{1}{4}.$$

**例 2.2.11** 求 $\lim\limits_{x\to -1}\left(\dfrac{1}{x+1}-\dfrac{3}{x^3+1}\right)$.

**解** 当 $x\to -1$ 时,$\dfrac{1}{x+1}$,$\dfrac{3}{x^3+1}$的分母的极限均为 0,但当 $x\neq -1$ 时,经过通分,化简,得

$$\frac{1}{x+1}-\frac{3}{x^3+1}=\frac{x-2}{x^2-x+1}.$$

所以

$$\lim_{x\to -1}\left(\frac{1}{x+1}-\frac{3}{x^3+1}\right)=\lim_{x\to -1}\frac{x-2}{x^2-x+1}=-1.$$

**例 2.2.12** 求$\lim\limits_{x\to\infty}\dfrac{3x^3-4x^2+2}{7x^3+5x^2-3}$.

**解** 分子、分母的极限均不存在,用 $x^3$除分子、分母后再求极限:

$$\lim_{x\to\infty}\frac{3x^3-4x^2+2}{7x^3+5x^2-3}=\lim_{x\to\infty}\frac{3-\dfrac{4}{x}+\dfrac{2}{x^3}}{7+\dfrac{5}{x}-\dfrac{3}{x^3}}=\frac{3}{7}\left(\text{因}\lim_{x\to\infty}\frac{a}{x}=0, a\ \text{为任意常数}\right).$$

## 2.2.4 函数极限的判别定理

数列极限是函数极限的特殊情形,函数极限在某种意义下可归结为数列极限,它们之间有密切联系.

**定理 2.2.10** **(海涅定理)**设函数 $f(x)$在点 $x_0$ 的某(去心)邻域有定义,则 $\lim\limits_{x\to x_0} f(x)=A\Leftrightarrow$对任意数列$\{x_n\}$($x_n\neq x_0$)且 $x_n\to x_0$($n\to\infty$),有 $\lim\limits_{n\to\infty} f(x_n)=A$.

**证** 必要性($\Rightarrow$).

设$\lim\limits_{x\to x_0} f(x)=A$,则$\forall\varepsilon>0$,$\exists\delta>0$,使当$0<|x-x_0|<\delta$ 时,有

$$|f(x)-A|<\varepsilon.$$

对任意数列$\{x_n\}$($x_n\neq x_0$),因$\lim\limits_{n\to\infty} x_n=x_0$,故对上述 $\delta>0$,$\exists N\in\mathbf{N}$,使当 $n>N$ 时,有

$$0<|x_n-x_0|<\delta.$$

此时,当然亦有

$$|f(x_n)-A|<\varepsilon,$$

即 $$\lim_{n\to\infty} f(x_n)=A.$$

充分性($\Leftarrow$).

用反证法.设对任意数列$\{x_n\}(x_n\neq x_0)$,$x_n\to x_0$,有$\lim\limits_{n\to\infty} f(x_n)=A$,而$\lim\limits_{x\to x_0} f(x)\neq A$,则根据函数极限的否定叙述,$\exists\,\varepsilon_0>0$,$\forall\,\delta>0$,$\exists\,x_\delta$,使当$0<|x_\delta-x_0|<\delta$时,有

$$|f(x_\delta)-A|\geqslant\varepsilon_0.$$

于是,取$\delta_1=1$,$\exists\,x_1$,当$0<|x_1-x_0|<1$时,有$|f(x_1)-A|\geqslant\varepsilon_0$,

$\delta_2=\dfrac{1}{2}$,$\exists\,x_2$,当$0<|x_2-x_0|<\dfrac{1}{2}$时,有$|f(x_2)-A|\geqslant\varepsilon_0$,

……,

$\delta_n=\dfrac{1}{n}$,$\exists\,x_n$,当$0<|x_n-x_0|<\dfrac{1}{n}$时,有$|f(x_n)-A|\geqslant\varepsilon_0$,

……,

如此我们构造了一个数列$\{x_n\}(x_n\neq x_0)$,因为$\delta_n=\dfrac{1}{n}\to 0(n\to\infty)$,故有$\lim\limits_{n\to\infty} x_n=x_0$,而相应的数列$\{f(x_n)\}$不收敛于$A$,与假设矛盾.

**注**　理解海涅定理的关键之点是,若$\lim\limits_{x\to x_0} f(x)=A$,则对于一切数列$\{x_n\}$,相应的函数值数列收敛且极限为$A$.反之,只有当对一切数列$\{x_n\}$证明$\lim\limits_{n\to\infty} f(x_n)=A$时,才能得出$\lim\limits_{x\to x_0} f(x)=A$的结论.

正因为如此,常常应用海涅定理证明函数$f(x)$在点$x_0$极限不存在.事实上,只要有两个函数值数列收敛于不同极限,如$\lim\limits_{n\to\infty} f(x_n)=A$而$\lim\limits_{n\to\infty} f(x_n')=B(A\neq B)$,则$f(x)$在点$x_0$的极限就不存在.

**例 2.2.13**　证明$f(x)=\sin\dfrac{1}{x}$当$x\to 0$时极限不存在.

**证**　取两个数列$\left\{x_n=\dfrac{1}{2n\pi}\right\}$和$\left\{x_n'=\dfrac{1}{2n\pi-\frac{\pi}{2}}\right\}$,有

$$\lim_{n\to\infty} x_n=\lim_{n\to\infty}\frac{1}{2n\pi}=0,\ \lim_{n\to\infty} x_n'=\lim_{n\to\infty}\frac{1}{2n\pi-\frac{\pi}{2}}=0,$$

而

$$\lim_{n\to\infty} f(x_n)=\lim_{n\to\infty}\sin\frac{1}{x_n}=\lim_{n\to\infty}\sin 2n\pi=0,$$

$$\lim_{n\to\infty} f(x_n')=\lim_{n\to\infty}\sin\frac{1}{x_n'}=\lim_{n\to\infty}\sin\left(2n\pi-\frac{\pi}{2}\right)=-1.$$

由于$\lim\limits_{n\to\infty} f(x_n)\neq\lim\limits_{n\to\infty} f(x'_n)$,所以$\lim\limits_{x\to 0} f(x)=\lim\limits_{x\to 0}\sin\dfrac{1}{x}$不存在.

**定理 2.2.11 (两边夹定理)** 若函数 $f(x),g(x),h(x)$在点 $x_0$的某邻域内满足

$$g(x)\leqslant f(x)\leqslant h(x),$$

且$\lim\limits_{x\to x_0} g(x)=\lim\limits_{x\to x_0} h(x)=A$,则$\lim\limits_{x\to x_0} f(x)=A$.

**证** 由海涅定理,只需证明对任一数列$\{x_n\}(x_n\neq x_0)$且$\lim\limits_{n\to\infty} x_n=x_0$,有$\lim\limits_{n\to\infty} f(x_n)=A$ 成立.

由于 $g(x)\leqslant f(x)\leqslant h(x)$,

故应有 $g(x_n)\leqslant f(x_n)\leqslant h(x_n),\qquad n=1,2,\cdots.$

由海涅定理及$\lim\limits_{x\to x_0} g(x)=\lim\limits_{x\to x_0} h(x)=A$,知$\lim\limits_{n\to\infty} g(x_n)=\lim\limits_{n\to\infty} h(x_n)=A$,再由数列的两边夹定理知,$\lim\limits_{n\to\infty} f(x_n)=A$.

以上证明了对一切$\{x_n\}(x_n\neq x_0)$都有$\lim\limits_{n\to\infty} f(x_n)=A$,故由海涅定理

$$\lim_{x\to x_0} f(x)=A.$$

**注** 此定理也可直接利用函数极限定义去证明.

**定理 2.2.12** 设 $f(x)$在 $x_0$点的某一邻域中有定义,并且对任何收敛于 $x_0$的数列 $x_n(x_n\neq x_0)$,数列 $f(x_n)$均收敛,则存在实数 $A$,使

$$\lim_{n\to\infty} f(x_n)=A.$$

**证** 取定一个收敛于 $x_0$的数列 $x'_n(x'_n\neq x_0)$,由定理的条件有 $f(x'_n)$收敛.令$\lim\limits_{n\to\infty} f(x'_n)=A$.又,对任何收敛于 $x_0$的数列 $x_n(x_n\neq x_0)$,考虑数列

$$x'_1,x_1,x'_2,x_2,\cdots,x'_n,x_n,\cdots,\tag{1}$$

由于 $x'_n\to x_0,x_n\to x_0$,所以,由例 2.1.6 知数列(1)也收敛于 $x_0$.再由定理条件知,数列

$$f(x'_1),f(x_1),f(x'_2),f(x_2),\cdots,f(x'_n),f(x_n),\cdots\tag{2}$$

是收敛的.现在,数列 $f(x'_n)$和 $f(x_n)$是收敛数列(2)的两个子列,故由定理 2.1.7 知,$f(x'_n)$和 $f(x_n)$应该有相同的极限,即$\lim\limits_{n\to\infty} f(x'_n)=\lim\limits_{n\to\infty} f(x_n)=A$.

**定理 2.2.13 (柯西收敛准则)** $\lim\limits_{x\to x_0} f(x)$存在的充分必要条件是:$\forall\varepsilon>0,\exists\delta>0$,当$0<|x'-x_0|<\delta,0<|x''-x_0|<\delta$时,有

$$|f(x')-f(x'')|<\varepsilon.$$

**证** 必要性($\Rightarrow$).

设$\lim\limits_{x\to x_0} f(x)=A$,则$\forall\varepsilon>0,\exists\delta>0$,使当$0<|x-x_0|<\delta$时,有

$$|f(x)-A|<\frac{\varepsilon}{2}.$$

于是,当$0<|x'-x_0|<\delta,0<|x''-x_0|<\delta$时,

$$|f(x')-f(x'')|\leqslant|f(x')-A|+|f(x'')-A|<\frac{\varepsilon}{2}+\frac{\varepsilon}{2}=\varepsilon.$$

充分性(⇐).

设定理中条件满足,现要证 $f(x)$在点 $x_0$有极限.依海涅定理,只需证明对任何收敛于 $x_0$的数列$\{x_n\}(x_n\neq x_0)$,$f(x_n)\to A(n\to\infty)$.

$\forall\varepsilon>0,\exists\delta>0$,使$|f(x')-f(x'')|<\varepsilon,(0<|x'-x_0|<\delta,0<|x''-x_0|<\delta)$.因为$\lim\limits_{n\to\infty}x_n=x_0$,故对上述 $\delta>0,\exists N$,使当 $n>N$ 时,

$$0<|x_n-x_0|<\delta.$$

因而当 $m,n>N$ 时,有

$$0<|x_m-x_0|<\delta,\qquad 0<|x_n-x_0|<\delta,$$

亦有

$$|f(x_m)-f(x_n)|<\varepsilon.$$

这说明 $f(x_n)$是一个柯西列,从而 $f(x_n)$收敛.由定理 2.2.12 知,对任意收敛于 $x_0$的数列 $x_n$,数列 $f(x_n)$收敛于同一极限,由海涅定理知,$f(x)$在 $x_0$ 有极限.

本段针对 $x\to x_0$所介绍的海涅定理、函数的两边夹定理及函数的柯西收敛定理,对于 $x\to x_0^+,x_0^-,\infty,+\infty,-\infty$也都有相应的结论.例如,对 $x\to\infty$的情形,可以将柯西收敛定理叙述为

$\lim\limits_{x\to\infty}f(x)$存在的充分必要条件是:$\forall\varepsilon>0,\exists M>0$,使当$|x'|>M,|x''|>M$ 时,有

$$|f(x')-f(x'')|<\varepsilon.$$

## 2.2.5 两个重要极限

本段介绍微积分中的两个重要极限,它们在今后有很重要的应用.

1. $\lim\limits_{x\to 0}\dfrac{\sin x}{x}=1$ (2.2.1)

**证** 由于$\dfrac{\sin x}{x}$是偶函数,所以只讨论 $x\to 0^+$ 的情形即可.

作单位圆(图 2.3),设$\angle AOB=x\left(0<x<\dfrac{\pi}{2}\right)$,$OB=1$.

比较$\triangle AOB$、扇形 $AOB$ 和$\triangle OBF$ 的面积,有

$$\frac{\sin x}{2}<\frac{x}{2}<\frac{\tan x}{2},\qquad(2.2.2)$$

即

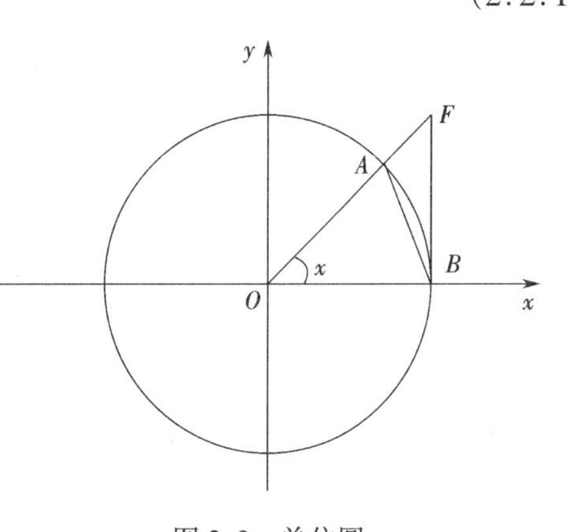

图2.3 单位圆

$$1<\frac{x}{\sin x}<\frac{1}{\cos x},$$

得

$$\cos x<\frac{\sin x}{x}<1. \tag{2.2.3}$$

由式(2.2.2)知,当 $0<x<\frac{\pi}{2}$时,$\sin x<x$,从而

$$0<1-\cos x=2\sin^2\frac{x}{2}<2\left(\frac{x}{2}\right)^2=\frac{x^2}{2}.$$

由两边夹定理知,$\lim\limits_{x\to0^+}(1-\cos x)=0$,即$\lim\limits_{x\to0^+}\cos x=1$.再由式(2.2.3)知,$\lim\limits_{x\to0^+}\frac{\sin x}{x}=1$.因此,$\lim\limits_{x\to0}\frac{\sin x}{x}=1$.

**例 2.2.14** 求$\lim\limits_{x\to0}\frac{\tan x}{x}$.

**解** $\lim\limits_{x\to0}\frac{\tan x}{x}=\lim\limits_{x\to0}\frac{\sin x}{x}\cdot\frac{1}{\cos x}=\lim\limits_{x\to0}\frac{\sin x}{x}\lim\limits_{x\to0}\frac{1}{\cos x}=1.$

**例 2.2.15** 求$\lim\limits_{x\to0}\frac{1-\cos x}{x^2}$.

**解** $\lim\limits_{x\to0}\frac{1-\cos x}{x^2}=\lim\limits_{x\to0}\frac{2\sin^2\frac{x}{2}}{x^2}=\frac{1}{2}\lim\limits_{x\to0}\frac{\sin^2\left(\frac{x}{2}\right)}{\left(\frac{x}{2}\right)^2}=\frac{1}{2}.$

2\. $\lim\limits_{x\to\infty}\left(1+\frac{1}{x}\right)^x=\mathrm{e}$

**证** 先证 $x\to+\infty$的情形.当 $x>1$ 时,$[x]\leqslant x<[x]+1$,于是

$$1+\frac{1}{1+[x]}\leqslant1+\frac{1}{x}\leqslant1+\frac{1}{[x]}.$$

从而

$$\left(1+\frac{1}{1+[x]}\right)^{[x]}\leqslant\left(1+\frac{1}{x}\right)^x\leqslant\left(1+\frac{1}{[x]}\right)^{[x]+1},$$

而

$$\lim_{x\to+\infty}\left(1+\frac{1}{1+[x]}\right)^{[x]}=\lim_{x\to+\infty}\frac{\left(1+\frac{1}{1+[x]}\right)^{[x]+1}}{1+\frac{1}{1+[x]}}=\mathrm{e}(\text{见例 2.2.2}).$$

同样

$$\lim_{x\to+\infty}\left(1+\frac{1}{[x]}\right)^{[x]+1}=\lim_{x\to+\infty}\left(1+\frac{1}{[x]}\right)^{[x]}\left(1+\frac{1}{[x]}\right)=\mathrm{e}.$$

由两边夹定理,得

$$\lim_{x\to+\infty}\left(1+\frac{1}{x}\right)^x=\mathrm{e}.$$

再证 $x\to-\infty$ 的情形. 令 $y=-x$, 则当 $x\to-\infty$ 时, $y\to+\infty$, 于是

$$\lim_{x\to-\infty}\left(1+\frac{1}{x}\right)^x=\lim_{y\to+\infty}\left(1-\frac{1}{y}\right)^{-y}=\lim_{y\to+\infty}\left(\frac{y}{y-1}\right)^y$$

$$=\lim_{y\to+\infty}\left(1+\frac{1}{y-1}\right)^{y-1}\cdot\left(1+\frac{1}{y-1}\right)=\mathrm{e}.$$

所以 $$\lim_{x\to\infty}\left(1+\frac{1}{x}\right)^x=\mathrm{e}.$$

**注**　若令 $y=\frac{1}{x}$, 则当 $x\to\infty$ 时, $y\to0$. 因此有

$$\lim_{y\to0}(1+y)^{\frac{1}{y}}=\mathrm{e}.$$

将 $y$ 仍用 $x$ 表示, 即有

$$\lim_{x\to0}(1+x)^{\frac{1}{x}}=\mathrm{e}.$$

**例 2.2.16**　求 $\lim\limits_{x\to\infty}\left(\frac{2x+1}{2x+3}\right)^x$

**解**

$$\lim_{x\to\infty}\left(\frac{2x+1}{2x+3}\right)^x=\lim_{x\to\infty}\left(1+\frac{-2}{2x+3}\right)^x=\lim_{x\to\infty}\left[\left(1+\frac{-2}{2x+3}\right)^{-\frac{2x+3}{2}}\right]^{\frac{-2x}{2x+3}}$$

$$=\mathrm{e}^{-1}.$$

## 2.3　无穷小和无穷大

很多时候不仅需要知道函数是否有极限或者极限是什么, 还希望知道函数作为一种变量趋于极限的快慢. 又由于 $f(x)$ 以 $A$ 为极限, 等价于 $f(x)-A$ 以零为极限, 所以研究一般变量趋于极限的快慢问题, 总可以归结为讨论以零为极限的变量趋于零的快慢问题. 此外, 函数由于自变量的变化状态不同, 有 6 种极限过程. 而数列又可以视为一种极限过程. 因此, 本节仅就 $x\to x_0$ 的极限过程讨论无穷小和无穷大, 所得结果可以很容易地推广到其他情形.

### 2.3.1　无穷小

**1. 无穷小的概念**

**定义 2.3.1**　若 $\lim\limits_{x\to x_0}f(x)=0$, 则称函数 $f(x)$ 是当 $x\to x_0$ 时的**无穷小量**, 简称**无穷小**.

**注**　在此定义中, 将 $x\to x_0$ 换为 $x\to x_0^+$, $x\to x_0^-$, $x\to+\infty$, $x\to-\infty$, $x\to\infty$ 以及对于数列换为 $n\to\infty$ 可定义其他形式的无穷小. 例如, $(x-a)^2$, $\sin(x-a)$ 都是 $x\to a$ 时的无穷小; 而 $\frac{1}{x}$, $\frac{x^2+1}{x^3+2}$ 都是 $x\to\infty$ 时的无穷小; $\left\{\frac{1}{n}\right\}$, $\left\{\frac{(-1)^n}{n^2}\right\}$ 是 $n\to\infty$ 时的无穷小.

显然在函数极限的定义中,令 $A=0$ 就得到无穷小的精确描述.

常量 0 是无穷小,但无穷小并非都是 0,更不是一个绝对值很小的数.

根据极限定义与极限四则运算法则,不难证明无穷小的下列性质.

**2.无穷小的性质**

**性质 1** 有限个无穷小的和、差仍是无穷小.

**性质 2** 有限个无穷小的乘积仍是无穷小.

**性质 3** 无穷小除以极限为非零实数的变量仍是无穷小.

**性质 4** 无穷小与有界变量的乘积仍是无穷小.

**定理 2.3.1** (极限的无穷小量表示) $\lim\limits_{x\to x_0} f(x)=A$ 的充分必要条件是存在一个无穷小 $\alpha(x)(x\to x_0$ 时$)$,使 $f(x)=A+\alpha(x)$.

**证** 必要性($\Rightarrow$).

由假设 $\lim\limits_{x\to x_0} f(x)=A$,则 $\lim\limits_{x\to x_0}[f(x)-A]=0$,令 $\alpha(x)=f(x)-A$,则 $\lim\limits_{x\to x_0}\alpha(x)=0$,即 $\alpha(x)$是 $x\to x_0$时的无穷小,且 $f(x)=A+\alpha(x)$.

充分性($\Leftarrow$).

设 $f(x)=A+\alpha(x)$,且 $\lim\limits_{x\to x_0}\alpha(x)=0$,因而 $\lim\limits_{x\to x_0} f(x)=\lim\limits_{x\to x_0}[A+\alpha(x)]=A$.

## 2.3.2 无穷大

**定义 2.3.2** 设函数 $f(x)$在点 $x_0$的某邻域内有定义(在点 $x_0$可以没有定义),若 $\forall M>0,\exists\delta>0$,使当 $0<|x-x_0|<\delta$ 时,有

$$|f(x)|>M,$$

则称函数 $f(x)$是 $x\to x_0$时的**无穷大量**,简称**无穷大**.记作 $\lim\limits_{x\to x_0} f(x)=\infty$ 或 $f(x)\to\infty$ $(x\to x_0)$.

**说明:**

(1)特别提请注意,当 $x\to x_0$时的无穷大的函数 $f(x)$,照通常的意义来说,极限是不存在的.但出于方便的考虑,仍用极限的符号表示无穷大.

(2)在上述定义中,将不等式$|f(x)|>M$ 分别改为$f(x)>M$ 和$f(x)<-M$,则相应地称函数 $f(x)$是当 $x\to x_0$时的**正无穷大**与**负无穷大**,并记之为 $\lim\limits_{x\to x_0} f(x)=+\infty$ 和 $\lim\limits_{x\to x_0} f(x)=-\infty$.

(3)注意区别无穷大和无界两个概念的不同.请读者思考以下说法为什么是错误的:"$\forall M>0,\exists\delta>0$,在区域$(x_0-\delta,x_0)\cup(x_0,x_0+\delta)$内有无穷多点 $x$,使

$$|f(x)|>M,$$

则称 $f(x)$是 $x\to x_0$时的无穷大量."

(4)请读者熟记以下一些常用的无穷大量:

$$\lim_{x\to+\infty} a^x = +\infty(a>1),\ \lim_{x\to-\infty} a^x = +\infty(0<a<1),\ \lim_{x\to0^+}\ln x = -\infty,$$

$$\lim_{x\to\frac{\pi}{2}^-}\tan x = +\infty,\ \lim_{x\to\frac{\pi}{2}^+}\tan x = -\infty.$$

由无穷大的定义,不难证明以下命题.

**命题 2.3.1**

(1)两个无穷大的乘积是无穷大;

(2)无穷大和一个局部有界量之和是无穷大.

关于无穷大与无穷小的关系,有以下定理.

**定理 2.3.2**　在自变量的同一变化过程中,如果 $f(x)$ 是无穷大,则 $\frac{1}{f(x)}$ 是无穷小;反之,如果 $f(x)$ 是无穷小,且 $f(x)\neq0$,则 $\frac{1}{f(x)}$ 是无穷大.

**证**　设 $\lim\limits_{x\to x_0} f(x)=\infty$,则 $\forall\varepsilon>0$,由无穷大定义,取 $M=\frac{1}{\varepsilon}$,$\exists\delta>0$,使当 $0<|x-x_0|<\delta$ 时,有

$$|f(x)|>M=\frac{1}{\varepsilon},$$

即

$$\left|\frac{1}{f(x)}\right|<\varepsilon\quad(f(x)\neq0).$$

所以 $\frac{1}{f(x)}$ 是当 $x\to x_0$ 时的无穷小.

反之,设 $\lim\limits_{x\to x_0} f(x)=0$,且 $f(x)\neq0$. $\forall M>0$,由无穷小定义,取 $\varepsilon=\frac{1}{M}$,$\exists\delta>0$,使当 $0<|x-x_0|<\delta$ 时,有

$$|f(x)|<\varepsilon=\frac{1}{M},$$

即

$$\left|\frac{1}{f(x)}\right|>M\quad(f(x)\neq0).$$

所以 $\frac{1}{f(x)}$ 是当 $x\to x_0$ 时的无穷大.

## 2.3.3　无穷小(大)的阶

现在我们来研究无穷小量趋近于零的速度问题.

函数 $x,x^2,\sin x$ 和 $\sin^2 x$ 在 $x\to0$ 时都是无穷小,可是

$$\lim_{x\to0}\frac{\sin x}{x^2}=\lim_{x\to0}\frac{\sin x}{x}\cdot\frac{1}{x}=\infty,$$

$$\lim_{x\to 0}\frac{\sin x}{x}=1,\quad \lim_{x\to 0}\frac{\sin^2 x}{x}=\lim_{x\to 0}\frac{\sin x}{x}\cdot\sin x=0.$$

从上述无穷小的比较中,明显看出它们趋于零的速度是很不相同的.于是,便引出了无穷小量阶的概念.

**定义 2.3.3** 设 $x\to x_0$时,$\alpha=\alpha(x)$,$\beta=\beta(x)$都是无穷小,且 $\alpha(x)\neq 0$.

(1)若 $\lim\limits_{x\to x_0}\dfrac{\beta}{\alpha}=0$,则称 $\beta$ 是较 $\alpha$ **高阶的无穷小**(或说 $\alpha$ 是较 $\beta$ **低阶的无穷小**),记作 $\beta=o(\alpha)$;

(2)若 $\lim\limits_{x\to x_0}\dfrac{\beta}{\alpha}=\infty$,则称 $\beta$ 是较 $\alpha$ **低阶的无穷小**(或说 $\alpha$ 是较 $\beta$ **高阶的无穷小**),记作 $\alpha=o(\beta)$;

(3)若 $\lim\limits_{x\to x_0}\dfrac{\beta}{\alpha}=C(C\neq 0$ 为常数$)$,则称 $\beta$ 与 $\alpha$ 是**同阶的无穷小**,记作 $\beta=O(\alpha)$;

特别地,若 $\lim\limits_{x\to x_0}\dfrac{\beta}{\alpha}=1$,则称 $\beta$ 与 $\alpha$ 是**等价无穷小**,记作 $\beta\sim\alpha$;

(4)若 $\lim\limits_{x\to x_0}\dfrac{\beta}{\alpha^k}=C(C\neq 0$ 为常数,且 $k>0)$,则称 $\beta$ 是 $\alpha$ 的 $\boldsymbol{k}$ **阶无穷小**,记作 $\beta=O(\alpha^k)$.

例如,因为$\lim\limits_{x\to 0}\dfrac{\sin^2 x}{x}=0$,所以当 $x\to 0$ 时,$\sin^2 x$ 趋于 0 的速度比 $x$ 趋于零的速度要快,因而,$\sin^2 x$ 是较 $x$ 高阶的无穷小,记为 $\sin^2 x=o(x)$;而因为$\lim\limits_{x\to 0}\dfrac{\sin x}{x^2}=\infty$,显然,$\sin x$ 趋于 0 的速度要慢于 $x^2$趋于 0 的速度,由定义,我们说 $\sin x$ 是较$x^2$低阶的无穷小,或说 $x^2$是较 $\sin x$ 高阶的无穷小.又由于$\lim\limits_{x\to 0}\dfrac{\sin x}{x}=1$,故 $\sin x$ 与$x$ 是当$x\to 0$ 时的等价无穷小,记为 $\sin x\sim x$.

关于等价无穷小,有以下两个命题.

**命题 2.3.2** $\alpha\sim\beta\Leftrightarrow\alpha-\beta=o(\beta)$(或 $\beta-\alpha=o(\alpha)$).

**证** 设 $\alpha\sim\beta$,即 $\lim\limits_{x\to x_0}\dfrac{\alpha(x)}{\beta(x)}=1$,它等价于 $\lim\limits_{x\to x_0}\left(\dfrac{\alpha(x)}{\beta(x)}-1\right)=0$,即

$$\lim_{x\to x_0}\frac{\alpha(x)-\beta(x)}{\beta(x)}=0.$$

**命题 2.3.3** 若 $\alpha\sim\alpha'$,$\beta\sim\beta'$,且 $\lim\limits_{x\to x_0}\dfrac{\alpha'}{\beta'}=A$(或$\infty$),则 $\lim\limits_{x\to x_0}\dfrac{\alpha}{\beta}=A$(或$\infty$).

**证** 因为 $\lim\limits_{x\to x_0}\dfrac{\alpha}{\alpha'}=1$,$\lim\limits_{x\to x_0}\dfrac{\beta}{\beta'}=1$.所以,

$$\lim_{x\to x_0}\frac{\alpha}{\beta}=\lim_{x\to x_0}\frac{\beta'}{\beta}\cdot\frac{\alpha'}{\beta'}\cdot\frac{\alpha}{\alpha'}=A(\text{或}\infty).$$

命题 2.3.3 表明,两个无穷小之比的极限可由它们的等价无穷小之比的极限代替,这为求极限运算带来了很大方便.

**定理 2.3.3**　(等价无穷小代换定理)设 $\alpha(x)$与 $\beta(x)$是当 $x\to x_0$时的等价无穷小,对于函数 $f(x)$,如果$\lim\limits_{x\to x_0}\alpha(x)f(x)=A$,则$\lim\limits_{x\to x_0}\beta(x)f(x)=A$.

**证**　因为 $x\to x_0$时,$\alpha(x)\sim\beta(x)$,所以$\lim\limits_{x\to x_0}\dfrac{\beta(x)}{\alpha(x)}=1$. 于是

$$\lim_{x\to x_0}\beta(x)f(x)=\lim_{x\to x_0}\left[\alpha(x)f(x)\frac{\beta(x)}{\alpha(x)}\right]=\lim_{x\to x_0}\alpha(x)f(x)\lim_{x\to x_0}\frac{\beta(x)}{\alpha(x)}=A\cdot 1=A.$$

**定义 2.3.4**　设 $u(x)$和 $v(x)$是同一极限过程(如 $x\to x_0$)中的两个无穷大量,且$\lim\limits_{x\to x_0}\dfrac{u}{v}=A$. 若 $A=0$,则称 $v$ 是 $u$ 的高阶无穷大. 若 $A\neq 0$,则称 $u$ 和 $v$ 是同阶无穷大. 特别地,若 $A=1$,则称 $u$ 和 $v$ 是等价无穷大.

**定义 2.3.5**　设 $\alpha$ 与 $\beta$ 是当 $x\to x_0$时的两个无穷小量. 若 $\alpha=\beta+o(\beta)$,则称 $\beta$ 是 $\alpha$ 的主部.

**注**　由定义 2.3.5 易知,$\alpha$ 与 $\beta$ 是等价无穷小量. $\alpha$ 的值主要由主部 $\beta$ 的值所决定,反之亦然. 这在近似计算等方面很有用.

**例 2.3.1**　证明$\lim\limits_{x\to 1}\dfrac{1}{x-1}=\infty$.

**证**　设$\forall M>0$,要使$\left|\dfrac{1}{x-1}\right|>M$,只要$|x-1|<\dfrac{1}{M}$. 所以,取 $\delta=\dfrac{1}{M}$,则当 $0<|x-1|<\delta=\dfrac{1}{M}$时,就有$\left|\dfrac{1}{x-1}\right|>M$,这就证明了$\lim\limits_{x\to 1}\dfrac{1}{x-1}=\infty$.

注:还可利用定理 2.3.2 证明.

**例 2.3.2**　设 $x\to 0$,问$\sqrt{1+x^2}-\sqrt{1-x^2}$是 $x$ 的几阶无穷小?

**解**

$$\begin{aligned}\lim_{x\to 0}\frac{\sqrt{1+x^2}-\sqrt{1-x^2}}{x^k}&=\lim_{x\to 0}\frac{2x^2}{x^k(\sqrt{1+x^2}+\sqrt{1-x^2})}\\&=\lim_{x\to 0}\frac{x^2}{x^k}\cdot\frac{2}{\sqrt{1+x^2}+\sqrt{1-x^2}},\end{aligned}$$

可知,当 $k=2$ 时,上述极限为 1,故$\sqrt{1+x^2}-\sqrt{1-x^2}$是 $x$ 的 2 阶无穷小,且

$$\sqrt{1+x^2}-\sqrt{1-x^2}\sim x^2\ (x\to 0).$$

**例 2.3.3**　已知$\lim\limits_{x\to\infty}\left(\dfrac{x^2}{x+1}-ax-b\right)=0$,求 $a,b$.

**解**　因为$\lim\limits_{x\to\infty}\dfrac{1}{x}=0$,故运用极限乘法运算性质,

$$\begin{aligned}\lim_{x\to\infty}\left(\frac{x^2}{x+1}-ax-b\right)\cdot\lim_{x\to\infty}\frac{1}{x}&=\lim_{x\to\infty}\left(\frac{x^2}{x+1}-ax-b\right)\frac{1}{x}\\&=\lim_{x\to\infty}\left(\frac{x}{x+1}-a-\frac{b}{x}\right)=0,\end{aligned}$$

于是

$$a=\lim_{x\to\infty}\left(\frac{x}{x+1}-\frac{b}{x}\right)=1.$$

再由

$$\lim_{x\to\infty}\left(\frac{x^2}{x+1}-x-b\right)=0,$$

有

$$b=\lim_{x\to\infty}\left(\frac{x^2}{x+1}-x\right)=\lim_{x\to\infty}\frac{-x}{x+1}=-1.$$

**例 2.3.4** 设 $\alpha(x)=\dfrac{1}{x\sqrt{1+x^2}}$，$\beta(x)=\dfrac{1}{x^2}$是当 $x\to+\infty$时的两个无穷小，试用 $\beta$ 来表示 $\alpha$.

**解** 因为

$$\frac{\alpha(x)}{\beta(x)}=\frac{1}{x\sqrt{1+x^2}}\cdot\frac{x^2}{1}=\frac{x}{\sqrt{1+x^2}}=\frac{1}{\sqrt{\dfrac{1}{x^2}+1}}\to 1(x\to+\infty),$$

所以，$\alpha(x)\sim\beta(x)$，故

$$\frac{1}{x\sqrt{1+x^2}}=\frac{1}{x^2}+o\left(\frac{1}{x^2}\right)(x\to+\infty).$$

**例 2.3.5** 设 $a>1$，试证当 $n\to\infty$时，$n!$ 是 $a^n$ 的高阶无穷大($n\to\infty$).

**证** 令 $y_n=\dfrac{a^n}{n!}$，则$\dfrac{y_{n+1}}{y_n}=\dfrac{a}{n+1}$，故当 $n>a-1$ 时，$\{y_n\}$是单调减少数列. 又因为 $y_n>0$，故$\lim\limits_{n\to\infty}y_n$存在.

设$\lim\limits_{n\to\infty}y_n=A$，则$\lim\limits_{n\to\infty}y_{n+1}=\lim\limits_{n\to\infty}\dfrac{a}{n+1}\cdot\lim\limits_{n\to\infty}y_n$，故 $A=0\cdot A=0$. 因此，$n!$ 是 $a^n$ 的高阶无穷大($n\to\infty$).

**例 2.3.6** 当 $x\to1$ 时，试求无穷大$\dfrac{1}{\sin\pi x}$关于$\dfrac{1}{x-1}$的阶与主部.

**解**

$$\lim_{x\to1}\frac{\dfrac{1}{\sin\pi x}}{(\dfrac{1}{x-1})^k}=\lim_{x\to1}\frac{(x-1)^k}{\sin\pi x}=\lim_{x\to1}\frac{(x-1)^k}{\sin[\pi(x-1)+\pi]}$$

$$=-\lim_{x\to1}\frac{(x-1)^k}{\sin\pi(x-1)}=-\lim_{x\to1}\frac{(x-1)^k}{\pi(x-1)}.$$

可见，当 $k=1$ 时，上述极限为$-\dfrac{1}{\pi}$. 故$\dfrac{1}{\sin\pi x}$与$\dfrac{1}{x-1}$是同阶无穷大，与$-\dfrac{1}{\pi}\dfrac{1}{x-1}$是等价无穷大，所以

$$\frac{1}{\sin\pi x}=-\frac{1}{\pi}\frac{1}{x-1}+o(-\frac{1}{\pi}\cdot\frac{1}{x-1}),$$

主部是$-\dfrac{1}{\pi}\dfrac{1}{x-1}$.

## 2.3.4　等价无穷小代换在极限运算中的应用

在极限运算中运用等价无穷小代换，会极大地简化极限运算，其理论依据是前面介绍的命题 2.3.3 和定理 2.3.3.

为了能熟练地运用等价无穷小代换，记住一些常用的等价无穷小是很有必要的. 当 $x\to 0$ 时，下列等价无穷小(可以利用函数极限定义或函数连续性证明)会经常用到：

$$\sin x\sim x,\quad \tan x\sim x,\quad \arcsin x\sim x,\quad \arctan x\sim x,$$

$$1-\cos x\sim\frac{1}{2}x^2,\quad \ln(1+x)\sim x,\quad \log_a(1+x)\sim\frac{x}{\ln a},$$

$$e^x-1\sim x,\quad a^x-1\sim x\ln a,\quad (1+x)^\alpha-1\sim\alpha x(\alpha\neq 0).$$

**例 2.3.7**　运用等价无穷小求下列极限：

(1) $\lim\limits_{x\to 0}\dfrac{(\sqrt[n]{1+x-x^2}-1)\arctan^2 x}{\sin 2x(1-\cos x)}$；

(2) $\lim\limits_{x\to 0}\dfrac{e^{\tan x}-e^{\sin x}}{\sqrt{4+x^3}-2}$；

(3) $\lim\limits_{n\to\infty}n^2(\sqrt[n]{a}-\sqrt[n+1]{a})(a>0)$；

(4) $\lim\limits_{x\to 1}\dfrac{\arctan(2^{\sqrt[3]{x^3-1}}-1)}{\sqrt[5]{1+\sqrt[3]{x^2-1}}-1}$.

**解**　(1)因为当 $x\to 0$ 时，$\sin 2x\sim 2x$，$1-\cos x\sim\frac{1}{2}x^2$，$\arctan x\sim x$，

$$\sqrt[n]{1+x-x^2}-1\sim\frac{1}{n}(x-x^2),$$

所以　$$原式=\lim_{x\to 0}\frac{\frac{1}{n}(x-x^2)\cdot x^2}{2x\cdot\frac{x^2}{2}}=\lim_{x\to 0}\frac{1-x}{n}=\frac{1}{n}.$$

(2)首先，$$原式=\lim_{x\to 0}\frac{e^{\sin x}(e^{\tan x-\sin x}-1)}{2\left(\sqrt{1+\frac{x^3}{4}}-1\right)}.$$

又因为当 $x\to 0$ 时，$e^{\sin x}\to 1$，$e^{\tan x-\sin x}-1\sim\tan x-\sin x$，$\sqrt{1+\frac{x^3}{4}}-1\sim\frac{1}{2}\cdot\frac{x^3}{4}=\frac{x^3}{8}$，

所以　$$原式=\lim_{x\to 0}e^{\sin x}\lim_{x\to 0}\frac{\tan x-\sin x}{2\cdot\frac{x^3}{8}}=4\lim_{x\to 0}\frac{\tan x-\sin x}{x^3}$$

$$=4\lim_{x\to 0}\frac{\frac{\sin x}{\cos x}(1-\cos x)}{x^3}=4\lim_{x\to 0}\frac{\frac{x}{\cos x}\cdot\frac{x^2}{2}}{x^3}$$

$$=4\cdot\frac{1}{2}=2.$$

(3)原式$=\lim\limits_{n\to\infty}n^2\cdot a^{\frac{1}{n+1}}(a^{\frac{1}{n}-\frac{1}{n+1}}-1)=\lim\limits_{n\to\infty}n^2\cdot a^{\frac{1}{n+1}}(a^{\frac{1}{n(n+1)}}-1)$.
而当 $n\to\infty$时,

$$a^{\frac{1}{n+1}}\to a^0=1,a^{\frac{1}{n(n+1)}}-1\sim\frac{1}{n(n+1)}\ln a.$$

所以　原式$=\lim\limits_{n\to\infty}n^2\cdot\dfrac{1}{n(n+1)}\ln a=\ln a$.

(4)当 $x\to1$ 时,$\sqrt[3]{x^3-1}\to0,\sqrt[3]{x^2-1}\to0,2^{\sqrt[3]{x^3-1}}-1\to0$,
而 $\arctan(2^{\sqrt[3]{x^3-1}}-1)\sim2^{\sqrt[3]{x^3-1}}-1\sim\sqrt[3]{x^3-1}\ln2,\sqrt[5]{1+\sqrt[3]{x^2-1}}-1\sim\frac{1}{5}\sqrt[3]{x^2-1}$.

所以　原式$=\lim\limits_{x\to1}\dfrac{\sqrt[3]{x^3-1}\ln2}{\frac{1}{5}\sqrt[3]{x^2-1}}=5\ln2\lim\limits_{x\to1}\sqrt[3]{\dfrac{(x-1)(x^2+x+1)}{(x-1)(x+1)}}$

$$=5\ln2\sqrt[3]{\frac{3}{2}}.$$

特别需要提请注意的是,对于分子、分母中的**乘积**因子可以放心地进行等价无穷小代换,而如果是加减法因子,就会出现错误,例如,若根据 $x\to0$ 时,$\tan x\sim x,\sin x\sim x$,得

$$\lim_{x\to0}\frac{\tan x-\sin x}{\tan^3x}=\lim_{x\to0}\frac{x-x}{x^3}=0$$

则是错误的,因为$(\tan x-\sin x)$与$(x-x)$不等价,关于对加减法因子如何进行等价无穷小代换的讨论已超出本书范围.

## 2.4　连续函数

极限理论为我们研究函数提供了一条新的途径.在客观世界中,很多变量是连续变化的,或者针对很多实际问题建立数学模型时,也常常假定函数是连续的.因此,连续函数形成了非常重要的一个函数类.在微积分学中将主要研究连续函数.当然,我们也要研究一些不连续函数,而研究不连续函数也要直接或间接地借助于连续函数的性质.

### 2.4.1　函数的连续与间断

**1.函数连续性定义**

**定义 2.4.1**　设函数 $y=f(x)$在点 $x_0$的某邻域内有定义,若$\forall\varepsilon>0,\exists\delta>0$,使当$|x-x_0|<\delta$时,有

$$|f(x)-f(x_0)|<\varepsilon,$$

则称函数 $f(x)$在点 $x_0$处**连续**,称点 $x_0$为 $f(x)$的**连续点**.

**说明:**

(1)由定义可见,$f(x)$在$x_0$处连续的充分必要条件是:①$f(x)$在$x_0$处有定义;②$\lim\limits_{x\to x_0}f(x)$存在;③$\lim\limits_{x\to x_0}f(x)=f(x_0)$.因此,在极限中的条件"$0<|x-x_0|<\delta$",在这里变成了"$|x-x_0|<\delta$".

(2)若令$\Delta x=x-x_0$,称$\Delta x$为自变量$x$在$x_0$的改变量.

设$\Delta y=f(x)-f(x_0)=f(x_0+\Delta x)-f(x_0)$,称$\Delta y$为函数$y$在$x_0$的改变量,则显然$f(x)$在$x_0$连续的充分必要条件是$\lim\limits_{\Delta x\to 0}\Delta y=0$.

(3)同左、右极限类似,若$\lim\limits_{x\to x_0^-}f(x)=f(x_0)$,则称$f(x)$在$x_0$处左连续;若$\lim\limits_{x\to x_0^+}f(x)=f(x_0)$,则称$f(x)$在$x_0$处右连续.显然,$f(x)$在$x_0$处连续的充分必要条件是它在$x_0$处既左连续又右连续.

**定义2.4.2**　若函数$f(x)$在开区间$(a,b)$的任意点$x$都连续,则称函数$f(x)$在开区间$(a,b)$内连续;若函数$f(x)$在开区间$(a,b)$内连续,且在点$a$右连续在点$b$左连续,则称函数$f(x)$在闭区间$[a,b]$上连续.通常用$C(a,b)$,$C[a,b]$分别表示在$(a,b)$内和$[a,b]$上连续函数的全体.

**注**　对于$(-\infty,+\infty)$,$[a,+\infty)$,$(-\infty,b]$等各种区间,仍然可以定义在这些区间上的连续函数.

**例2.4.1**　设函数

$$f(x)=\begin{cases}\dfrac{\sin x}{x}, & x<0,\\ a, & x=0,\\ x\sin\dfrac{1}{x}+b, & x>0.\end{cases}$$

问:(1)$a,b$为何值时,$\lim\limits_{x\to 0}f(x)$存在;(2)$a,b$为何值时,$f(x)$在$x=0$处连续.

**解**　(1)因为$\lim\limits_{x\to 0^-}f(x)=\lim\limits_{x\to 0^-}\dfrac{\sin x}{x}=1$,$\lim\limits_{x\to 0^+}f(x)=\lim\limits_{x\to 0^+}\left(x\sin\dfrac{1}{x}+b\right)=b$,所以,$b=1$而$a$为任意值时,$\lim\limits_{x\to 0}f(x)$存在.

(2)为使$f(x)$在$x=0$处连续,显然应有$a=b=1$.

**例2.4.2**　证明函数

$$f(x)=|x|=\begin{cases}x, & x\geqslant 0,\\ -x, & x<0\end{cases}$$

在$x=0$处连续.

**证**　因为$f(0)=0$,$\lim\limits_{x\to 0^-}f(x)=\lim\limits_{x\to 0^-}(-x)=0$,$\lim\limits_{x\to 0^+}f(x)=\lim\limits_{x\to 0^+}x=0$,从而$\lim\limits_{x\to 0}f(x)=0=f(0)$.故$f(x)=|x|$在$x=0$处连续.

**例2.4.3**　证明函数$y=f(x)=\sin x$在$(-\infty,+\infty)$内连续.

**证**　此题采用前面说明(2)中给出的充分必要条件:$\lim\limits_{\Delta x\to 0}\Delta y=0$来证明$\sin x$在

$(-\infty,+\infty)$内连续.

$\forall x\in(-\infty,+\infty)$,有

$$\Delta y=\sin(x+\Delta x)-\sin x=2\sin\frac{\Delta x}{2}\cos\left(x+\frac{\Delta x}{2}\right),$$

而

$$\left|\sin\frac{\Delta x}{2}\right|\leqslant\frac{|\Delta x|}{2},\qquad \left|\cos\left(x+\frac{\Delta x}{2}\right)\right|\leqslant 1,$$

所以,$|\Delta y|=2\left|\sin\frac{\Delta x}{2}\right|\cdot\left|\cos\left(x+\frac{\Delta x}{2}\right)\right|\leqslant 2\left|\sin\frac{\Delta x}{2}\right|\leqslant|\Delta x|$.故$\lim\limits_{\Delta x\to 0}\Delta y=0$.

因此,$f(x)=\sin x$ 在点$x$ 处连续.由 $x$ 的任意性,知 $\sin x$ 在$(-\infty,+\infty)$内连续.对于 $\cos x$ 可以进行类似的证明.又 $\tan x,\cot x,\sec x$ 和 $\csc x$ 都可以用 $1,\sin x$ 和 $\cos x$ 表示,所以,一切三角函数在其有定义的一切点都连续.

**例 2.4.4** 证明函数 $y=f(x)=a^x$ 在$(-\infty,+\infty)$内连续$(a>0)$.

**证** 此题的证明方法与例 2.4.3 类似.

$\forall x_0\in(-\infty,+\infty)$,有

$$\Delta y=a^{x_0+\Delta x}-a^{x_0}=a^{x_0}(a^{\Delta x}-1).$$

为证明$\lim\limits_{\Delta x\to 0}\Delta y=0$,需证明$\lim\limits_{\Delta x\to 0}a^{\Delta x}=1$.为此,令 $u=\Delta x$,则$\lim\limits_{\Delta x\to 0}a^{\Delta x}=\lim\limits_{u\to 0}a^u$.

设 $a>1$,由于$\lim\limits_{n\to\infty}\sqrt[n]{a}=\lim\limits_{n\to\infty}a^{\frac{1}{n}}=1$,因此,$\forall\varepsilon>0$, $\exists N$,有 $0<a^{\frac{1}{N+1}}<1+\varepsilon$.取 $\delta=\frac{1}{N+1}$,并注意到 $a>1$ 时,$a^u$是单增函数,故当$0<u<\delta$ 时,有

$$1=a^0<a^u<a^\delta.$$

因此

$$1-\varepsilon<1<a^u<a^\delta<1+\varepsilon,$$

即对$\forall\varepsilon>0$, $\exists\delta=\frac{1}{N+1}>0$,使当$0<u<\delta$ 时,有

$$|a^u-1|<\varepsilon,$$

即

$$\lim_{u\to 0^+}a^u=1.$$

当 $u<0$ 时,$a^u=\frac{1}{a^{-u}}$,故$\lim\limits_{u\to 0^-}a^u=\frac{1}{\lim\limits_{-u\to 0^+}a^{-u}}=1$,亦即$\lim\limits_{u\to 0}a^u=1(a>1)$.

再设$0<a<1$,令 $b=\frac{1}{a}$,则 $b>1$,故

$$\lim_{u\to 0}a^u=\lim_{u\to 0}\left(\frac{1}{b}\right)^u=\frac{1}{\lim\limits_{u\to 0}b^u}=1.$$

$a=1$ 时,显然有$\lim\limits_{\Delta x\to 0}a^{\Delta x}=1$.

综上,有$\lim\limits_{\Delta x\to 0}a^{\Delta x}=1(a>0)$.

所以,$\lim\limits_{\Delta x\to 0}\Delta y=\lim\limits_{\Delta x\to 0}a^{x_0}(a^{\Delta x}-1)=0$,即 $y=a^x$ 在 $x_0$ 处连续.由 $x_0$ 之任意性,知

$f(x)=a^x$在$(-\infty,+\infty)$内连续.此例证明了指数函数在任意点$x\in(-\infty,+\infty)$都是连续的.

**例 2.4.5**　证明函数$f(x)=[x]$(取整函数)在任何非整数点连续,而在任何整数点不连续.

**证**　设$x_0$不是整数,则$[x_0]<x_0<[x_0]+1$.因此,若取$\delta=\min\{x_0-[x_0],[x_0]+1-x_0\}$,则当$|x-x_0|<\delta$时,必有$[x_0]<x<[x_0]+1$.所以,当$|x-x_0|<\delta$时,$[x]=[x_0]$,这样

$$\lim_{x\to x_0}f(x)=\lim_{x\to x_0}[x]=[x_0],$$

即$f(x)=[x]$在任何非整数点都是连续的.

设$x_0$是整数,则当$x_0<x<x_0+1$时,$[x]=x_0=[x_0]$.因此,$\lim\limits_{x\to x_0^+}f(x)=\lim\limits_{x\to x_0^+}[x]=[x_0]$.但当$x_0-1<x<x_0$时,$[x]=x_0-1$,所以,$\lim\limits_{x\to x_0^-}[x]=[x_0]-1\neq[x_0]$.因而,$f(x)=[x]$在整数点$x_0$处是右连续,而非左连续,从而,它在任何整数点不连续.

**2.连续函数的性质**

以下所介绍的连续函数的性质主要指两个方面,一方面是指在一点连续的局部性质,另一方面是指在整个区间上连续的总体性质.

**定理 2.4.1**　设函数$f(x)$和$g(x)$都在点$x_0$处连续,则$cf(x)$($c$为任一常数),$f(x)\pm g(x)$,$f(x)\cdot g(x)$,$\dfrac{f(x)}{g(x)}(g(x)\neq0)$都在点$x_0$处连续.

**注**　此定理可以运用函数极限运算法则证明.

**定理 2.4.2**　设$f(x)$是区间$(a,b)$内严格单调增加的连续函数,其值域为$(\alpha,\beta)$,则$f$的反函数$f^{-1}$是$(\alpha,\beta)$内一个严格单调增加的连续函数.

**证**　$f^{-1}$的存在性及其严格单调增加性在定理1.4.1中已经有过证明.这里只需证明其连续性.任取$y_0\in(\alpha,\beta)$,我们要证对任意充分小的$\varepsilon>0$,$\exists\delta>0$,使当$|y-y_0|<\delta$时,

$$|f^{-1}(y)-f^{-1}(y_0)|<\varepsilon.$$

令$x_0=f^{-1}(y_0)$,由于$f$严格单调增加,故有

$$f(x_0)\in(f(x_0-\varepsilon),f(x_0+\varepsilon))\subset(\alpha,\beta)\text{(当 }\varepsilon\text{ 充分小时,}x_0-\varepsilon,x_0+\varepsilon\in(a,b)\text{)}.$$

因此,若取$\delta=\min\{f(x_0)-f(x_0-\varepsilon),f(x_0+\varepsilon)-f(x_0)\}$,则区间

$$(f(x_0)-\delta,f(x_0)+\delta)\subset(f(x_0-\varepsilon),f(x_0+\varepsilon)),$$

于是,对满足$|y-y_0|<\delta$的任何$y$,由于

$$y\in(y_0-\delta,y_0+\delta)=(f(x_0)-\delta,f(x_0)+\delta),$$

便有

$$y\in(f(x_0-\varepsilon),f(x_0+\varepsilon)),$$

即

$$f(x_0-\varepsilon)<y<f(x_0+\varepsilon).$$

故

$$x_0-\varepsilon<f^{-1}(y)<x_0+\varepsilon,$$

或

$$f^{-1}(y_0)-\varepsilon<f^{-1}(y)<f^{-1}(y_0)+\varepsilon,$$

即

$$|f^{-1}(y)-f^{-1}(y_0)|<\varepsilon,$$

亦即

$$\lim_{y\to y_0}f^{-1}(y)=f^{-1}(y_0).$$

**注** 此定理的结论对于严格单调减少的连续函数也是对的.此外,区间$(a,b)$和$(\alpha,\beta)$也可以是无穷区间或闭区间.

**例 2.4.6** 证明 $\arcsin x$ 是$[-1,1]$上的连续函数.

**证** 由于 $\sin x$ 是$\left[-\dfrac{\pi}{2},\dfrac{\pi}{2}\right]$上的严格单调增加的连续函数,其值域是$[-1,1]$,所以由定理 2.4.2,其反函数 $\arcsin x$ 是$[-1,1]$上的严格单调增加的连续函数.

应用定理 2.4.2 可以导出如下结论:一切反三角函数在其定义的区间上连续,对数函数作为指数函数的反函数在其有定义的区间上连续.

**定理 2.4.3** **(复合函数的连续性)**设函数 $f(u)$在点 $u_0$连续,函数 $g(x)$在点 $x_0$连续,其中 $u_0=g(x_0)$,则复合函数 $f\circ g$ 在点$x_0$连续.

**证** 我们要证明复合函数 $f\circ g=f[g(x)]$在点 $x_0$连续.事实上,由于函数 $f(u)$在点 $u_0$连续,所以,对于任给的 $\varepsilon>0$,总存在 $\eta>0$,使当$|u-u_0|<\eta$时,有

$$|f(u)-f(u_0)|<\varepsilon.$$

又,由于函数 $g(x)$在点 $x_0$连续,故对上述 $\eta>0$,必存在 $\delta>0$,使当$|x-x_0|<\delta$时,有

$$|g(x)-g(x_0)|=|u-u_0|<\eta.$$

将上述两式结合起来,就有当$|x-x_0|<\delta$时,

$$|f[g(x)]-f[g(x_0)]|=|f(u)-f(u_0)|<\varepsilon.$$

所以,复合函数 $f[g(x)]$在点 $x_0$连续.

**例 2.4.7** 证明幂函数 $x^\alpha$在$(0,+\infty)$上是连续的,其中 $\alpha$ 是实数.

**证** $\forall x_0>0$,令 $y_0=\alpha\ln x_0=\ln x_0^\alpha$.由于 $e^y$在$y_0$是连续的,而 $\alpha\ln x$ 在$x_0$是连续的,并且 $y_0=\alpha\ln x_0$,因此,由定理 2.4.3 知 $e^{\alpha\ln x}$在$x_0$是连续的.但 $e^{\alpha\ln x}=x^\alpha$,所以 $x^\alpha$在点 $x_0$连续,从而 $x^\alpha$是$(0,+\infty)$上的连续函数.

至此,我们通过若干例题证明了基本初等函数在其定义区间上是连续的.再结合以上所讲关于连续函数的性质(定理 2.4.1~定理 2.4.3),有以下结论.

**定理 2.4.4** 初等函数在其定义区间上连续.

**注** 理解此定理的关键是“区间”二字.如果将“定义区间”换成“定义域”,此结论就不成立.事实上,有些初等函数的定义域可能是由孤立点组成的点集(例如 $y=$

$\sqrt{\sin x-1}$)，在这种情况下，函数极限不存在，当然就更谈不上连续了.

**3. 函数的间断点**

在定义 2.4.1 的说明中已经明确指出，函数 $f(x)$ 在点 $x_0$ 连续意味着以下三个条件必须同时满足，即① $f(x)$ 在 $x_0$ 处有定义，② $\lim\limits_{x\to x_0}f(x)$ 存在，③ $\lim\limits_{x\to x_0}f(x)=f(x_0)$. 这三个条件中的任何一个得不到满足，都会造成 $f(x)$ 在 $x_0$ 处间断.

**定义 2.4.3**　若函数 $f(x)$ 在 $x_0$ 处不连续，则称 $f(x)$ 在 $x_0$ 处**间断**，点 $x_0$ 称为 $f(x)$ 的**间断点**.

从 $f(x)$ 在 $x_0$ 处的极限或单边极限是否存在的角度，可以把函数的间断点分为两类.

1)第 I 类间断点

函数 $f(x)$ 在 $x_0$ 处左极限与右极限都存在的间断点称为**第 I 类间断点**. 第 I 类间断点又可分为两种情形：

(1) $\lim\limits_{x\to x_0^-}f(x)\neq\lim\limits_{x\to x_0^+}f(x)$，称此种间断点为**不可去间断点**或**跳跃间断点**.

(2) $\lim\limits_{x\to x_0^-}f(x)=\lim\limits_{x\to x_0^+}f(x)$，即 $\lim\limits_{x\to x_0}f(x)$ 存在，但 $f(x_0)$ 没有定义或 $f(x_0)$ 虽有定义而 $\lim\limits_{x\to x_0}f(x)\neq f(x_0)$. 称此种间断点为**可去间断点**. 因为在 $f(x_0)$ 没有定义时，只需补充定义，令 $f(x_0)=\lim\limits_{x\to x_0}f(x)$；或者在 $f(x_0)$ 有定义而 $\lim\limits_{x\to x_0}f(x)\neq f(x_0)$ 时，只需修改 $f(x)$ 在 $x_0$ 处的定义，使其等于 $\lim\limits_{x\to x_0}f(x)$，都可以使该间断点变成连续点.

2)第 II 类间断点

若函数 $f(x)$ 在点 $x_0$ 的左极限和右极限至少有一个不存在，则称 $x_0$ 是 $f(x)$ 的第 II 类间断点. 根据极限不存在的具体情况，第 II 类间断点又可分为**无穷间断点**和**振荡间断点**，第 II 类间断点是不可去间断点.

**例 2.4.8**　判断下列函数在指定点处是哪一类间断点，是否是可去间断点，如果是可去间断点设法使其成为连续点.

(1) $f(x)=\begin{cases}x-1, & x<0,\\ 0, & x=0,\\ x+1, & x>0,\end{cases}$　在 $x_0=0$ 处；

(2) $f(x)=\dfrac{x^2-1}{x-1}$，　在 $x_0=1$ 处；

(3) $f(x)=\begin{cases}x, & x>0,\\ 1, & x=0,\\ -x, & x<0,\end{cases}$　在 $x_0=0$ 处；

(4) $f(x)=\tan x$，　在 $x_0=\dfrac{\pi}{2}$ 处；

(5) $f(x)=\sin\dfrac{1}{x}$，　在 $x_0=0$ 处.

**解** (1)因为 $\lim\limits_{x\to 0^-}f(x)=\lim\limits_{x\to 0^-}(x-1)=-1$, $\lim\limits_{x\to 0^+}f(x)=\lim\limits_{x\to 0^+}(x+1)=1$,左、右极限都存在,但不相等,故 $x_0=0$ 是 $f(x)$的第I类不可去间断点.

(2)因为$\lim\limits_{x\to 1}f(x)=\lim\limits_{x\to 1}\dfrac{x^2-1}{x-1}=2$,即 $f(x)$在 $x_0=1$ 处极限存在,但 $f(x)$在 $x_0=1$ 处无定义,故 $x_0=1$ 是第I类可去间断点,只要补充 $f(x)$在 $x_0=1$ 处的定义,令 $f(1)=2$,即

$$f(x)=\begin{cases}\dfrac{x^2-1}{x-1}, & x\neq 1,\\ 2, & x=1,\end{cases}$$

则 $x_0=1$ 就成为连续点了.

(3)因为$\lim\limits_{x\to 0}f(x)=\lim\limits_{x\to 0}x=0$. 而 $f(0)=1$,故 $x_0=0$ 是第I类可去间断点,只要修改 $f(x)$在 $x_0=0$ 处的定义,即使 $f(x)$变为

$$f(x)=\begin{cases}x, & x>0,\\ 0, & x=0,\\ -x, & x<0,\end{cases}$$

$x_0=0$ 就成为连续点了.

(4)因为$\lim\limits_{x\to \frac{\pi}{2}}f(x)=\lim\limits_{x\to \frac{\pi}{2}}\tan x=\infty$,故 $x_0=\dfrac{\pi}{2}$是第II类无穷间断点.

(5)当 $x\to 0$ 时,$f(x)=\sin\dfrac{1}{x}$在 $-1$ 和 $1$ 之间振荡,故 $x_0=0$ 是第II类振荡间断点.

## 2.4.2 闭区间上连续函数的性质

闭区间上的连续函数有一些特殊的性质,这些性质无论在理论上还是在应用上都是很重要的.

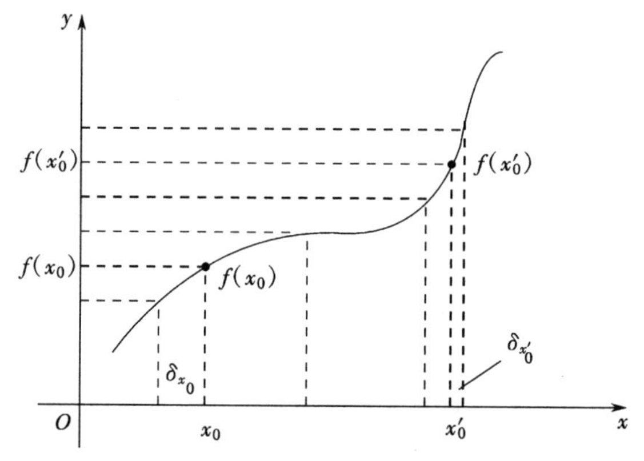


图 2.4 δ 的大小不仅与 ε 有关还与连续点位置有关

我们知道,若函数 $f(x)$ 在点 $x_0$ 连续,则 $\forall \varepsilon>0, \exists \delta>0$,使当 $|x-x_0|<\delta$ 时,有 $|f(x)-f(x_0)|<\varepsilon$.

由图 2.4 不难看出,对于 $x_0$ 和 $x_0'$ 两个不同的点,$\delta_{x_0}$ 和 $\delta_{x_0'}$ 是相对于同一个 $\varepsilon$ 找到的满足上述连续性定义的两个不同的 $\delta$. 显然,$\delta$ 的大小不仅与给定的 $\varepsilon$ 有关,而且还与连续点所在位置有关.

那么对于连续函数来讲,是否存在只与 $\varepsilon$ 有关而与连续点位置无关的 $\delta$ 呢? 于是,就有下面的"一致连续"的概念.

**定义 2.4.4　(一致连续性)** 设函数 $f(x)$ 定义在区间 $I$ 上,若 $\forall \varepsilon>0, \exists \delta=\delta(\varepsilon)>0, \forall x_1, x_2 \in I$,且 $|x_1-x_2|<\delta$ 时,有

$$|f(x_1)-f(x_2)|<\varepsilon,$$

则称 $f(x)$ 在 $I$ 上一致连续.

一致连续的否定叙述就是非一致连续: $\exists \varepsilon_0>0, \forall \delta>0, \exists x_1, x_2 \in I$,使 $|x_1-x_2|<\delta$ 且 $|f(x_1)-f(x_2)| \geqslant \varepsilon_0$.

**说明:**

(1)若 $f(x)$ 在 $I$ 上一致连续,则 $f(x)$ 在 $I$ 上必连续. 事实上,令 $x_0=x_2, x=x_1$,则 $|f(x_1)-f(x_2)|=|f(x)-f(x_0)|<\varepsilon$,从而 $f(x)$ 在 $x_0$ 处连续,又由于 $x_0$ 的任意性,$f(x)$ 在 $I$ 上连续. 反之,不一定成立.

(2)显然,一致连续定义中的 $\delta$ 只依赖于 $\varepsilon$,而与 $x_1, x_2$ 在区间 $I$ 中的位置无关,只要 $|x_1-x_2|<\delta$ 时,就有 $|f(x_1)-f(x_2)|<\varepsilon$. 这表明函数 $f(x)$ 在 $I$ 的"连续程度"是一致的,是均匀的.

**例 2.4.9**　证明函数 $f(x)=\dfrac{1}{x}$ 在 $[a,1]$ $(0<a<1)$ 一致连续,而在 $(0,1)$ 非一致连续.

**证**　$\forall \varepsilon>0, \forall x_1, x_2 \in [a,1]$,为使

$$\left|\frac{1}{x_1}-\frac{1}{x_2}\right|=\frac{|x_1-x_2|}{|x_1 x_2|} \leqslant \frac{1}{a^2}|x_1-x_2|<\varepsilon,$$

即 $|x_1-x_2|<a^2\varepsilon$,只需取 $\delta=a^2\varepsilon$. 于是,$\forall \varepsilon>0, \exists \delta=a^2\varepsilon, \forall x_1, x_2 \in [a,1]$ 且当 $|x_1-x_2|<\delta$ 时,有

$$\left|\frac{1}{x_1}-\frac{1}{x_2}\right|<\varepsilon,$$

即函数 $f(x)=\dfrac{1}{x}$ 在 $[a,1]$ $(0<a<1)$ 一致连续.

现证明 $f(x)=\dfrac{1}{x}$ 在 $(0,1)$ 不一致连续.

取 $\varepsilon_0=\dfrac{1}{2}, \forall \delta>0, \exists x_1=\dfrac{1}{n+1}, x_2=\dfrac{1}{n} \in (0,1)$,

当 $|x_1-x_2|=\left|\frac{1}{n+1}-\frac{1}{n}\right|=\frac{1}{n(n+1)}<\frac{1}{n^2}<\delta$ 时(只需 $n>\frac{1}{\sqrt{\delta}}$),有

$$\left|f\left(\frac{1}{n+1}\right)-f\left(\frac{1}{n}\right)\right|=(n+1)-n=1>\frac{1}{2}=\varepsilon_0,$$

即函数 $f(x)=\frac{1}{x}$ 在 $(0,1)$ 非一致连续.

**例 2.4.10** 证明函数 $f(x)=\sin x$ 在 $(-\infty,+\infty)$ 上一致连续.

**证** $\forall\varepsilon>0$, $\forall x_1,x_2\in(-\infty,+\infty)$,为使

$$|\sin x_1-\sin x_2|=2\left|\cos\frac{x_1+x_2}{2}\right|\left|\sin\frac{x_1-x_2}{2}\right|\leqslant 2\frac{|x_1-x_2|}{2}=|x_1-x_2|<\varepsilon,$$

只需取 $\delta=\varepsilon$. 于是, $\forall\varepsilon>0$, $\exists\delta=\varepsilon>0$, $\forall x_1,x_2\in(-\infty,+\infty)$,且当 $|x_1-x_2|<\delta$ 时,有

$$|\sin x_1-\sin x_2|<\varepsilon,$$

即函数 $f(x)=\sin x$ 在 $(-\infty,+\infty)$ 上一致连续.

一般来说,函数 $f(x)$ 在区间 $I$ 连续不一定是一致连续,但对于闭区间上的连续函数,则有下面的定理.

**定理 2.4.5 (一致连续性)** 若函数 $f(x)$ 在闭区间 $[a,b]$ 上连续,则 $f(x)$ 在 $[a,b]$ 上一致连续.

**证** (反证法)设 $f(x)$ 在 $[a,b]$ 上不一致连续,于是必 $\exists\varepsilon_0>0$,使对任何正整数 $n$,必有 $[a,b]$ 上的两个点 $x_n'$ 和 $x_n''$,使

$$|x_n'-x_n''|<\frac{1}{n},\tag{1}$$

但

$$|f(x_n')-f(x_n'')|\geqslant\varepsilon_0.\tag{2}$$

这样,我们就得到了两个数列 $\{x_n'\}$ 和 $\{x_n''\}$. 因为 $x_n',x_n''(n=1,2,\ldots)$ 都是 $[a,b]$ 上的点,故这两个数列都有界. 由致密性定理(即定理 2.1.11), $x_n'$ 应有收敛的子数列 $\{x_{n_k}'\}$. 设 $\lim\limits_{k\to\infty}x_{n_k}'=x_0$,由于 $a\leqslant x_{n_k}'\leqslant b$,所以显然 $x_0\in[a,b]$,且 $f(x)$ 在点 $x_0$ 连续. 故对上述 $\varepsilon_0$,可取 $\delta>0$,当 $|x-x_0|<\delta(x\in[a,b])$ 时,有

$$|f(x)-f(x_0)|<\frac{\varepsilon_0}{2}.\tag{3}$$

因为 $\lim\limits_{k\to\infty}x_{n_k}'=x_0$,且式(1)对一切 $n$ 都成立,故对充分大的 $k$,应有 $\frac{1}{n_k}<\frac{\delta}{2}$,且

$$|x_{n_k}'-x_0|<\frac{\delta}{2}.$$

于是

$$|x_{n_k}''-x_0|\leqslant|x_{n_k}''-x_{n_k}'|+|x_{n_k}'-x_0|<\frac{1}{n_k}+|x_{n_k}'-x_0|<\frac{\delta}{2}+\frac{\delta}{2}=\delta,$$

从而由式(3)便得到

$$|f(x'_{n_k})-f(x''_{n_k})|\leqslant|f(x'_{n_k})-f(x_0)|+|f(x_0)-f(x''_{n_k})|<\frac{\varepsilon_0}{2}+\frac{\varepsilon_0}{2}=\varepsilon_0.$$

这和式(2)矛盾.这个矛盾证明了 $f(x)$ 在 $[a,b]$ 上必一致连续.

**定理 2.4.6　(有界性)**若函数 $f(x)$ 在闭区间 $[a,b]$ 上连续,则它在 $[a,b]$ 上有界,即 $\exists M>0, \forall x\in[a,b]$,有 $|f(x)|\leqslant M$.

**证**　由定理 2.4.5 知,$f(x)$ 在 $[a,b]$ 上一致连续.故对于 $\varepsilon_0=1, \exists\delta(\varepsilon_0)>0$, $\forall x',x''\in[a,b]$,且当 $|x'-x''|<\delta$ 时,有

$$|f(x')-f(x'')|<\varepsilon_0=1. \tag{1}$$

现把 $[a,b]$ 区间作 $n$ 等分,并使 $\frac{b-a}{n}<\delta$,分点表示为

$$a=x_0<x_1<x_2<\cdots<x_n=b.$$

$\forall x\in[a,b]$,则 $\exists i_0(1\leqslant i_0\leqslant n)$,使 $x_{i_0-1}\leqslant x\leqslant x_{i_0}$,即 $x$ 必落在某个小区间内.于是,由式(1)有

$$\begin{aligned}|f(x)|&\leqslant|f(x)-f(x_{i_0})|+|f(x_{i_0})-f(x_{i_0+1})|+\cdots\\&+|f(x_{n-1})-f(x_n)|+|f(x_n)|<(n-i_0+1)+|f(b)|\leqslant n+|f(b)|=M.\end{aligned}$$

**定理 2.4.7　(最值性)**若函数 $f(x)$ 在闭区间 $[a,b]$ 上连续,则 $f(x)$ 一定在 $[a,b]$ 上取得最小值 $m$ 和最大值 $M$,即 $\exists x_1,x_2\in[a,b]$,使 $f(x_1)=m, f(x_2)=M$,而且 $\forall x\in[a,b]$ 有

$$m\leqslant f(x)\leqslant M.$$

**证**　由定理 2.4.6 知,$f(x)$ 在 $[a,b]$ 上有界,从而数集 $A=\{f(x)\mid x\in[a,b]\}$ 必有上确界,记 $M=\sup A$.只需再证明:$\exists x_2\in[a,b]$ 使 $f(x_2)=M$.如若不然,$\forall x\in[a,b]$,有 $f(x)<M$.显然,函数 $g(x)=M-f(x)$ 也在 $[a,b]$ 上连续,并且 $M-f(x)>0$.而 $\frac{1}{M-f(x)}$ 亦在 $[a,b]$ 上连续.再由有界性定理,$\exists M'>0, \forall x\in[a,b]$,有

$$\frac{1}{M-f(x)}<M',$$

即

$$f(x)<M-\frac{1}{M'}.$$

这与 $M$ 是 $A$ 的上确界矛盾.于是必存在 $x_2\in[a,b]$,使 $f(x_2)=M$.

同理可证 $f(x)$ 能取得最小值 $m$.

**注**　若函数 $f(x)$ 在开区间上连续,则不一定有此性质.例如,$f(x)=x$ 在开区间 $(0,1)$ 就取不到最大值和最小值.另外,若函数在闭区间上具有间断点,也不一定有此性质.例如,函数

$$f(x)=\begin{cases}-x+1, & 0\leqslant x<1,\\ 1, & x=1,\\ -x+3, & 1<x\leqslant 2\end{cases}$$

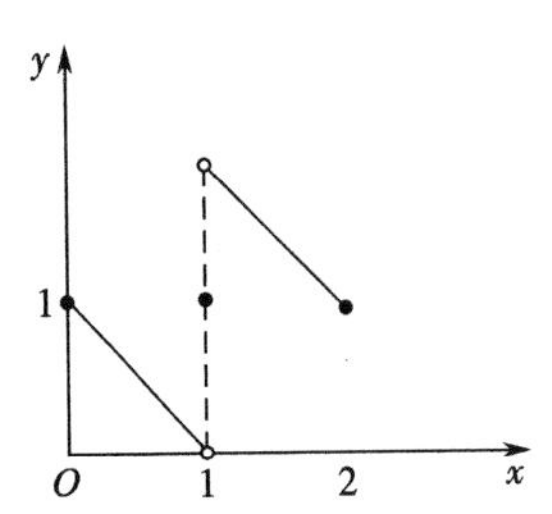

图 2.5 函数 $f(x)$ 的示意图

在闭区间 $[0,2]$ 上有间断点 $x=1$，它取不到最大值和最小值(图 2.5).

**定理 2.4.8 (零点定理)** 若函数 $f(x)$ 在闭区间 $[a,b]$ 上连续，且 $f(a)f(b)<0$，则在 $(a,b)$ 内至少存在一点 $\xi$，使 $f(\xi)=0$.

**证** 不妨设 $f(a)<0, f(b)>0$. 将 $[a,b]$ 二等分为两个子区间，若 $f\left(\dfrac{a+b}{2}\right)=0$，则 $\xi=\dfrac{a+b}{2}$ 即为所求的点. 若 $f\left(\dfrac{a+b}{2}\right)\neq 0$，则它必与 $f(a)$ 或 $f(b)$ 异号，故此时只有一个子区间，记为 $[a_1,b_1]$ 满足 $f(a_1)f(b_1)<0$，且 $f(a_1)<0, f(b_1)>0$. 如此继续下去，有两种可能:

(1)进行到若干次后，在某分点处函数值为零，则定理得证.

(2)分点处函数值不为零，此时函数在两端点处异号，于是得到一个区间列 $\{[a_n,b_n]\}$，且满足① $[a_0,b_0]\supset[a_1,b_1]\supset\cdots\supset[a_n,b_n]\supset\cdots$，其中 $f(a_n)<0, f(b_n)>0$ (记 $a_0=a, b_0=b$)；② $\lim\limits_{n\to\infty}(b_n-a_n)=\dfrac{b-a}{2^n}=0$.

根据区间套定理(定理 2.1.10)，存在唯一的 $\xi\in[a_n,b_n]$，$n=0,1,2,\cdots$，且 $\lim\limits_{n\to\infty}a_n=\lim\limits_{n\to\infty}b_n=\xi$.

又 $f(x)$ 在 $\xi$ 处连续以及极限的保序性，有

$$\lim_{n\to\infty}f(a_n)=f(\xi)\leqslant 0,\qquad \lim_{n\to\infty}f(b_n)=f(\xi)\geqslant 0,$$

所以，必有 $f(\xi)=0$.

**说明:**

(1)定理中的 $\xi$ 不一定是唯一的.

(2)此定理的几何意义是:若闭区间 $[a,b]$ 上的连续曲线 $y=f(x)$ 的两个端点 $f(a)$ 与 $f(b)$ 位于 $x$ 轴两侧，则此曲线至少与 $x$ 轴有一个交点. 换言之，方程 $f(x)=0$ 在 $(a,b)$ 内至少有一个根.

(3)本定理采用了"构造性"证明方法，即不仅证明了 $\xi$ 的存在性，而且给出了寻找 $\xi$ 的方法. 这是一种重要的方法.

**定理 2.4.9 (介值性)** 若函数 $f(x)$ 在闭区间 $[a,b]$ 上连续，$M$ 与 $m$ 分别是 $f(x)$ 在 $[a,b]$ 上的最大值和最小值，$C$ 是 $M, m$ 间的任意数(即 $m<C<M$)，则在 $[a,b]$ 上至少存在一点 $\xi$，使 $f(\xi)=C$.

**证** 如果 $m=M$，则 $f(x)$ 是定义在 $[a,b]$ 上的常数，定理显然成立. 如果 $m<M$，根据最值性定理，必存在 $x_1$ 和 $x_2$，使 $f(x_1)=m, f(x_2)=M$. 不放设 $x_1<x_2$.

作函数 $\varphi(x)=f(x)-C$，$\varphi(x)$ 在 $[a,b]$ 上连续，且

$$\varphi(x_1)=f(x_1)-C<0, \varphi(x_2)=f(x_2)-C>0.$$

由零点定理，在区间 $(x_1,x_2)$ 内至少存在一点 $\xi$，使

$$\varphi(\xi)=f(\xi)-C=0,$$

即　　$f(\xi)=C$.

## 2.4.3　连续性在极限计算中的应用

由函数在 $x_0$ 处连续的定义和 $\lim\limits_{x\to x_0}x=x_0$，有

$$\lim_{x\to x_0}f(x)=f(x_0)=f[\lim_{x\to x_0}x],$$

即对于连续函数，极限号与函数符号可以交换次序. 对于连续函数的复合函数亦有同样的结果，即

$$\lim_{x\to x_0}f[\varphi(x)]=f[\lim_{x\to x_0}\varphi(x)].$$

**例 2.4.11**　求 $\lim\limits_{x\to 0}\dfrac{\log_a(1+x)}{x}(a>0,a\neq 1)$.

**解**　由对数函数的连续性，有

$$\lim_{x\to 0}\frac{\log_a(1+x)}{x}=\lim_{x\to 0}\log_a(1+x)^{\frac{1}{x}}=\log_a[\lim_{x\to 0}(1+x)^{\frac{1}{x}}]=\log_a \mathrm{e}.$$

特别地

$$\lim_{x\to 0}\frac{\ln(1+x)}{x}=\ln \mathrm{e}=1.$$

**例 2.4.12**　求 $\lim\limits_{x\to 0}\dfrac{a^x-1}{x}(a>0,a\neq 1)$.

**解**　令 $t=a^x-1$，即 $x=\log_a(1+t)$，当 $x\to 0$ 时，$t\to 0$. 于是

$$\lim_{x\to 0}\frac{a^x-1}{x}=\lim_{t\to 0}\frac{t}{\log_a(1+t)}=\frac{1}{\log_a \mathrm{e}}=\ln a.$$

特别地

$$\lim_{x\to 0}\frac{\mathrm{e}^x-1}{x}=\ln \mathrm{e}=1.$$

函数 $f(x)=u(x)^{v(x)}(u(x)>0)$ 既不是幂函数也不是指数函数，称之为**幂指函数**. 因为

$$u(x)^{v(x)}=\mathrm{e}^{\ln u(x)^{v(x)}}=\mathrm{e}^{v(x)\ln u(x)},$$

故幂指函数可化为复合函数. 于是在计算幂指函数的极限时，若

$$\lim_{x\to x_0}u(x)=a>0,\ \lim_{x\to x_0}v(x)=b,$$

则

$$\lim_{x\to x_0}u(x)^{v(x)}=[\lim_{x\to x_0}u(x)]^{\lim\limits_{x\to x_0}v(x)}=a^b.$$

事实上，由对数函数的连续性可得

$$\lim_{x\to x_0}[v(x)\ln u(x)]=\lim_{x\to x_0}v(x)\lim_{x\to x_0}\ln u(x)=b\ln a.$$

再由指数函数的连续性可得

$$\lim_{x\to x_0} u(x)^{v(x)}=\lim_{x\to x_0} e^{v(x)\ln u(x)}=e^{\lim\limits_{x\to x_0}[v(x)\ln u(x)]}=e^{b\ln a}=a^b.$$

上述结论对求 $x\to\infty$时的极限亦成立.

**例 2.4.13** 求$\lim\limits_{x\to 0}(x+2e^x)^{\frac{1}{x-1}}$.

**解**

$$\lim_{x\to 0}(x+2e^x)^{\frac{1}{x-1}}=[\lim_{x\to 0}(x+2e^x)]^{\lim\limits_{x\to 0}\frac{1}{x-1}}=2^{-1}=\frac{1}{2}.$$

但是,应当特别提请读者注意的是,如果$\lim\limits_{x\to x_0}u(x)=1$, $\lim\limits_{x\to x_0}v(x)=\infty$,则

$$\lim_{x\to x_0} u(x)^{v(x)}=e^{\lim\limits_{x\to x_0}(u(x)-1)v(x)}.$$

事实上,因为

$$u(x)^{v(x)}=[1+(u(x)-1)]^{\frac{1}{u(x)-1}(u(x)-1)v(x)},$$

所以

$$\lim_{x\to x_0} u(x)^{v(x)}=\lim_{x\to x_0}\{[1+(u(x)-1)]^{\frac{1}{u(x)-1}}\}^{(u(x)-1)v(x)}=e^{\lim\limits_{x\to x_0}(u(x)-1)v(x)}.$$

当 $x\to\infty$时,上述结果也成立.

**例 2.4.14** 求$\lim\limits_{x\to 0}\left(\frac{a_1^x+a_2^x+\cdots+a_n^x}{n}\right)^{\frac{1}{x}}$,其中 $a_i>0(i=1,2,\cdots,n)$.

**解**

$$\begin{aligned}\text{原式}&=e^{\lim\limits_{x\to 0}\frac{1}{x}(\frac{a_1^x+a_2^x+\cdots+a_n^x}{n}-1)}=e^{\lim\limits_{x\to 0}\frac{(a_1^x-1)+(a_2^x-1)+\cdots+(a_n^x-1)}{nx}}\\&=e^{\lim\limits_{x\to 0}\frac{a_1^x-1}{nx}+\lim\limits_{x\to 0}\frac{a_2^x-1}{nx}+\cdots+\lim\limits_{x\to 0}\frac{a_n^x-1}{nx}}=e^{\frac{\ln a_1+\ln a_2+\cdots+\ln a_n}{n}}\\&=e^{\frac{1}{n}\ln(a_1a_2\cdots a_n)}=\sqrt[n]{a_1a_2\cdots a_n}.\end{aligned}$$

**例 2.4.15** 求$\lim\limits_{x\to\infty}\left(\frac{x^2+1}{x^2-1}\right)^{x^2}$.

**解**

$$\text{原式}=e^{\lim\limits_{x\to\infty}\left(\frac{x^2+1}{x^2-1}-1\right)x^2}=e^{\lim\limits_{x\to\infty}\frac{2x^2}{x^2-1}}=e^2.$$

## 习题 2

**1.**根据数列极限定义证明:

(1)$\lim\limits_{n\to\infty}\frac{3n+5}{2n+2}=\frac{3}{2}$;

(2)$\lim\limits_{n\to\infty}\frac{1+(-1)^n}{n}=0$;

(3)$\lim\limits_{n\to\infty}\frac{1}{2^n}=0$;

(4)$\lim\limits_{n\to\infty}\frac{\cos\frac{n\pi}{2}}{n}=0$;

(5)$\lim\limits_{n\to\infty}\frac{\sin n}{n}=0$;

(6)$\lim\limits_{n\to\infty}(\sqrt{n+1}-\sqrt{n})=0$.

**2.** 证明：如果 $\lim_{n\to\infty} u_n = a$，则 $\lim_{n\to\infty} |u_n| = |a|$，并举例说明若 $\lim_{n\to\infty} |u_n| = |a|$，则 $\lim_{n\to\infty} u_n = a$ 未必成立.

**3.** 设 $\lim_{n\to\infty} x_n = a$，且 $a > b$，证明一定存在一个正整数 $N$，使当 $n > N$ 时，$x_n > b$ 恒成立.

**4.** 设数列 $\{x_n\}$ 有界，又 $\lim_{n\to\infty} y_n = 0$，证明 $\lim_{n\to\infty} x_n y_n = 0$.

**5.** 用函数极限定义证明：

(1) $\lim_{x\to 1}(3x-1)=2$；　　(2) $\lim_{x\to -2}\dfrac{x^2-4}{x+2}=-4$；

(3) $\lim_{x\to\infty}\dfrac{1}{x^3}=0$；　　(4) $\lim_{x\to 1}\dfrac{x-1}{\sqrt{x}-1}=2$.

**6.** 求下列各极限：

(1) $\lim_{x\to 3}\dfrac{\sqrt{1+x}-2}{x-3}$；　　(2) $\lim_{x\to 0}\dfrac{\sqrt{1+x}-1}{\sqrt[3]{1+x}-1}$；

(3) $\lim_{x\to\infty} x^2\left(\dfrac{1}{x+1}-\dfrac{1}{x-1}\right)$；　　(4) $\lim_{x\to\infty}\dfrac{3x^2+2x}{4x^2-2x+1}$；

(5) $\lim_{x\to\infty}\dfrac{(2x-3)^2(3x+1)^3}{(2x+1)^5}$；　　(6) $\lim_{x\to 2}\dfrac{x^2-4}{\sqrt{x^2+x-3}-\sqrt{x^2-1}}$.

**7.** 求下列极限：

(1) $\lim_{x\to 1}\dfrac{\sqrt[3]{x}-1}{\sqrt{x}-1}$；　　(2) $\lim_{x\to 16}\dfrac{\sqrt[4]{x}-2}{\sqrt{x}-4}$；

(3) $\lim_{x\to 1}\dfrac{\sqrt[3]{x^2}-2\sqrt[3]{x}+1}{(x-1)^2}$；　　(4) $\lim_{x\to 0}\dfrac{\sqrt[4]{1+x}-1}{\sqrt[3]{1+x}-1}$.

**8.** 求极限：

(1) $\lim_{x\to\infty}\dfrac{x-\sin x}{x+\sin x}$；　　(2) $\lim_{x\to 0} x\cos\dfrac{1}{x}$；

(3) $\lim_{x\to+\infty} \mathrm{e}^{-x}\cos x$；　　(4) $\lim_{n\to\infty}\dfrac{\sqrt[3]{n^2+n}}{n+2}$；

(5) $\lim_{n\to\infty}(\sqrt{n+1}-\sqrt{n})$；　　(6) $\lim_{n\to\infty}\dfrac{n\sin n!}{n^2+1}$；

(7) $\lim_{n\to\infty}\dfrac{1}{n}\left[\left(x+\dfrac{a}{n}\right)+\left(x+\dfrac{2a}{n}\right)+\cdots+\left(x+\dfrac{n-1}{n}a\right)\right]$；

(8) $\lim_{n\to\infty}\left(1-\dfrac{1}{2^2}\right)\left(1-\dfrac{1}{3^2}\right)\cdots\left(1-\dfrac{1}{n^2}\right)$；

(9) $\lim_{n\to\infty}\left[\dfrac{1}{1\cdot 3}+\dfrac{1}{3\cdot 5}+\cdots+\dfrac{1}{(2n-1)(2n+1)}\right]$；

(10) $\lim_{h\to 0}\dfrac{(x+h)^n-x^n}{h}$.

**9.** 设 $a>0, b>0$，证明：

$$\lim_{n\to\infty}(a^n+b^n)^{\frac{1}{n}}=\max\{a,b\}.$$

**10.** 证明下列极限:

(1) $\lim\limits_{n\to\infty}\left(\frac{1}{n^2}+\frac{1}{(n+1)^2}+\cdots+\frac{1}{(2n)^2}\right)=0$;

(2) $\lim\limits_{n\to\infty}\frac{3^n}{n!}=0$;

(3) $\lim\limits_{n\to\infty}\frac{\ln n}{n}=0$;

(4) $\lim\limits_{n\to\infty}\frac{n^k}{a^n}=0$($k$ 是正整数,$a>1$).

**11.** 已知 $\lim\limits_{x\to\infty}\left(\frac{x^2+1}{x+1}-\alpha x-\beta\right)=0$,确定 $\alpha,\beta$.

**12.** 求下列各极限:

(1) $\lim\limits_{x\to 0}\frac{\tan 2x}{\sin x}$;

(2) $\lim\limits_{x\to 0}\frac{\sin 5x}{\sin 2x}$;

(3) $\lim\limits_{x\to 0}\frac{\arcsin 5x}{x}$;

(4) $\lim\limits_{x\to a}\frac{\sin x-\sin a}{x-a}$;

(5) $\lim\limits_{x\to -2}\frac{\tan(\pi x)}{x+2}$;

(6) $\lim\limits_{x\to 0}\frac{\tan x-\sin x}{x^3}$;

(7) $\lim\limits_{x\to 0}\frac{x-\sin x}{x+\sin 3x}$;

(8) $\lim\limits_{x\to 1}\frac{1-x^2}{\sin \pi x}$;

(9) $\lim\limits_{x\to 0}\frac{1-\sqrt{\cos x}}{x^2}$;

(10) $\lim\limits_{x\to\infty}\left(\frac{x}{1+x}\right)^x$;

(11) $\lim\limits_{x\to\infty}\left(\frac{2+x}{x-3}\right)^x$;

(12) $\lim\limits_{x\to 0}\left(1+\frac{x}{2}\right)^{\frac{1}{x}}$;

(13) $\lim\limits_{n\to\infty}\left(1-\frac{x}{n}\right)^n$;

(14) $\lim\limits_{x\to 1}x^{\frac{1}{1-x}}$;

(15) $\lim\limits_{x\to 0}(\cos 2x)^{\frac{1}{\sin^2 x}}$;

(16) $\lim\limits_{n\to\infty}\left(\frac{n+x}{n-1}\right)^n$;

(17) $\lim\limits_{x\to 0}(1-3x)^{\frac{2}{\sin x}}$.

**13.** 已知 $\lim\limits_{x\to\infty}\left(\frac{x+2a}{x-2a}\right)^x=8$,求 $a$.

**14.** 设 $f(x)=\lim\limits_{t\to x}\left(\frac{x-1}{t-1}\right)^{\frac{1}{x-t}}$,其中 $(x-1)(t-1)>0$,试求 $f(x)$ 的表达式.

**15.** 求下列极限:

(1) $\lim\limits_{x\to 0}\frac{\arcsin\frac{x}{\sqrt{1-x^2}}}{x}$;

(2) $\lim\limits_{x\to 1}\frac{\ln x}{1-x}$;

(3) $\lim\limits_{x\to 0}\frac{\cos x-\cos 2x}{1-\cos x}$;

(4) $\lim\limits_{x\to 0}\frac{e^{2x}-1}{\ln(1+x)}$;

(5) $\lim\limits_{x\to 0}\dfrac{x^2\tan x}{\sqrt{1-x^2}-1}$；

(6) $\lim\limits_{x\to 0}\dfrac{1-\cos x}{(e^x-1)\ln(1+x)}$；

(7) $\lim\limits_{x\to 0}\dfrac{\ln\cos ax}{\ln\cos bx}$；

(8) $\lim\limits_{x\to 0}\dfrac{\sqrt{1+x\sin x}-1}{e^{x^2}-1}$；

(9) $\lim\limits_{n\to\infty} n^2\left(1-\cos\dfrac{\pi}{n}\right)$；

(10) $\lim\limits_{x\to 0}\dfrac{e^x-e^{\sin x}}{x-\sin x}$；

(11) $\lim\limits_{x\to 0}\dfrac{1+\sin x-\cos x}{1+\sin px-\cos px}$；

(12) $\lim\limits_{x\to+\infty}(x-1)(e^{\frac{1}{x}}-1)$.

**16.** 若 $x_1=a, y_1=b(b>a>0)$,

$$x_{n+1}=\sqrt{x_n y_n}, y_{n+1}=\frac{x_n+y_n}{2},$$

试证数列$\{x_n\}$和$\{y_n\}$都收敛,且有相同的极限(提示:$x_n<y_n$).

**17.** 设 $x_n=1+\dfrac{1}{2}+\dfrac{1}{3}+\cdots+\dfrac{1}{n}-\ln n(n=1,2,\cdots)$,试证:$\{x_n\}$收敛.

**18.** 设 $\lim\limits_{x\to x_0}f(x)=A$,用定义证明:

(1) $\lim\limits_{x\to x_0}|f(x)|=|A|$；

(2) $\lim\limits_{x\to x_0}\sqrt[3]{f(x)}=\sqrt[3]{A}$.

**19.** 当 $x\to 0$ 时,指出下列各无穷小量对于 $x$ 的阶数:

(1) $\sqrt[3]{x^2\sin x}$；

(2) $4x^2+6x^3-x^5$；

(3) $3\sin^3 x$；

(4) $\dfrac{x(x+1)}{1+\sqrt{x}}(x>0)$.

**20.** 求下列各题的极限:

(1) $\lim\limits_{x\to 0}\dfrac{\ln(x+a)-\ln a}{x}$；

(2) $\lim\limits_{x\to 0}\dfrac{1}{x}\ln\sqrt{\dfrac{1+x}{1-x}}$；

(3) $\lim\limits_{x\to 0}\dfrac{\sin x+4x^2\cos\dfrac{1}{x}}{\tan x}$；

(4) $\lim\limits_{x\to+\infty}\dfrac{3e^x-2e^{-x}}{2e^x+3e^{-x}}$；

(5) $\lim\limits_{x\to+\infty}x[\ln(x+2)-2\ln(x+1)+\ln x]$；

(6) $\lim\limits_{x\to 0}\dfrac{\sqrt{1+\tan x}-\sqrt{1-\tan x}}{\sin x}$；

(7) $\lim\limits_{n\to\infty}\left(1+\dfrac{1}{n}+\dfrac{1}{n^2}\right)^n$；

(8) $\lim\limits_{n\to\infty}\dfrac{\sqrt{2^n}+\sqrt{3^n}}{\sqrt{2^n}-\sqrt{3^n}}$；

(9) $\lim\limits_{n\to\infty}(\sqrt{n^2+1}-\sqrt{n^2-2n})$；

(10) $\lim\limits_{x\to 0}\dfrac{2-2\cos x^2}{x^2\sin x^2}$；

(11) $\lim\limits_{x\to 0}(\sec^2 x)^{\frac{1}{x^2}}$；

(12) $\lim\limits_{x\to 0}(1-\cos x)\cot x$；

(13) $\lim\limits_{x\to\infty}\left(\tan\dfrac{1}{x}\sin x+\dfrac{2x^2+x+1}{x^2-1}\right)$；

(14) $\lim\limits_{n\to\infty}\left[\dfrac{1}{1\cdot 3}+\dfrac{1}{3\cdot 5}+\cdots+\dfrac{1}{(2n-1)(2n+1)}\right]\left(\dfrac{3n^2-1}{2n^2+1}\right)$.

**21.** 设 $f(x)\in C[a,b]$，且 $f(a)<a$，$f(b)>b$。试证明在 $(a,b)$ 内至少存在一点 $\xi$，使 $f(\xi)=\xi$.

**22.** 证明方程 $x=a\sin x+b$，其中 $a>0$，$b>0$，至少有一个正根，并且它不超过 $(a+b)$.

**23.** 证明方程 $x\cdot 2^x=1$ 至少有一个小于 1 的实根.

**24.** 若 $f(x)$ 在 $x=0$ 处连续，$f(0)=0$，且 $f(x+y)=f(x)+f(y)$ 对任意的 $x,y\in(-\infty,+\infty)$ 都成立. 试证明 $f(x)$ 为 $(-\infty,+\infty)$ 上的连续函数.

**25.** 证明：若 $f(x)$ 在 $x=x_0$ 处连续，则 $|f(x)|$ 在 $x=x_0$ 处也一定连续. 反之若 $f(x)$ 在 $x=x_0$ 处不连续，能否得出 $|f(x)|$ 在 $x=x_0$ 处一定不连续？试举例说明.

**26.** 用定义证明下列函数的连续性：

(1) $f(x)=ax+b$；　　(2) $f(x)=x^2$；

(3) $f(x)=\sqrt[3]{x}$；　　(4) $f(x)=\arctan x$.

**27.** 求下列函数的间断点，并指出间断点的类型，对可去间断点，补充或修改在该点的定义，使函数在该点连续.

(1) $f(x)=\dfrac{x^2-3x+2}{x^2-1}$；　　(2) $f(x)=\dfrac{x^3+1}{x+1}$；

(3) $f(x)=\dfrac{x}{\sin x}$；　　(4) $f(x)=\sqrt[3]{x}\arctan\dfrac{1}{x}$；

(5) $f(x)=1-e^{-\frac{1}{x^2}}$；　　(6) $f(x)=\dfrac{1}{1-e^{1-x}}$；

(7) $f(x)=\dfrac{1}{1-e^{\frac{x}{1-x}}}$；

(8) $f(x)=\begin{cases}0, & x<0,\\ x, & 0\leqslant x<1,\\ -x^2+4x-2, & 1\leqslant x<3,\\ 4x, & x\geqslant 3.\end{cases}$

**28.** $f(x)=\begin{cases}e^x, & 0\leqslant x\leqslant 1,\\ a+x, & 1<x\leqslant 2,\end{cases}$ 式中 $a$ 为何值时函数连续？

**29.** 设 $f(x)=\lim\limits_{n\to\infty}\dfrac{x^{2n}-1}{x^{2n}+1}x$，指出其间断点及其类型.

**30.** 试确定 $a,b$ 的值，使得 $f(x)=\dfrac{e^x-b}{(x-a)(x-1)}$ 有无穷间断点 $x=0$，有可去间断点 $x=1$.

**31.** 利用初等函数的连续性及重要极限求下列极限：

(1) $\lim\limits_{x\to e}\dfrac{\ln x-1}{x-e}$；　　(2) $\lim\limits_{n\to+\infty}n(\sqrt[n]{a}-1)\ (a>0)$；

(3) $\lim\limits_{x\to 0}(\cos x+\sin x)^{\frac{1}{x}}$；　　(4) $\lim\limits_{x\to 0}(2e^{\frac{x}{x+1}}-1)^{\frac{1}{x}}$.

# 第3章 导数与微分

在经济、管理、自然科学和工程技术领域中，往往需要考虑某个函数的因变量随自变量变化的快慢程度(即变化速率)．导数的概念正是从求函数变化率的问题中概括、抽象出来的．微分是与导数密切相关的另一重要概念，其基本思想是将函数在一点附近线性化，并由此提供关于函数的变化主部和变化率等重要信息．导数和微分以及它们的应用构成了微分学．本章首先介绍导数的定义、求导法则及初等函数的导数求法；然后介绍微分概念和求微分的方法；最后是它们的简单应用．

## 3.1 导数的概念

### 3.1.1 求函数变化率的两个实例

在实际问题中，当研究变量的变化时，除了要考察变量之间的函数关系、变化趋势外，还常常需要考察变化快慢的程度，即变化率问题．

**1.直线运动的瞬时速度**

大家知道，匀速直线运动的速度就是平均速度，但对变速直线运动来说，只知道平均速度是不够的，还需要知道运动物体在每个时刻的瞬时速度．

设物体的运动规律是 $s=f(t)$，$t$ 是时间，$s$ 是对应于时间的运动距离．我们要给出瞬时速度的定义，同时给出计算瞬时速度的方法．

设在时刻 $t_0$时，物体运动的距离为 $s_0=f(t_0)$，在时刻 $t_0+\Delta t$ 时，物体运动的距离是

$$s_0+\Delta s=f(t_0+\Delta t)\ .$$

这里，$\Delta s$ 就是物体在时间 $\Delta t$ 内运动的距离．于是，物体在 $\Delta t$ 内运动的平均速度(记为 $\bar{v}$)是

$$\bar{v}=\frac{\Delta s}{\Delta t}=\frac{f(t_0+\Delta t)-f(t_0)}{\Delta t}.$$

当 $\Delta t$ 变化时，$\bar{v}$ 一般也随之变化，因而，我们自然地可以认为，当时间间隔 $\Delta t$ 很小时，$\bar{v}$ 可以看成物体在时刻 $t_0$时的瞬时速度的近似值．于是，将下列极限

$$\lim_{\Delta t\to 0}\bar{v}=\lim_{\Delta t\to 0}\frac{f(t_0+\Delta t)-f(t_0)}{\Delta t}$$

称为物体在时刻 $t_0$的**瞬时速度**．记为 $v(t_0)$，即

$$v(t_0)=\lim_{\Delta t\to 0}\frac{f(t_0+\Delta t)-f(t_0)}{\Delta t},$$

同时这也给出了瞬时速度计算方法.

如自由落体的运动规律是 $s=\frac{1}{2}gt^2$,则在时刻 $t_0$时落体的速度是

$$v(t_0)=\lim_{\Delta t\to 0}\frac{\frac{1}{2}g(t_0+\Delta t)^2-\frac{1}{2}gt_0^2}{\Delta t}=\lim_{\Delta t\to 0}\frac{\frac{1}{2}g(2t_0+\Delta t)\Delta t}{\Delta t}=gt_0.$$

**2.曲线上一点处切线的斜率**

设有曲线 $C$,其方程为 $y=f(x)$,$M_0(x_0,f(x_0))$为其上一点,为了求曲线 $C$ 在点 $M_0$处切线的斜率,我们在曲线 $C$ 上另取一点 $N$,设其坐标为$(x_0+\Delta x,f(x_0+\Delta x))$,连结 $M_0N$,易知割线 $M_0N$ 的斜率为

$$\frac{\Delta y}{\Delta x}=\frac{f(x_0+\Delta x)-f(x_0)}{\Delta x}.$$

当点 $N$ 沿曲线$C$ 移动并无限接近于$M_0$(即 $\Delta x\to 0$)时,割线 $M_0N$ 也随之变化而趋近于切线$M_0T$,于是割线的斜率就趋向于切线的斜率,即有

$$\tan\alpha=\lim_{\Delta x\to 0}\frac{\Delta y}{\Delta x}=\lim_{\Delta x\to 0}\frac{f(x_0+\Delta x)-f(x_0)}{\Delta x},$$

其中 $\alpha$ 为切线$M_0T$ 与$x$ 轴正向的夹角(图 3.1).

以上两例虽然属于不同的科学领域,但从抽象的数量关系来看,它们在数学处理方法上却是相同的,都是求函数的局部变化率,即函数改变量与自变量改变量之比(这是平均变化率)当后者趋向于 0 时的极限.大量的实际问题也都导致求这样的极限.

这种具有特定意义的极限称作函数的导数,也叫做函数的变化率.

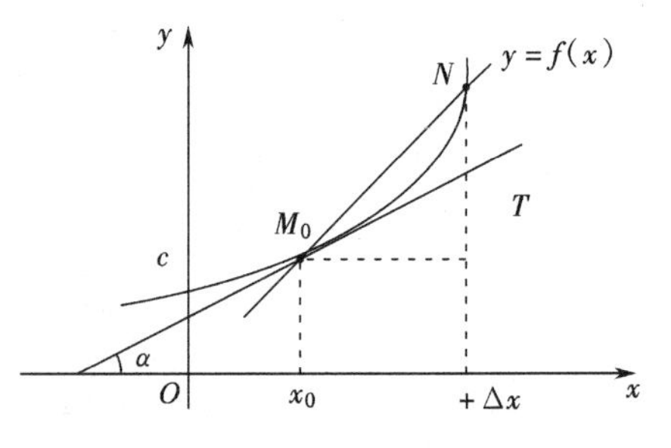


图 3.1 曲线上一点处切线的斜率

## 3.1.2 导数的定义

**定义 3.1.1** 设函数 $y=f(x)$在点 $x_0$的某个邻域内有定义,当自变量在点 $x_0$处取得改变量 $\Delta x$ 时(点 $x_0+\Delta x$ 仍在该邻域内),相应地,函数 $f(x)$取得改变量 $\Delta y=f(x_0+\Delta x)-f(x_0)$.做比值$\frac{\Delta y}{\Delta x}$,若极限

$$\lim_{\Delta x\to 0}\frac{\Delta y}{\Delta x}=\lim_{\Delta x\to 0}\frac{f(x_0+\Delta x)-f(x_0)}{\Delta x}$$

存在,则称此极限值为函数 $y=f(x)$在点 $x_0$处的**导数**(或**微商**),记作 $f'(x_0)$,或记作 $y'|_{x=x_0}$,或$\left.\frac{\mathrm{d}y}{\mathrm{d}x}\right|_{x=x_0}$,或$\left.\frac{\mathrm{d}f}{\mathrm{d}x}\right|_{x=x_0}$.这时,称函数 $y=f(x)$在点 $x_0$处**可导**或具有导数.如果上述极限不存在,则称函数 $y=f(x)$在点 $x_0$处没有导数或**不可导**.

**注**　若记 $x=x_0+\Delta x$,则有 $f'(x_0)=\lim\limits_{x\to x_0}\dfrac{f(x)-f(x_0)}{x-x_0}$.

回到上述二例,容易了解:物体做直线运动时的瞬时速度,就是路程函数 $f(t)$对时间 $t$ 的导数.即

$$v(t_0)=f'(t_0);$$

而曲线 $y=f(x)$在点 $M_0(x_0,f(x_0))$处切线的斜率,就是函数 $f(x)$在点 $x_0$处的导数 $f'(x_0)$.

由此得到导数的几何意义.

函数 $y=f(x)$在点 $x_0$处的导数 $f'(x_0)$,就是曲线 $y=f(x)$在点 $M_0(x_0,f(x_0))$处切线的斜率.如果

$$\lim_{\Delta x\to 0}\frac{\Delta y}{\Delta x}=\lim_{\Delta x\to 0}\frac{f(x_0+\Delta x)-f(x_0)}{\Delta x}=\infty,$$

则表明曲线 $y=f(x)$在点 $M_0(x_0,f(x_0))$处的切线垂直于 $x$ 轴.

由导数的几何意义,可以求得曲线 $y=f(x)$在点 $M_0(x_0,f(x_0))$处的切线方程为

$$y-f(x_0)=f'(x_0)(x-x_0).$$

过点 $M_0$且与切线垂直的直线称为曲线 $y=f(x)$在点 $M_0$处的**法线**,于是,当 $f'(x_0)\neq 0$ 时,法线方程为

$$y-f(x_0)=-\frac{1}{f'(x_0)}(x-x_0).$$

如果函数 $f(x)$在区间$(a,b)$内的每一点都可导,则称 $f(x)$在区间$(a,b)$内可导.设 $f(x)$在区间$(a,b)$内可导,则对于$(a,b)$内的每一点 $x$,都有一个导数值与它对应.这样便定义了一个新的函数,称其为函数 $f(x)$的**导函数**,简称为**导数**,记作 $f'(x)$,或 $y'$,或$\dfrac{dy}{dx}$,或$\dfrac{df}{dx}$.

**例 3.1.1**　设 $y=x^3$,求 $y'$及 $y'(2)$.

**解**　给 $x$ 以任意改变量 $\Delta x\neq 0$,得到

$$\begin{aligned}\Delta y&=(x+\Delta x)^3-x^3=x^3+3x^2(\Delta x)+3x(\Delta x)^2+(\Delta x)^3-x^3\\&=3x^2(\Delta x)+3x(\Delta x)^2+(\Delta x)^3,\end{aligned}$$

$$\frac{\Delta y}{\Delta x}=3x^2+3x(\Delta x)+(\Delta x)^2.$$

令 $\Delta x\to 0$,则

$$y'=\lim_{\Delta x\to 0}\frac{\Delta y}{\Delta x}=\lim_{\Delta x\to 0}[3x^2+3x(\Delta x)+(\Delta x)^2]=3x^2,$$

从而　$y'(2)=3x^2|_{x=2}=12.$

**例 3.1.2**　曲线 $y=x^3$上哪一点的切线与直线 $y=4x-1$ 平行?并写出曲线在该点的切线方程.

**解**　由例 3.1.1 知

$$y' = 3x^2,$$

它是 $y = x^3$ 在点 $(x, y)$ 处切线的斜率，要使这条切线平行于直线 $y = 4x - 1$. 只需它们的斜率相同，即 $3x^2 = 4$. 由此可以解出 $x = \pm \frac{2}{\sqrt{3}}$. 代入方程 $y = x^3$ 得

$$y = \pm \frac{8}{3\sqrt{3}}.$$

于是得到两点

$$M_1\left(\frac{2}{\sqrt{3}}, \frac{8}{3\sqrt{3}}\right), \quad M_2\left(-\frac{2}{\sqrt{3}}, -\frac{8}{3\sqrt{3}}\right).$$

曲线 $y = x^3$ 在这两点的切线与直线 $y = 4x - 1$ 平行.

又由直线的点斜式方程

$$y - y_0 = k(x - x_0),$$

知曲线 $y = x^3$ 在点 $M_1$ 及点 $M_2$ 处的切线方程分别为

$$y - \frac{8}{3\sqrt{3}} = 4\left(x - \frac{2}{\sqrt{3}}\right), y - \left(-\frac{8}{3\sqrt{3}}\right) = 4\left[x - \left(-\frac{2}{\sqrt{3}}\right)\right],$$

即
$$y = 4x - \frac{16}{3\sqrt{3}}, y = 4x + \frac{16}{3\sqrt{3}}.$$

### 3.1.3 左、右导数

由导数的定义和极限存在的充分必要条件可知，如果函数 $f(x)$ 在点 $x_0$ 处可导，必须且仅须极限

$$\lim_{\Delta x \to 0^-} \frac{f(x_0 + \Delta x) - f(x_0)}{\Delta x}$$

和

$$\lim_{\Delta x \to 0^+} \frac{f(x_0 + \Delta x) - f(x_0)}{\Delta x}$$

都存在，而且相等. 上述两个极限值分别称为函数 $f(x)$ 在点 $x_0$ 处的**左导数**与**右导数**，记作 $f'_-(x_0)$ 和 $f'_+(x_0)$. 左、右导数统称为**单侧导数**.

函数 $f(x)$ 在闭区间 $[a, b]$ 上可导，是指 $f(x)$ 在开区间 $(a, b)$ 内可导，且 $f'_+(a)$ 和 $f'_-(b)$ 都存在.

### 3.1.4 可导与连续的关系

**定理 3.1.1** 如果函数 $y = f(x)$ 在点 $x_0$ 处可导，则它在 $x_0$ 处连续.

**证** 因为函数 $y = f(x)$ 在点 $x_0$ 处可导，所以

$$\lim_{\Delta x \to 0} \frac{\Delta y}{\Delta x} = f'(x_0),$$

而

$$\Delta y=\frac{\Delta y}{\Delta x}\cdot\Delta x,$$

因此

$$\lim_{\Delta x\to 0}\Delta y=\lim_{\Delta x\to 0}(\frac{\Delta y}{\Delta x}\cdot\Delta x)=\lim_{\Delta x\to 0}\frac{\Delta y}{\Delta x}\cdot\lim_{\Delta x\to 0}\Delta x=0.$$

根据函数连续性的定义知,函数 $f(x)$在点 $x_0$处连续.

这个定理表明,函数 $f(x)$在点 $x_0$处连续是函数 $f(x)$在点 $x_0$处可导的必要条件.需要指明的是:它不是充分条件,即在点 $x_0$处连续的函数不一定在 $x_0$处可导.

**例 3.1.3**　证明函数 $y=|x|=\begin{cases}x, & x\geqslant 0,\\ -x, & x<0\end{cases}$在点 $x=0$ 处连续但在该点不可导.

**证**　因为

$$\lim_{x\to 0^+}|x|=\lim_{x\to 0^+}x=0,\ \lim_{x\to 0^-}|x|=\lim_{x\to 0^-}(-x)=0,$$

所以$\lim\limits_{x\to 0}|x|=0=f(0)$,即函数 $y=|x|$在 $x=0$ 处是连续的.因为

$$f'_+(0)=\lim_{\Delta x\to 0^+}\frac{\Delta y}{\Delta x}=\lim_{\Delta x\to 0^+}\frac{|\Delta x|}{\Delta x}=\lim_{\Delta x\to 0^+}\frac{\Delta x}{\Delta x}=1,$$

而

$$f'_-(0)=\lim_{\Delta x\to 0^-}\frac{\Delta y}{\Delta x}=\lim_{\Delta x\to 0^-}\frac{|\Delta x|}{\Delta x}=\lim_{\Delta x\to 0^-}\frac{(-\Delta x)}{\Delta x}=-1.$$

在点 $x=0$ 处的左、右导数不相等,所以函数 $y=|x|$在点 $x=0$ 处不可导.从几何上看,这表明曲线 $y=|x|$在 $x=0$ 处没有切线,由图3.2看出,曲线 $y=|x|$在 $x=0$ 处有一个尖点,没有切线.

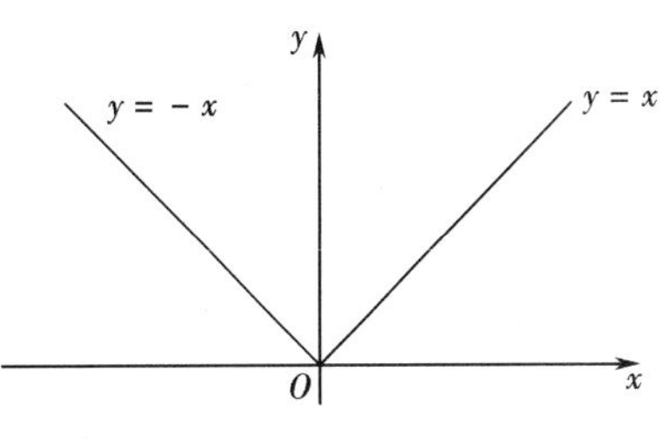


图 3.2　例 3.1.3 图

## 3.1.5　利用定义求导数的例子

**例 3.1.4**　证明函数

$$f(x)=\begin{cases}x\sin\dfrac{1}{x}, & x\neq 0,\\ 0, & x=0\end{cases}$$

在点 $x=0$ 处连续,但在该点处不可导.

**证**　因为

$$\lim_{x\to 0}f(x)=\lim_{x\to 0}x\sin\frac{1}{x}=0=f(0),$$

所以函数 $f(x)$在点 $x=0$ 处连续.但函数 $f(x)$在点 $x=0$ 处不可导.因为

$$\Delta y=f(0+\Delta x)-f(0)$$

$$=(0+\Delta x)\sin\frac{1}{0+\Delta x}-0$$

$$=\Delta x\sin\frac{1}{\Delta x},$$

于是$\lim\limits_{\Delta x\to 0}\frac{\Delta y}{\Delta x}=\lim\limits_{\Delta x\to 0}\sin\frac{1}{\Delta x}$,此极限不存在.

**例 3.1.5** 设 $f(x)=\begin{cases}x^2+1, & x\leqslant 1,\\ 2x+b, & x>1.\end{cases}$ 试判断 $f(x)$在点 $x=1$ 处是否可导?

**解** 由于 $f(x)$为分段函数,在分段点 $x=1$ 的两侧 $f(x)$的表达式不相同,因此应该用左导数与右导数来判定.注意到 $f(1)=1^2+1=2$,

$$\lim_{\Delta x\to 0^-}\frac{\Delta y}{\Delta x}=\lim_{\Delta x\to 0^-}\frac{f(1+\Delta x)-f(1)}{\Delta x}=\lim_{\Delta x\to 0^-}\frac{[(1+\Delta x)^2+1]-(1^2+1)}{\Delta x}$$
$$=2,$$

$$\lim_{\Delta x\to 0^+}\frac{\Delta y}{\Delta x}=\lim_{\Delta x\to 0^+}\frac{f(1+\Delta x)-f(1)}{\Delta x}=\lim_{\Delta x\to 0^+}\frac{[2(1+\Delta x)+b]-(1^2+1)}{\Delta x}$$
$$=\lim_{\Delta x\to 0^+}\left(2+\frac{b}{\Delta x}\right).$$

可知,当 $b=0$ 时,$\lim\limits_{\Delta x\to 0^+}\frac{\Delta y}{\Delta x}=2$,当 $b\neq 0$ 时,$\lim\limits_{\Delta x\to 0^+}\frac{\Delta y}{\Delta x}=\infty$.因此,只有当 $b=0$ 时,$y=f(x)$才在 $x=1$ 处可导,此时 $f'(1)=2$.

注意,仅当 $b=0$ 时,$f(x)$在点 $x=1$ 处连续,故若 $b\neq 0$,则 $f(x)$在 $x=1$ 处必不可导.

**例 3.1.6** 若 $f'(x_0)$存在,求极限$\lim\limits_{h\to 0}\frac{f(x_0+h)-f(x_0-h)}{h}$.

又问如果$\lim\limits_{h\to 0}\frac{f(x_0+h)-f(x_0-h)}{h}$存在,能否推出 $f'(x_0)$存在?

**解** 当 $f'(x_0)$存在时,有

$$\lim_{h\to 0}\frac{f(x_0+h)-f(x_0-h)}{h}$$
$$=\lim_{h\to 0}\frac{[f(x_0+h)-f(x_0)]-[f(x_0-h)-f(x_0)]}{h}$$
$$=\lim_{h\to 0}\frac{f(x_0+h)-f(x_0)}{h}+\lim_{h\to 0}\frac{f(x_0-h)-f(x_0)}{-h}$$
$$=2f'(x_0).$$

但是$\lim\limits_{h\to 0}\frac{f(x_0+h)-f(x_0-h)}{h}$存在不能推出 $f'(x_0)$存在.例如考察函数 $f(x)=|x|$,$\lim\limits_{h\to 0}\frac{f(h)-f(-h)}{h}=\lim\limits_{h\to 0}\frac{|h|-|-h|}{h}=0$,但是此函数在点 $x=0$ 没有导数.

**例 3.1.7** 证明:若函数 $f(x)$在点 $a$ 处连续,且 $f(a)\neq 0$,而函数$[f(x)]^2$在点 $a$ 可导,则函数 $f(x)$在点 $a$ 也可导.

**证**　因为$[f(x)]^2$在点 $a$ 可导,所以$\lim\limits_{\Delta x\to 0}\dfrac{[f(a+\Delta x)]^2-[f(a)]^2}{\Delta x}$存在,

而

$$\begin{aligned}&\lim_{\Delta x\to 0}\frac{[f(a+\Delta x)]^2-[f(a)]^2}{\Delta x}\\&\quad=\lim_{\Delta x\to 0}\frac{f(a+\Delta x)-f(a)}{\Delta x}\cdot[f(a+\Delta x)+f(a)].\end{aligned}$$

又因为 $f(x)$在点 $a$ 连续,所以

$$\lim_{\Delta x\to 0}[f(a+\Delta x)+f(a)]=2f(a)\neq 0.$$

由极限运算法则知

$$\frac{\lim\limits_{\Delta x\to 0}\dfrac{[f(a+\Delta x)]^2-[f(a)]^2}{\Delta x}}{\lim\limits_{\Delta x\to 0}[f(a+\Delta x)+f(a)]}=\lim_{\Delta x\to 0}\frac{f(a+\Delta x)-f(a)}{\Delta x}$$

也存在,即 $f(x)$在点 $a$ 处可导.

## 3.2　基本初等函数的导数公式

在这一节中将按照导数的定义求出一些基本初等函数的导数.

### 3.2.1　常数的导数

设 $y=C$($C$ 为常数),则

$$y'=(C)'=0.$$

**证**　因为 $\Delta y=f(x+\Delta x)-f(x)=C-C=0$,

所以 $y'=\lim\limits_{\Delta x\to 0}\dfrac{\Delta y}{\Delta x}=\lim\limits_{\Delta x\to 0}\dfrac{0}{\Delta x}=0$,即$(C)'=0$.

因此,常数的导数等于零.

### 3.2.2　幂函数的导数

设 $y=x^n$($n$ 为正整数),则

$$y'=(x^n)'=nx^{n-1}.$$

**证**　利用二项式定理可得

$$\begin{aligned}\Delta y&=(x+\Delta x)^n-x^n\\&=\left[x^n+nx^{n-1}\Delta x+\frac{n(n-1)}{2!}x^{n-2}(\Delta x)^2+\cdots+(\Delta x)^n\right]-x^n\\&=nx^{n-1}\Delta x+\frac{n(n-1)}{2!}x^{n-2}(\Delta x)^2+\cdots+(\Delta x)^n,\end{aligned}$$

于是

$$y' = \lim_{\Delta x \to 0} \frac{\Delta y}{\Delta x}$$

$$= \lim_{\Delta x \to 0} \left[ nx^{n-1} + \frac{n(n-1)}{2!} x^{n-2}(\Delta x) + \cdots + (\Delta x)^{n-1} \right]$$

$$= nx^{n-1},$$

即 $$(x^n)' = nx^{n-1}.$$

以后将证明,对任意的实数 $\alpha$,仍有

$$(x^\alpha)' = \alpha x^{\alpha-1}.$$

### 3.2.3 对数函数的导数

设 $y = \log_a x (a > 0, a \neq 1)$,则

$$y' = (\log_a x)' = \frac{1}{x \ln a}.$$

**证** 由

$$\Delta y = \log_a (x + \Delta x) - \log_a x = \log_a \left(1 + \frac{\Delta x}{x}\right),$$

得

$$(\log_a x)' = \lim_{\Delta x \to 0} \frac{\Delta y}{\Delta x} = \lim_{\Delta x \to 0} \frac{\log_a \left(1 + \frac{\Delta x}{x}\right)}{\Delta x}$$

$$= \lim_{\Delta x \to 0} \frac{\frac{\Delta x}{x}}{\Delta x \ln a} = \frac{1}{x \ln a}$$

特别地,当 $a = \mathrm{e}$ 时,$\ln \mathrm{e} = 1$,于是得到自然对数 $y = \ln x$ 的导数公式

$$(\ln x)' = \frac{1}{x}.$$

### 3.2.4 三角函数的导数

先讨论正弦函数和余弦函数的导数,其他三角函数的导数将在下节给出.

**1.正弦函数的导数**

设 $y = \sin x$,则

$$y' = (\sin x)' = \cos x.$$

**证** 由

$$\Delta y = \sin (x + \Delta x) - \sin x = 2\cos \left(x + \frac{\Delta x}{2}\right) \sin \frac{\Delta x}{2},$$

得

$$\frac{\Delta y}{\Delta x}=2\cos\left(x+\frac{\Delta x}{2}\right)\frac{\sin\frac{\Delta x}{2}}{\Delta x}=\cos\left(x+\frac{\Delta x}{2}\right)\frac{\sin\frac{\Delta x}{2}}{\frac{\Delta x}{2}}.$$

由 $\cos x$ 的连续性和重要极限 $\lim\limits_{x\to 0}\frac{\sin x}{x}=1$ 可得

$$y'=\lim_{\Delta x\to 0}\frac{\Delta y}{\Delta x}=\lim_{\Delta x\to 0}\cos\left(x+\frac{\Delta x}{2}\right)\cdot\lim_{\Delta x\to 0}\frac{\sin\frac{\Delta x}{2}}{\frac{\Delta x}{2}}$$

$$=\cos x\cdot 1=\cos x,$$

即 $$(\sin x)'=\cos x.$$

**2.余弦函数的导数**

用与上面类似的方法可得 $y=\cos x$ 的导数是

$$(\cos x)'=-\sin x.$$

## 3.2.5 指数函数的导数

设 $y=a^x(a>0,a\neq 1)$,则

$$y'=a^x\ln a.$$

**证** 由 $\Delta y=a^{x+\Delta x}-a^x=a^x(a^{\Delta x}-1)$得

$$\frac{\Delta y}{\Delta x}=a^x\frac{a^{\Delta x}-1}{\Delta x}.$$

令 $a^{\Delta x}-1=\beta$,则 $\Delta x=\log_a(1+\beta)$. 又当 $\Delta x\to 0$ 时,$\beta\to 0$. 于是

$$\lim_{\Delta x\to 0}\frac{a^{\Delta x}-1}{\Delta x}=\lim_{\beta\to 0}\frac{\beta}{\log_a(1+\beta)}=\frac{1}{\lim\limits_{\beta\to 0}\log_a(1+\beta)^{\frac{1}{\beta}}}$$

$$=\frac{1}{\log_a e}=\ln a.$$

所以

$$y'=a^x\ln a.$$

特别地,如果 $y=e^x$,则 $y'=e^x$.

# 3.3 导数的运算法则

对于较复杂的函数,直接用定义求导是很繁的. 在本节中,将介绍求导数的几个基本法则,并利用这些法则求常见函数——初等函数的导数.

## 3.3.1 函数的和、差、积、商的求导法则

**定理 3.3.1** 若函数 $u(x),v(x)$在点 $x$ 处可导,则它们的和 $u(x)+v(x)$,差

$u(x)-v(x)$,积 $u(x)v(x)$,商$\dfrac{u(x)}{v(x)}$(这里要求 $v(x)\neq 0$)都在点 $x$ 处可导,且有

$$[u(x)\pm v(x)]'=u'(x)\pm v'(x),$$
$$[u(x)v(x)]'=u'(x)v(x)+u(x)v'(x),$$
$$\left[\frac{u(x)}{v(x)}\right]'=\frac{u'(x)\ v(x)-u(x)v'(x)}{v^2(x)}\text{(当 }v(x)\neq 0\text{)}.$$

**证** (1)"和"的情况:$[u(x)+v(x)]'=u'(x)+v'(x)$.

设 $y=u(x)+v(x)$.给 $x$ 以改变量 $\Delta x$,得到

$$\begin{aligned}\Delta y&=[u(x+\Delta x)+v(x+\Delta x)]-[u(x)+v(x)]\\&=[u(x+\Delta x)-u(x)]+[v(x+\Delta x)-v(x)]\\&=\Delta u+\Delta v,\end{aligned}$$

从而$\dfrac{\Delta y}{\Delta x}=\dfrac{\Delta u}{\Delta x}+\dfrac{\Delta v}{\Delta x}$.令 $\Delta x\to 0$,于是由 $u'(x)$,$v'(x)$存在,得到

$$\begin{aligned}y'&=\lim_{\Delta x\to 0}\frac{\Delta y}{\Delta x}=\lim_{\Delta x\to 0}\left(\frac{\Delta u}{\Delta x}+\frac{\Delta v}{\Delta x}\right)\\&=\lim_{\Delta x\to 0}\frac{\Delta u}{\Delta x}+\lim_{\Delta x\to 0}\frac{\Delta v}{\Delta x}=u'(x)+v'(x).\end{aligned}$$

关于"差"的情况,请读者自己证明.

(2)"积"的情况:$[u(x)v(x)]'=u'(x)v(x)+u(x)v'(x)$.

设 $y=u(x)v(x)$,给 $x$ 以改变量 $\Delta x$,得到

$$\begin{aligned}\Delta y&=u(x+\Delta x)v(x+\Delta x)-u(x)v(x)\\&=[u(x+\Delta x)-u(x)]v(x+\Delta x)+u(x)[v(x+\Delta x)-v(x)]\\&=(\Delta u)v(x+\Delta x)+u(x)(\Delta v).\end{aligned}$$

$$\frac{\Delta y}{\Delta x}=\frac{\Delta u}{\Delta x}v(x+\Delta x)+u(x)\frac{\Delta v}{\Delta x}.$$

令 $\Delta x\to 0$,注意到$\lim\limits_{\Delta x\to 0}v(x+\Delta x)=v(x)$(这是因为当 $v'(x)$存在时,$v(x)$必连续)以及定理的条件,得

$$\begin{aligned}y'&=\lim_{\Delta x\to 0}\frac{\Delta y}{\Delta x}=\lim_{\Delta x\to 0}\frac{\Delta u}{\Delta x}\lim_{\Delta x\to 0}v(x+\Delta x)+u(x)\lim_{\Delta x\to 0}\frac{\Delta v}{\Delta x}\\&=u'(x)v(x)+u(x)v'(x),\end{aligned}$$

即

$$[u(x)v(x)]'=u'(x)v(x)+u(x)v'(x).$$

特别地,若 $u(x)$在点 $x$ 处可导,$C$ 为常数,则有

$$[Cu(x)]'=Cu'(x).$$

(3)"商"的情况:$\left[\dfrac{u(x)}{v(x)}\right]'=\dfrac{u'(x)v(x)-u(x)v'(x)}{v^2(x)}$(当 $v(x)\neq 0$).

设 $y=\dfrac{u(x)}{v(x)}$,给 $x$ 以改变量 $\Delta x$,得到

$$\Delta y=\frac{u(x+\Delta x)}{v(x+\Delta x)}-\frac{u(x)}{v(x)}=\frac{u(x+\Delta x)v(x)-u(x)v(x+\Delta x)}{v(x+\Delta x)v(x)}.$$

于是

$$\frac{\Delta y}{\Delta x}=\frac{\frac{u(x+\Delta x)-u(x)}{\Delta x}v(x)-u(x)\frac{v(x+\Delta x)-v(x)}{\Delta x}}{v(x+\Delta x)v(x)}$$

$$=\frac{\frac{\Delta u}{\Delta x}v(x)-u(x)\frac{\Delta v}{\Delta x}}{v(x+\Delta x)v(x)}.$$

令 $\Delta x\to 0$,由定理条件及 $\lim\limits_{\Delta x\to 0}v(x+\Delta x)=v(x)$,得

$$y'=\lim_{\Delta x\to 0}\frac{\Delta y}{\Delta x}$$

$$=\lim_{\Delta x\to 0}\frac{\frac{\Delta u}{\Delta x}\cdot v(x)-u(x)\cdot\frac{\Delta v}{\Delta x}}{v(x+\Delta x)v(x)}$$

$$=\frac{\lim\limits_{\Delta x\to 0}\frac{\Delta u}{\Delta x}\cdot v(x)-u(x)\cdot\lim\limits_{\Delta x\to 0}\frac{\Delta v}{\Delta x}}{\lim\limits_{\Delta x\to 0}v(x+\Delta x)\cdot v(x)}$$

$$=\frac{u'(x)v(x)-u(x)v'(x)}{v^2(x)},$$

即 $\left[\frac{u(x)}{v(x)}\right]'=\frac{u'(x)v(x)-u(x)v'(x)}{v^2(x)}$(当 $v(x)\neq 0$ 时).

特别地,若 $v(x)$在点 $x$ 处可导,且 $v(x)\neq 0$,$C$ 为常数,则有$\left(\frac{C}{v}\right)'=-C\frac{v'}{v^2}$.

**注** 定理中的加、减、乘法法则,都可以推广到任意有限个函数的情形.例如,若

$$y=u(x)v(x)w(x),$$

且 $u'(x),v'(x),w'(x)$都存在,则

$$y'=[u(x)v(x)w(x)]'$$
$$=u'(x)v(x)w(x)+u(x)v'(x)w(x)+u(x)v(x)w'(x).$$

**例 3.3.1** 求正切函数 $y=\tan x$ 的导数.

**解** 由于 $\tan x=\frac{\sin x}{\cos x}$,运用商的求导法则有

$$(\tan x)'=\left(\frac{\sin x}{\cos x}\right)'=\frac{(\sin x)'\cos x-\sin x(\cos x)'}{\cos^2 x}$$

$$=\frac{\cos^2 x+\sin^2 x}{\cos^2 x}=\frac{1}{\cos^2 x}=\sec^2 x,$$

即 $(\tan x)'=\sec^2 x$.

用同样的方法可求得

$$(\cot x)'=-\frac{1}{\sin^2 x}=-\csc^2 x;$$

$$(\sec x)'=\left(\frac{1}{\cos x}\right)'=\sec x\tan x;$$

$$(\csc x)'=\left(\frac{1}{\sin x}\right)'=-\csc x\cot x.$$

**例 3.3.2** 设 $y=x^4-3x^2+\cos x-2\ln x$,求 $y'$.

**解**

$$\begin{aligned}y'&=(x^4-3x^2+\cos x-2\ln x)'\\&=(x^4)'-3(x^2)'+(\cos x)'-2(\ln x)'\\&=4x^3-6x-\sin x-\frac{2}{x}.\end{aligned}$$

## 3.3.2 复合函数求导法则

**定理 3.3.2** 设函数 $y=f(u)$与 $u=\varphi(x)$构成复合函数 $y=f[\varphi(x)]$.若 $u=\varphi(x)$在点 $x$ 处有导数$u'_x=\varphi'(x)$,且 $y=f(u)$在对应点 $u$ 处有导数$y'_u=f'(u)$,则复合函数 $y=f[\varphi(x)]$在点 $x$ 处也有导数,且

$$y'_x=y'_u u'_x,$$

或

$$\frac{\mathrm{d}y}{\mathrm{d}x}=f'(u)\varphi'(x)=\frac{\mathrm{d}y}{\mathrm{d}u}\frac{\mathrm{d}u}{\mathrm{d}x}.$$

**证** 给 $x$ 以改变量$\Delta x(\neq 0)$,于是得到函数 $u=\varphi(x)$的改变量$\Delta u$(这里$\Delta u$ 可能是 0),同时,由 $\Delta u$ 又得到函数$y=f(u)$的改变量 $\Delta y$.

由于 $y=f(u)$对 $u$ 可导,所以

$$y'_u=\lim_{\Delta u\to 0}\frac{\Delta y}{\Delta u}.$$

根据极限与无穷小量的关系,有

$$\frac{\Delta y}{\Delta u}=y'_u+\alpha,$$

其中$\lim\limits_{\Delta u\to 0}\alpha=0$.当 $\Delta u\neq 0$ 时,上式可化为

$$\Delta y=y'_u\Delta u+\alpha\Delta u.$$

当 $\Delta u=0$ 时,规定 $\alpha=0$,由于 $\Delta y=f(u+\Delta u)-f(u)=0$,故上式仍然成立.

现用 $\Delta x\neq 0$ 除等式两边,得

$$\frac{\Delta y}{\Delta x}=y'_u\frac{\Delta u}{\Delta x}+\alpha\frac{\Delta u}{\Delta x}.$$

令 $\Delta x\to 0$,因为 $u=\varphi(x)$可导,所以连续,于是有 $\Delta u\to 0$,从而 $\alpha\to 0$,这样便得到

$$\begin{aligned}\lim_{\Delta x\to 0}\frac{\Delta y}{\Delta x}&=\lim_{\Delta x\to 0}\left(y'_u\frac{\Delta u}{\Delta x}+\alpha\frac{\Delta u}{\Delta x}\right)\\&=y'_u\lim_{\Delta x\to 0}\frac{\Delta u}{\Delta x}+\lim_{\Delta x\to 0}\alpha\lim_{\Delta x\to 0}\frac{\Delta u}{\Delta x}\end{aligned}$$

$$= y'_u u'_x + \lim_{\Delta x \to 0} \alpha u'_x$$
$$= y'_u u'_x,$$

即

$$y'_x = y'_u u'_x.$$

对于多层复合函数,有类似的求导法则.例如,若 $y = f(u)$, $u = \varphi(v)$, $v = \psi(x)$. 则复合函数 $y = f\{\varphi[\psi(x)]\}$ 的导数为

$$\frac{\mathrm{d}y}{\mathrm{d}x} = f'(u)\varphi'(v)\psi'(x),$$

或

$$y'_x = y'_u u'_v v'_x.$$

**例 3.3.3**　证明一般幂函数的导数公式

$$(x^\alpha)' = \alpha x^{\alpha - 1},$$

其中 $\alpha$ 为实数,$x > 0$.

**证**　令 $y = x^\alpha$,则 $y = \mathrm{e}^{\alpha \ln x}$,设 $y = \mathrm{e}^u$, $u = \alpha \ln x$,由复合函数求导公式得

$$y'_x = y'_u u'_x = (\mathrm{e}^u)'_u (\alpha \ln x)'_x$$
$$= \mathrm{e}^u \alpha \frac{1}{x} = \mathrm{e}^{\alpha \ln x} \alpha \frac{1}{x}$$
$$= x^\alpha \frac{1}{x} \alpha = \alpha x^{\alpha - 1}.$$

即　$$(x^\alpha)' = \alpha x^{\alpha - 1}.$$

例如:$(\sqrt{x})' = (x^{\frac{1}{2}})' = \dfrac{1}{2\sqrt{x}}$, $\left(\dfrac{1}{x}\right)' = (x^{-1})' = -\dfrac{1}{x^2}$.

**例 3.3.4**　求下列函数的导数:

(1) $y = (3x^3 + 5)^5$;　　(2) $y = \mathrm{e}^{x^2}$;

(3) $y = x\sec^2(2x) - \tan\dfrac{1}{x}$;　　(4) $y = \ln(x + \sqrt{x^2 + a^2})$.

**解**　(1)把 $y = (3x^3 + 5)^5$ 看作是由 $y = u^5$ 和 $u = 3x^3 + 5$ 复合而成,则有

$$\frac{\mathrm{d}y}{\mathrm{d}x} = y'_u u'_x = (u^5)'_u (3x^3 + 5)'_x$$
$$= 5u^4 \cdot 9x^2 = 45x^2(3x^3 + 5)^4.$$

(2) $y' = \mathrm{e}^{x^2}(x^2)' = 2x\mathrm{e}^{x^2}$.

在练习熟练后,可以不再引进中间变量.

(3) $$y' = \sec^2(2x) + x2\sec(2x)[\sec(2x)]' - \sec^2\frac{1}{x}\left(\frac{1}{x}\right)'$$
$$= \sec^2(2x) + x2\sec(2x)\sec(2x)\tan(2x) \cdot 2 - \sec^2\frac{1}{x}\left(-\frac{1}{x^2}\right)$$
$$= \sec^2(2x) + 4x\tan(2x)\sec^2(2x) + \frac{1}{x^2}\sec^2\frac{1}{x}.$$

$$(4)\ y'=\frac{1}{x+\sqrt{x^2+a^2}}(x+\sqrt{x^2+a^2})'$$

$$=\frac{1}{x+\sqrt{x^2+a^2}}\left[1+\frac{1}{2\sqrt{x^2+a^2}}(x^2+a^2)'\right]$$

$$=\frac{1}{x+\sqrt{x^2+a^2}}\left(1+\frac{2x}{2\sqrt{x^2+a^2}}\right)$$

$$=\frac{1}{\sqrt{x^2+a^2}}.$$

**例 3.3.5** 设 $f$ 是可导函数,求 $y=f(e^x)e^{f(x)}$ 的导数.

**解** $y'=[f(e^x)e^{f(x)}]'$

$=[f(e^x)]'e^{f(x)}+f(e^x)[e^{f(x)}]'$

$=f'(e^x)e^xe^{f(x)}+f(e^x)e^{f(x)}f'(x)$

$=e^{f(x)}[e^xf'(e^x)+f(e^x)f'(x)]$.

注意:$[f(e^x)]'$与$f'(e^x)$具有不同的含义.

$$[f(e^x)]'=\frac{d}{dx}[f(e^x)],\text{而 } f'(e^x)=f'(u)|_{u=e^x}.$$

**例 3.3.6** 求 $y=2^{\sin^2\frac{1}{x}}$ 的导数.

**解** $y'=2^{\sin^2\frac{1}{x}}\ln 2\left(\sin^2\frac{1}{x}\right)'$

$=2^{\sin^2\frac{1}{x}}\ln 2\cdot 2\sin\frac{1}{x}\left(\sin\frac{1}{x}\right)'$

$=2^{\sin^2\frac{1}{x}}\ln 2\cdot 2\sin\frac{1}{x}\cos\frac{1}{x}\left(\frac{1}{x}\right)'$

$=-\ln 2\cdot\frac{1}{x^2}\cdot\sin\frac{2}{x}\cdot 2^{\sin^2\frac{1}{x}}$.

**说明:**复合函数求导数时,关键在于恰当地选取中间变量.要从外往里分析,应使每一个中间变量都便于求导,并将求导结果尽量化简.

例如 $\ln\left[\tan\left(\frac{\pi}{2}+\frac{\pi}{4}\right)\right]'=\frac{1}{\tan\left(\frac{x}{2}+\frac{\pi}{4}\right)}\cdot\frac{1}{\cos^2\left(\frac{x}{2}+\frac{\pi}{4}\right)}\cdot\left(\frac{x}{2}+\frac{\pi}{4}\right)'$

$$=\frac{1}{\sin\left(\frac{x}{2}+\frac{\pi}{4}\right)\cdot\cos\left(\frac{x}{2}+\frac{\pi}{4}\right)\cdot 2}$$

$$=\frac{1}{\sin\left(x+\frac{\pi}{2}\right)}=\frac{1}{\cos x}.$$

**例 3.3.7** 求对数函数 $y=\ln(-x)(x<0)$的导数.

**解** 令 $y=\ln u, u=-x$.则有

$$[\ln(-x)]'=(\ln u)'(-x)'=\frac{1}{u}(-1)=\frac{1}{x}.$$

一般地,有

$$(\ln|x|)'=\frac{1}{x}(x\neq 0).$$

**例 3.3.8** 设函数 $f(x)$在 $a$ 可导,且 $f(a)\neq 0$,求极限$\lim\limits_{n\to\infty}\left[\frac{f(a+\frac{1}{n})}{f(a)}\right]^n$.

**解** 由题设 $f(a)\neq 0$,不妨假定 $f(a)>0$($f(a)<0$ 情况相仿).因为 $f(x)$在 $a$ 可导,故 $f(x)$在 $a$ 连续.当 $n$ 充分大时,$f\left(a+\frac{1}{n}\right)>0$.

$$\begin{aligned}\lim_{n\to\infty}\left[\frac{f(a+\frac{1}{n})}{f(a)}\right]^n&=\lim_{n\to\infty}e^{n\ln\frac{f(a+\frac{1}{n})}{f(a)}}\\&=\lim_{n\to\infty}e^{\frac{\ln f(a+\frac{1}{n})-\ln f(a)}{\frac{1}{n}}}\\&=e^{\lim\limits_{n\to\infty}\frac{\ln f(a+\frac{1}{n})-\ln f(a)}{\frac{1}{n}}}\\&=e^{[\ln f(x)]'|_{x=a}}\\&=e^{\frac{f'(a)}{f(a)}}.\end{aligned}$$

## 3.3.3 反函数求导法则

**定理 3.3.3** 若函数 $y=f(x)$在$(a,b)$内连续、严格单调,在 $x_0\in(a,b)$处可导,且 $f'(x_0)\neq 0$,则 $y=f(x)$的反函数 $x=f^{-1}(y)$在对应点 $y_0$(这里 $y_0=f(x_0)$)处也可导,且导数为$\frac{1}{f'(x_0)}$,即$[f^{-1}(y)]'|_{y=y_0}=\frac{1}{f'(x_0)}$.

**证** 利用导数的定义来证明.

给 $y_0$以改变量 $\Delta y$,得到反函数 $x=f^{-1}(y)$的相应改变量 $\Delta x=f^{-1}(y_0+\Delta y)-f^{-1}(y_0)$.由定理的条件知反函数 $x=f^{-1}(y)$也连续且严格单调.当 $\Delta y\to 0$ 时,$\Delta x\to 0$,当 $\Delta y\neq 0$ 时,必有 $\Delta x\neq 0$,因此,当 $\Delta y\neq 0$ 时,有

$$\frac{\Delta x}{\Delta y}=\frac{1}{\frac{\Delta y}{\Delta x}},$$

$$\lim_{\Delta y\to 0}\frac{\Delta x}{\Delta y}=\lim_{\Delta x\to 0}\frac{1}{\frac{\Delta y}{\Delta x}}=\frac{1}{\lim\limits_{\Delta x\to 0}\frac{\Delta y}{\Delta x}}=\frac{1}{f'(x_0)},$$

或

$$\left.\frac{dx}{dy}\right|_{y=y_0}=\frac{1}{\left.\frac{dy}{dx}\right|_{x=x_0}}.$$

**例 3.3.9** 求 $y=\arctan x$ 和$y=\arcsin x$ 的导数.

**解** 容易验证 $x=\tan y$ 满足定理3.3.3的条件,将 $y=\arctan x$ 看成它的反函数,于是有

$$(\arctan x)'=\frac{1}{(\tan y)'}=\frac{1}{\sec^2 y}=\frac{1}{1+\tan^2 y}=\frac{1}{1+x^2}.$$

类似地,将 $y=\arcsin x$ 看成 $x=\sin y$ 的反函数,便可得到

$$(\arcsin x)'=\frac{1}{(\sin y)'}=\frac{1}{\cos y}=\frac{1}{\sqrt{1-\sin^2 y}}=\frac{1}{\sqrt{1-x^2}}.$$

由于 $\cos y$ 在 $\left(-\frac{\pi}{2},\frac{\pi}{2}\right)$ 内恒为正值,故上述根式前取正号.

读者不难由同样途径得到

$$(\arccos x)'=-\frac{1}{\sqrt{1-x^2}},\quad (\operatorname{arccot} x)'=-\frac{1}{1+x^2}.$$

**例 3.3.10** 求双曲函数 $\operatorname{sh} x=\frac{e^x-e^{-x}}{2}$, $\operatorname{ch} x=\frac{e^x+e^{-x}}{2}$, $\operatorname{th} x=\frac{e^x-e^{-x}}{e^x+e^{-x}}$ 以及 $\operatorname{cth} x=\frac{1}{\operatorname{th} x}=\frac{e^x+e^{-x}}{e^x-e^{-x}}$ 的导数以及它们反函数的导数.

**解** 由于 $(e^{-x})'=-e^{-x}$,于是

$$(\operatorname{sh} x)'=\left(\frac{e^x-e^{-x}}{2}\right)'=\frac{e^x+e^{-x}}{2}=\operatorname{ch} x.$$

同理可得:$(\operatorname{ch} x)'=\operatorname{sh} x$.利用商的导数公式易得

$$(\operatorname{th} x)'=\left(\frac{\operatorname{sh} x}{\operatorname{ch} x}\right)'=\frac{1}{\operatorname{ch}^2 x},$$

$$(\operatorname{cth} x)'=\left(\frac{\operatorname{ch} x}{\operatorname{sh} x}\right)'=-\frac{1}{\operatorname{sh}^2 x}.$$

反双曲函数的导数可按反函数求导法类似反三角函数一样求出.

$$(\operatorname{arsh} x)'=\frac{1}{(\operatorname{sh} y)'}=\frac{1}{\operatorname{ch} y}=\frac{1}{\sqrt{1+\operatorname{sh}^2 y}}=\frac{1}{\sqrt{1+x^2}}.$$

这里利用了双曲函数的关系:

$$\operatorname{ch}^2 x-\operatorname{sh}^2 x=1.$$

类似地可得到

$$(\operatorname{arch} x)'=\frac{1}{\sqrt{x^2-1}},x\in(1,+\infty).$$

$$(\operatorname{arth} x)'=\frac{1}{1-x^2},x\in(-1,1).$$

**例 3.3.11** 求函数 $y=e^{\arctan x^2}$ 的导数.

**解** $y'=(e^{\arctan x^2})'=e^{\arctan x^2}(\arctan x^2)'$

$$=e^{\arctan x^2}\frac{1}{1+(x^2)^2}(x^2)'=\frac{2x}{1+x^4}e^{\arctan x^2}.$$

**例 3.3.12**　求函数 $y=(\arccos\frac{1}{x})^2 e^{-x}$ 的导数.

**解**　$y'=2\arccos\frac{1}{x}\left[-\frac{1}{\sqrt{1-\left(\frac{1}{x}\right)^2}}\cdot\left(\frac{1}{x}\right)'\right]e^{-x}+\left(\arccos\frac{1}{x}\right)^2 e^{-x}(-1)$

$$=2\arccos\frac{1}{x}\left[-\frac{1}{\sqrt{1-\left(\frac{1}{x}\right)^2}}\left(-\frac{1}{x^2}\right)\right]e^{-x}-\left(\arccos\frac{1}{x}\right)^2 e^{-x}$$

$$=e^{-x}\arccos\frac{1}{x}\left[\frac{2}{|x|\sqrt{x^2-1}}-\arccos\frac{1}{x}\right].$$

到目前为止我们推导出了全部六类基本初等函数的导数公式.为了便于记忆和使用,列出如下:

(1)$(C)'=0$,其中 $C$ 是常数.

(2)$(x^\alpha)'=\alpha x^{\alpha-1}$,其中 $\alpha$ 是实数.

(3)$(\log_a x)'=\frac{1}{x\ln a}(a>0,a\neq 1)$,　$(\ln x)'=\frac{1}{x}(x\neq 0)$.

(4)$(a^x)'=a^x\ln a(a>0,a\neq 1)$,　$(e^x)'=e^x$.

(5)$(\sin x)'=\cos x$,　$(\cos x)'=-\sin x$,

$(\tan x)'=\sec^2 x$,　$(\cot x)'=-\csc^2 x$,

$(\sec x)'=\tan x\sec x$,　$(\csc x)'=-\cot x\csc x$.

(6)$(\arcsin x)'=\frac{1}{\sqrt{1-x^2}}$,　$(\arccos x)'=-\frac{1}{\sqrt{1-x^2}}$,

$(\arctan x)'=\frac{1}{1+x^2}$,　$(\text{arccot}\, x)'=-\frac{1}{1+x^2}$.

## 3.3.4　隐函数求导法则

由方程 $F(x,y)=0$ 所确定的函数称为**隐函数**.有的隐函数可以从方程中解出 $y$,表示为显函数,例如 $x+y^3-a=0$,从方程中解出 $y$ 就得到显函数 $y=\sqrt[3]{a-x}$.有的隐函数很难甚至不能化为显函数,例如,由方程 $e^y-xy=0$ 所确定的隐函数就是这样.假定方程 $F(x,y)=0$ 确定 $y$ 是 $x$ 的隐函数,并且 $y$ 对 $x$ 可导,那么,在不解出 $y$ 的情况下,如何求导数 $y'$ 呢? 方法如下.

在方程 $F(x,y)=0$ 中,把 $y$ 看成 $x$ 的函数:$y=y(x)$,于是方程可看成关于 $x$ 的恒等式

$$F[x,y(x)]=0.$$

上式两端对 $x$ 求导(需要运用复合函数的求导法则),即可求得隐函数的导数.下面举例说明.

**例 3.3.13**　求由方程 $xy^3+4x^2y-9=0$ 所确定的隐函数 $y$ 的导数.

**解** 将方程两边对 $x$ 求导,得

$$y^3+3xy^2y'+8xy+4x^2y'=0.$$

解出 $y'$ 即得 $y'=-\dfrac{8xy+y^3}{4x^2+3xy^2}$.

**例 3.3.14** 求由方程 $e^y=xy$ 所确定的隐函数 $y$ 的导数.

**解** 将方程两边对 $x$ 求导,得

$$e^y y'=y+xy'.$$

于是 $y'=\dfrac{y}{e^y-x}=\dfrac{y}{xy-x}=\dfrac{y}{x(y-1)}$.

**例 3.3.15** 证明:曲线 $\sqrt{x}+\sqrt{y}=\sqrt{a}\,(0<x<a)$ 上任意点的切线在两坐标轴上的截距的和等于 $a$.

**证** 在曲线上任取一点 $(x_0,y_0)$,即 $\sqrt{x_0}+\sqrt{y_0}=\sqrt{a}$. 求曲线在点 $(x_0,y_0)$ 的切线斜率 $k$,由隐函数求导法则,有

$$\frac{1}{2\sqrt{x}}+\frac{y'}{2\sqrt{y}}=0,$$

或

$$y'=-\sqrt{\frac{y}{x}}.$$

从而斜率 $k=-\sqrt{\dfrac{y_0}{x_0}}$,在点 $(x_0,y_0)$ 的切线方程是

$$y-y_0=-\sqrt{\frac{y_0}{x_0}}(x-x_0).$$

它在 $x$ 轴与 $y$ 轴上的截距分别是 $x_0+\sqrt{x_0y_0}$ 与 $y_0+\sqrt{x_0y_0}$. 于是,二截距之和是

$$\begin{aligned}(y_0+\sqrt{x_0y_0})+(x_0+\sqrt{x_0y_0})&=x_0+2\sqrt{x_0y_0}+y_0=(\sqrt{x_0}+\sqrt{y_0})^2\\&=(\sqrt{a})^2=a.\end{aligned}$$

有时求某些函数的导数,直接求它的导数比较繁琐,这时可将它化为隐函数,用隐函数求导法则求其导数,比较简便. 将显函数化为隐函数常用的方法是等号两端取对数. 这种方法称为**对数求导法**,即先取对数,再求导. 它常用来求那些含乘、除、乘方、开方因子较多的函数的导数,也可用来求幂指函数 $y=u(x)^{v(x)}$ 的导数.

**例 3.3.16** 求幂指函数 $y=x^x\,(x>0)$ 的导数.

**解** 将 $y=x^x$ 两边取对数,得

$$\ln y=x\ln x.$$

上式两边对 $x$ 求导,有

$$\frac{1}{y}y'=\ln x+x\,\frac{1}{x}=\ln x+1.$$

于是 $y'=y(\ln x+1)=x^x(\ln x+1)$.

幂指函数的一般形式为 $y=u(x)^{v(x)}(u(x)>0)$. 假设 $u(x),v(x)$都可导,则可用对数求导法求其导数,或将幂指函数表成指数形式,再求导.

$$\begin{aligned}y' &= [u(x)^{v(x)}]' = [e^{v(x)\ln u(x)}]' \\ &= e^{v(x)\ln u(x)}[v(x)\ln u(x)]' \\ &= u(x)^{v(x)}\left[v'(x)\ln u(x)+v(x)\frac{u'(x)}{u(x)}\right] \\ &= u(x)^{v(x)}\left[v'(x)\ln u(x)+\frac{u'(x)v(x)}{u(x)}\right].\end{aligned}$$

**例 3.3.17**　求函数 $y=\sqrt{\dfrac{(x-1)(x-2)}{(x-3)(x-4)}}$的导数.

**解**　对函数两边取对数,得

$$\ln y=\frac{1}{2}[\ln(x-1)+\ln(x-2)-\ln(x-3)-\ln(x-4)].$$

上式两边对 $x$ 求导,有

$$\frac{1}{y}y'=\frac{1}{2}\left(\frac{1}{x-1}+\frac{1}{x-2}-\frac{1}{x-3}-\frac{1}{x-4}\right).$$

于是
$$y'=\frac{1}{2}\sqrt{\frac{(x-1)(x-2)}{(x-3)(x-4)}}\left(\frac{1}{x-1}+\frac{1}{x-2}-\frac{1}{x-3}-\frac{1}{x-4}\right).$$

这里忽略了运算过程中函数定义域$(-\infty,1]\cup[2,3)\cup(4,+\infty)$的变化,严格说来,应该分情况这样做:

(1)当 $x=1$ 或 $x=2$ 时,函数 $y=\sqrt{\dfrac{(x-1)(x-2)}{(x-3)(x-4)}}$不可导(请思考一下为什么?).

(2)当 $x\in(-\infty,1)\cup(2,3)\cup(4,+\infty)$时

$$|y|=\sqrt{\frac{|x-1||x-2|}{|x-3||x-4|}}.$$

两边取对数

$$\ln|y|=\frac{1}{2}[\ln|x-1|+\ln|x-2|-\ln|x-3|-\ln|x-4|].$$

再对 $x$ 求导,所得结果与不带绝对值时的式子对 $x$ 求导的结果完全一样. 因此,今后做题时可不再取绝对值,直接取对数去做就行了.

**例 3.3.18**　求函数 $y=\sqrt{e^{\frac{1}{x}}\sqrt{x\sin x}}$的导数.

**解**　对函数两边取对数,得

$$\ln y=\frac{1}{2x}+\frac{1}{4}\ln x+\frac{1}{4}\ln\sin x.$$

上式两边对 $x$ 求导得

$$\frac{1}{y}y'=-\frac{1}{2x^2}+\frac{1}{4x}+\frac{\cos x}{4\sin x}.$$

于是

$$y'=y\left(-\frac{1}{2x^2}+\frac{1}{4x}+\frac{1}{4}\cot x\right)=\sqrt{e^{\frac{1}{x}}\sqrt{x\sin x}}\left(-\frac{1}{2x^2}+\frac{1}{4x}+\frac{1}{4}\cot x\right).$$

## 3.3.5 参数方程求导法则

参数方程的一般形式是

$$\begin{cases}x=\varphi(t),\\ y=\psi(t),\end{cases}\quad \alpha\leqslant t\leqslant\beta.$$

若 $x=\varphi(t)$ 与 $y=\psi(t)$ 都可导,且 $\varphi'(t)\neq 0$,又函数 $x=\varphi(t)$ 存在反函数 $t=\varphi^{-1}(x)$,则 $y$ 是 $x$ 的复合函数

$$y=\psi(t)=\psi[\varphi^{-1}(x)].$$

由复合函数与反函数的求导法则,有

$$\frac{dy}{dx}=\frac{dy}{dt}\frac{dt}{dx}=\psi'(t)[\varphi^{-1}(x)]'=\psi'(t)\frac{1}{\varphi'(t)}=\frac{\psi'(t)}{\varphi'(t)}.$$

这就是参数方程的求导公式.

**例 3.3.19** 求椭圆 $\begin{cases}x=a\cos t,\\ y=b\sin t,\end{cases}$ $0\leqslant t\leqslant 2\pi$ 在 $t=\frac{\pi}{4}$ 处的切线方程.

**解** 当 $t=\frac{\pi}{4}$ 时, $x=a\cos\frac{\pi}{4}=\frac{a}{\sqrt{2}}$, $y=b\sin\frac{\pi}{4}=\frac{b}{\sqrt{2}}$,于是得到椭圆上的切点 $M_0\left(\frac{a}{\sqrt{2}},\frac{b}{\sqrt{2}}\right)$. 由参数方程求导法,有

$$y'=\frac{(b\sin t)'}{(a\cos t)'}=\frac{b\cos t}{-a\sin t}=-\frac{b}{a}\cot t.$$

因此椭圆在 $M_0$ 点处的切线斜率为

$$y'\Big|_{t=\frac{\pi}{4}}=-\frac{b}{a}.$$

于是得到所求的切线方程

$$y-\frac{b}{\sqrt{2}}=-\frac{b}{a}\left(x-\frac{a}{\sqrt{2}}\right),$$

即 $$y=-\frac{b}{a}x+\sqrt{2}b.$$

**例 3.3.20** 设 $y=y(x)$ 是由方程组 $\begin{cases}x=3t^2+2t+3,\\ e^y\sin t-y+1=0\end{cases}$ 确定的,求 $\frac{dy}{dx}\Big|_{t=0}$.

**解** 此题是求参数方程的导数,但第二个方程给出的 $y=y(t)$ 是由方程 $e^y\sin t-y+1=0$ 所确定的隐函数,因此又需求隐函数的导数.

由第一个方程求得

$$\frac{dx}{dt}=6t+2.$$

第二个方程两端对 $t$ 求导,有

$$e^y y_t' \sin t + e^y \cos t - y_t' = 0.$$

解出 $\frac{dy}{dt} = y_t' = \frac{e^y \cos t}{1 - e^y \sin t}$,所以 $\frac{dy}{dx} = \frac{\frac{dy}{dt}}{\frac{dx}{dt}} = \frac{e^y \cos t}{(1 - e^y \sin t)(6t + 2)}$.

当 $t=0$ 时,$x=3, y=1$,从而求得 $\left.\frac{dy}{dx}\right|_{t=0} = \frac{e}{2}$.

## 3.3.6 导数计算法则小结

**1.四则运算法则**

设 $u'(x), v'(x)$ 存在,则

$$(u \pm v)' = u' \pm v',$$

$$(uv)' = u'v + uv',$$

$$\left(\frac{u}{v}\right)' = \frac{u'v - uv'}{v^2} \quad (v(x) \neq 0).$$

**2.复合函数求导法则**

设 $y = y(u), u = u(x)$,且 $y$ 对 $u$ 可导,$u$ 对 $x$ 可导,则 $y$ 对 $x$ 可导,且

$$y_x' = y_u' u_x'.$$

**3.反函数求导法则**

设 $y = f(x)$ 存在可导的反函数 $x = \varphi(y)$,且 $f'(x) \neq 0$,则

$$\varphi'(y) = \frac{1}{f'(x)} \text{ 或 } x_y' = \frac{1}{y_x'}.$$

**4.隐函数求导法则,对数求导法**

方程两边直接求导或方程两边先取对数再求导.

**5.参数方程求导法则**

设 $\begin{cases} x = \varphi(t), \\ y = \psi(t), \end{cases}$ 其中 $\varphi(t), \psi(t)$ 可导,且 $\varphi'(t) \neq 0$,则

$$\frac{dy}{dx} = \frac{\psi'(t)}{\varphi'(t)}.$$

# 3.4 高阶导数

## 3.4.1 高阶导数的定义

**定义 3.4.1** 设函数 $y = f(x)$ 的导函数 $f'(x)$ 存在,若 $y' = f'(x)$ 在 $x_0$ 处的导数

存在,则称它为函数 $y=f(x)$ 在 $x_0$ 处的**二阶导数**,记作

$$f''(x_0),y''(x_0)\text{或}\frac{d^2y}{dx^2}\bigg|_{x=x_0},$$

即
$$f''(x_0)=\lim_{\Delta x\to 0}\frac{f'(x_0+\Delta x)-f'(x_0)}{\Delta x}.$$

若函数 $y=f(x)$ 在某区间内每一点 $x$ 处都有二阶导数,则得到二阶导函数

$$f''(x),y''(x),\text{或}\frac{d^2y}{dx^2}.$$

函数 $f(x)$ 的二阶导函数 $f''(x)$ 在 $x$ 的导数,称为函数 $f(x)$ 在 $x$ 的**三阶导数**,表为 $f'''(x)$,或$\frac{d^3y}{dx^3}$.一般情况下,函数 $f(x)$ 的 $n-1$ 阶导函数在 $x$ 的导数,称为函数 $f(x)$ 在 $x$ 的 ***n* 阶导数**,表为 $f^{(n)}(x)$,或$\frac{d^ny}{dx^n}$,即

$$f^{(n)}(x)=\lim_{\Delta x\to 0}\frac{f^{(n-1)}(x+\Delta x)-f^{(n-1)}(x)}{\Delta x}.$$

二阶与二阶以上的导数,统称为**高阶导数**.

由高阶导数的定义可以知道,求高阶导数只需反复地运用求一阶导数的方法即可.

若物体做变速直线运动,其运动规律为 $s=s(t)$,其中 $t$ 是时间,$s$ 是距离,则一阶导数 $s'(t)=v(t)$ 表示物体在时刻 $t$ 的瞬时速度,即 $v(t)=s'(t)$;二阶导数 $s''(t)=a(t)$ 表示物体在时刻 $t$ 的瞬时加速度.

例如,已知自由落体的运动规律是 $s=\frac{1}{2}gt^2$,它的(瞬时)速度 $v(t)$ 与加速度 $a(t)$ 分别是 $v(t)=(\frac{1}{2}gt^2)'=gt$,$a(t)=(\frac{1}{2}gt^2)''=g$,即自由落体运动的加速度是常数 $g$,就是重力加速度.

**例 3.4.1** 求 $n$ 次多项式 $P_n(x)=a_0x^n+a_1x^{n-1}+\cdots+a_n$ 的各阶导数.

**解** $y'=na_0x^{n-1}+(n-1)a_1x^{n-2}+\cdots+a_{n-1}$,

$y''=n(n-1)a_0x^{n-2}+(n-1)(n-2)a_1x^{n-3}\cdots+2a_{n-2}$.

可见经过一次求导,多项式的次数就降低一次.继续求导,可知其 $n$ 阶导数

$$y^{(n)}=n!\ a_0.$$

这是一常数,由此

$$y^{(n+1)}=y^{(n+2)}=\cdots=0.$$

**例 3.4.2** 求 $y=e^{ax}$ 的 $n$ 阶导数($a$ 是常数).

**解** $y'=ae^{ax},y''=a^2e^{ax},\cdots,y^{(n)}=a^ne^{ax}$.

**例 3.4.3** 求 $y=\sin x$ 的 $n$ 阶导数.

**解** $y'=\cos x=\sin\left(x+\frac{\pi}{2}\right)$,

$y''=\cos\left(x+\frac{\pi}{2}\right)=\sin\left(x+2\cdot\frac{\pi}{2}\right)$,

$$y''' = \cos\left(x + 2\cdot\frac{\pi}{2}\right) = \sin\left(x + 3\cdot\frac{\pi}{2}\right),$$

$$\cdots$$

$$y^{(n)} = \sin\left(x + n\,\frac{\pi}{2}\right).$$

同理可得

$$(\cos x)^{(n)} = \cos\left(x + n\,\frac{\pi}{2}\right).$$

本例中 $\sin x$ 和 $\cos x$ 的 $n$ 阶导数公式在以后的泰勒公式和幂级数展开中有重要应用.

**例 3.4.4**　求 $y = \ln(1+x)$ 的 $n$ 阶导数.

**解**　$y' = \dfrac{1}{1+x} = (1+x)^{-1}$,

$$y'' = -(1+x)^{-2},$$

$$y''' = 1\cdot 2(1+x)^{-3},$$

$$\cdots$$

$$y^{(n)} = (-1)^{n-1}1\cdot 2\cdots(n-1)(1+x)^{-n} = (-1)^{n-1}\frac{(n-1)!}{(1+x)^n}.$$

## 3.4.2　莱布尼茨公式

对于两个函数的线性组合的高阶导数,显然有如下运算法则:

设函数 $u(x)$ 和 $v(x)$ 有 $n$ 阶导数,则对任意常数 $C_1$ 和 $C_2$,它们的线性组合 $C_1u(x) + C_2v(x)$ 也有 $n$ 阶导数,且

$$[C_1u(x) + C_2v(x)]^{(n)} = C_1u^{(n)}(x) + C_2v^{(n)}.$$

对于两个函数乘积的高阶导数公式,有莱布尼茨公式.

**定理 3.4.1　(莱布尼茨(Leibniz)公式)** 若 $u, v$ 都是 $x$ 的函数,且存在 $n$ 阶导数,则

$$(uv)^{(n)} = \mathrm{C}_n^0u^{(n)}v + \mathrm{C}_n^1u^{(n-1)}v' + \mathrm{C}_n^2u^{(n-2)}v'' + \cdots + \mathrm{C}_n^{n-1}u'v^{(n-1)} + \mathrm{C}_n^nuv^{(n)}$$

$$= \sum_{k=0}^{n}\mathrm{C}_n^ku^{(n-k)}v^{(k)}.$$

其中　$\mathrm{C}_n^k = \dfrac{n(n-1)\cdots(n-k+1)}{k!}$.

**证**　用数学归纳法.

当 $n=1$ 时,上式为

$$(uv)' = \mathrm{C}_1^0u'v + \mathrm{C}_1^1uv' = u'v + uv',$$

公式成立.

设当 $n=m$ 时莱布尼茨公式成立,即

$$(uv)^{(m)}=\sum_{k=0}^{m}C_m^k u^{(m-k)}v^{(k)}.$$

当 $n=m+1$ 时,利用归纳假设得

$$\begin{aligned}(uv)^{(m+1)}&=[(uv)^{(m)}]'=\left(\sum_{k=0}^{m}C_m^k u^{(m-k)}v^{(k)}\right)'\\&=\sum_{k=0}^{m}C_m^k[u^{(m-k)}v^{(k)}]'\\&=\sum_{k=0}^{m}C_m^k[u^{(m-k+1)}v^{(k)}+u^{(m-k)}v^{(k+1)}]\\&=\sum_{k=0}^{m}C_m^k u^{(m-k+1)}v^{(k)}+\sum_{k=0}^{m}C_m^k u^{(m-k)}v^{(k+1)}\\&=\sum_{k=0}^{m}C_m^k u^{(m-k+1)}v^{(k)}+\sum_{k=1}^{m+1}C_m^{k-1}u^{(m-k+1)}v^{(k)}\\&=u^{(m+1)}v+\sum_{k=1}^{m}C_m^k u^{(m-k+1)}v^{(k)}+\sum_{k=1}^{m}C_m^{k-1}u^{(m-k+1)}v^{(k)}+uv^{(m+1)}\\&=u^{(m+1)}v+\sum_{k=1}^{m}(C_m^k+C_m^{k-1})u^{(m-k+1)}v^{(k)}+uv^{(m+1)}\\&=u^{(m+1)}v+\sum_{k=1}^{m}C_{m+1}^k u^{(m-k+1)}v^{(k)}+uv^{(m+1)}\\&=\sum_{k=0}^{m+1}C_{m+1}^k u^{(m-k+1)}v^{(k)},\end{aligned}$$

即 $n=m+1$ 也成立.

所以,定理结论对任意正整数成立.

请读者将莱布尼茨公式和二项式展开公式

$$(a+b)^n=\sum_{k=0}^{n}C_n^k a^{n-k}b^k$$

的形式加以比较.

**例 3.4.5** 设 $y=x^2e^{3x}$,求 $y^{(n)}$.

**解** 令 $u=e^{3x},v=x^2$,则

$$v'=2x,v''=2,v'''=v^{(4)}=\cdots=v^{(n)}=0.$$

$$u^{(n)}=3^ne^{3x},u^{(n-1)}=3^{n-1}e^{3x},u^{(n-2)}=3^{n-2}e^{3x}.$$

由莱布尼茨公式,得到

$$\begin{aligned}y^{(n)}&=(x^2e^{3x})^{(n)}=(e^{3x}x^2)^{(n)}\\&=(e^{3x})^{(n)}x^2+n(e^{3x})^{(n-1)}(x^2)'+\frac{n(n-1)}{2!}(e^{3x})^{(n-2)}(x^2)''\\&=3^nx^2e^{3x}+2n3^{n-1}xe^{3x}+n(n-1)3^{n-2}e^{3x}\\&=3^{n-2}e^{3x}[9x^2+6nx+n(n-1)].\end{aligned}$$

**例 3.4.6** 求函数 $y=(3x^2-2)\sin 2x$ 的 100 阶导数.

**解** 由幂函数高阶导数的表达式

$(3x^2-2)'=6x$,

$(3x^2-2)''=6$,

$(3x^2-2)^{(n)}=0(n\geqslant 3)$.

又由例 3.4.3 容易知道

$$(\sin 2x)^{(n)}=2^n\sin\left(2x+\frac{n\pi}{2}\right).$$

因此

$$\begin{aligned}y^{(100)}&=\sum_{k=0}^{100}C_{100}^k(\sin 2x)^{(100-k)}(3x^2-2)^{(k)}\\&=(\sin 2x)^{(100)}(3x^2-2)+C_{100}^1(\sin 2x)^{(99)}(3x^2-2)'\\&\quad+C_{100}^2(\sin 2x)^{(98)}(3x^2-2)''\\&=2^{100}(3x^2-2)\sin 2x-100\cdot 2^{99}(6x)\cos 2x-4\,950\cdot 2^{98}\cdot 6\sin 2x\\&=2^{98}[(12x^2-29\,708)\sin 2x-1\,200x\cos 2x].\end{aligned}$$

两个函数之商的 $n$ 阶导数$\left[\frac{u(x)}{v(x)}\right]^{(n)}$可以先改写为乘积型$\left[u(x)\cdot\frac{1}{v(x)}\right]^{(n)}$,再由莱布尼茨公式来计算.

**例 3.4.7** 设 $y=\frac{1+x}{1-x}$,求 $y^{(n)}$.

**解** 令 $u=\frac{1}{1-x}$,$v=1+x$,则 $y=uv$ 可利用莱布尼茨公式来求 $y^{(n)}$,但下面的方法更简单:

$$y=\frac{1+x}{1-x}=\frac{-(1-x)+2}{1-x}=-1+2\frac{1}{1-x}.$$

从而

$$\begin{aligned}y^{(n)}&=0+2\left(\frac{1}{1-x}\right)^{(n)}=-2\left(\frac{1}{x-1}\right)^{(n)}\\&=-2\cdot\frac{(-1)^n n!}{(x-1)^{n+1}}=\frac{2(n!)}{(1-x)^{n+1}}.\end{aligned}$$

**例 3.4.8** 设 $y=\frac{1}{x(1-x)}$,求 $y^{(50)}$.

**解** $y=\frac{1}{x(1-x)}=\frac{(1-x)+x}{x(1-x)}=\frac{1}{x}+\frac{1}{1-x}$.

因此

$$\begin{aligned}y^{(50)}&=\left(\frac{1}{x}\right)^{(50)}+\left(\frac{1}{1-x}\right)^{(50)}=\frac{(-1)^{50}50!}{x^{51}}+\frac{50!}{(1-x)^{51}}\\&=50!\left[\frac{1}{x^{51}}+\frac{1}{(1-x)^{51}}\right].\end{aligned}$$

上面的计算利用了$(x^{\alpha})^{(n)}=\alpha(\alpha-1)\cdots(\alpha-n+1)x^{\alpha-n}(x>0,\alpha$ 为常数).

复合函数、隐函数和参数形式的函数的高阶导数计算十分复杂.比如对复合函数 $y=f(g(x))$,即

$$y=f(u),u=g(x).$$

$$\frac{dy}{dx}=\frac{dy}{du}\cdot\frac{du}{dx}.$$

由乘积的求导公式

$$\frac{d^2y}{dx^2}=\frac{d}{dx}\left(\frac{dy}{dx}\right)=\frac{d}{dx}\left(\frac{dy}{du}\cdot\frac{du}{dx}\right)$$

$$=\frac{d}{dx}\left(\frac{dy}{du}\right)\cdot\frac{du}{dx}+\frac{dy}{du}\cdot\frac{d}{dx}\left(\frac{du}{dx}\right)$$

$$=\frac{d}{du}\left(\frac{dy}{du}\right)\cdot\left(\frac{du}{dx}\right)^2+\frac{dy}{du}\cdot\frac{d^2u}{dx^2}.$$

对参数形式的函数

$$\begin{cases}x=\varphi(t),\\ y=\psi(t),\end{cases}\quad t_0\leqslant t\leqslant t_1,$$

有$\frac{dy}{dx}=\frac{\psi'(t)}{\varphi'(t)}$.因此$\frac{d^2y}{dx^2}$实际上是函数

$$\begin{cases}x=\varphi(t),\\ \dfrac{dy}{dx}=\dfrac{\psi'(t)}{\varphi'(t)}\end{cases}$$

关于 $x$ 的导数.对它再使用参数方程求导公式:

$$\frac{d^2y}{dx^2}=\frac{\dfrac{d}{dt}\left(\dfrac{dy}{dx}\right)}{\dfrac{dx}{dt}}=\frac{\psi''(t)\varphi'(t)-\psi'(t)\varphi''(t)}{[\varphi'(t)]^3}.$$

在实际计算时,不必死记公式.要特别注意

$$\frac{d^2y}{dx^2}\neq\frac{\psi''(t)}{\varphi''(t)}.$$

**例 3.4.9** 设 $u=f[\varphi(x)+y^2]$,其中 $x,y$ 满足方程 $y+e^y=x$,且 $f(x),\varphi(x)$ 均二阶可导,求$\frac{du}{dx},\frac{d^2u}{dx^2}$.

**解** $\frac{du}{dx}=f'[\varphi(x)+y^2][\varphi'(x)+2yy']$.

而由方程 $y+e^y=x$ 两边对 $x$ 求导得

$$y'+e^yy'=1.$$

解得

$$y'=\frac{1}{1+e^y}=(1+e^y)^{-1}.$$

从而　　$\frac{\mathrm{d}u}{\mathrm{d}x}=f'[\varphi(x)+y^2]\left[\varphi'(x)+\frac{2y}{1+\mathrm{e}^y}\right]$.

$$y''=-(1+\mathrm{e}^y)^{-2}\mathrm{e}^y y'=\frac{-\mathrm{e}^y}{(1+\mathrm{e}^y)^3}.$$

$$\frac{\mathrm{d}^2u}{\mathrm{d}x^2}=f''[\varphi(x)+y^2][\varphi'(x)+2yy']^2+f'[\varphi(x)+y^2][\varphi''(x)+2(y')^2+2yy'']$$

$$=f''[\varphi(x)+y^2]\left[\varphi'(x)+\frac{2y}{1+\mathrm{e}^y}\right]^2+f'[\varphi(x)+y^2]\left[\varphi''(x)+\frac{2}{(1+\mathrm{e}^y)^2}-\frac{2y\mathrm{e}^y}{(1+\mathrm{e}^y)^3}\right].$$

**例 3.4.10**　设 $f(x)=\arctan x$，求 $f^{(n)}(0)$.

**解**　$f'(x)=\frac{1}{1+x^2}$. 继续求导，很难找出规律，将此式变形为 $(1+x^2)f'(x)=1$. 然后方程两边同时求 $n-1$ 阶导数. 左端是乘积函数的导数. 可利用莱布尼茨公式. $u=f'(x)$，$v=1+x^2$. 由

$$[(1+x^2)f'(x)]^{(n-1)}=0,$$

得　　$f^{(n)}(x)(1+x^2)+(n-1)f^{(n-1)}(x)\cdot 2x+\frac{(n-1)(n-2)}{2}f^{(n-2)}(x)\cdot 2=0.$

将 $x=0$ 代入上式得递推关系式：

$$f^{(n)}(0)=-(n-1)(n-2)f^{(n-2)}(0).$$

再由 $f(0)=0$，$f'(0)=1$，得

$$f^{(2k)}(0)=0,f^{(2k+1)}(0)=(-1)^k(2k)!\ (k=0,1,2,\cdots).$$

## 3.5　微分

对于函数 $y=f(x)$，当自变量 $x$ 取得一个微小的改变量 $\Delta x$ 时，函数 $f(x)$ 的改变量 $\Delta y=f(x+\Delta x)-f(x)$ 的大小如何？要计算函数改变量的精确值，一般来说是很复杂的. 在实际应用中，只要求 $\Delta y$ 的近似值就够用了，为此有必要寻找 $\Delta y$ 的近似计算公式，这便引进了函数微分的概念.

### 3.5.1　微分的定义

先看一个实例：一块正方形金属薄片中，边长为 $x$，当周围温度变化时，其边长由 $x$ 变到 $x+\Delta x$（图 3.3）. 问此薄片中的面积改变了多少？

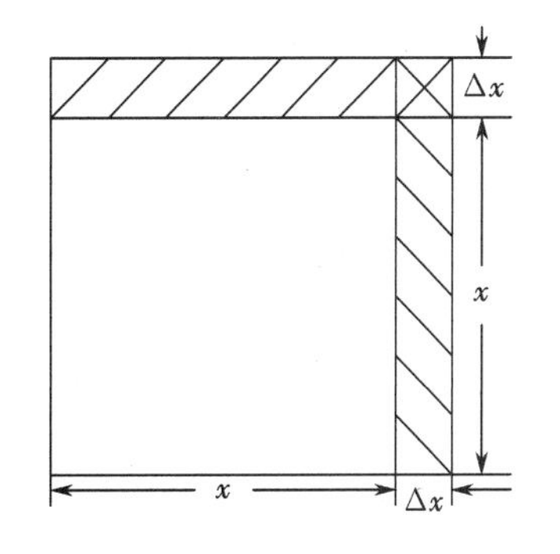

图 3.3　面积的改变量

设这个正方形的面积为 $S$，则 $S$ 是边长 $x$ 的函数：

$$S=S(x)=x^2.$$

当边长由 $x$ 变到 $x+\Delta x$ 时，这个薄片面积的改变量就是函数 $S=x^2$ 的相应的改变量

$$\Delta S=(x+\Delta x)^2-x^2=2x\Delta x+(\Delta x)^2.$$

从上式知,函数改变量 $\Delta S$ 分为两部分:第一部分 $2x\Delta x$ 是 $\Delta x$ 的线性函数;第二部分 $(\Delta x)^2$,当 $\Delta x\to 0$ 时 $(\Delta x)^2$ 是比 $\Delta x$ 高阶的无穷小量.因此,当 $|\Delta x|$ 很小时,用第一部分 $2x\Delta x$ 近似地表示 $\Delta S$ 既简单且近似程度又好.

**定义 3.5.1** 设函数 $y=f(x)$ 在点 $x_0$ 及其附近有定义.若函数 $y=f(x)$ 在 $x_0$ 的改变量 $\Delta y$ 与自变量 $x$ 的改变量 $\Delta x$ 有下列关系:$\Delta y=A\Delta x+o(\Delta x)$(当 $\Delta x\to 0$),其中 $A$ 是与 $\Delta x$ 无关的常数,则称函数 $f(x)$ 在 $x_0$ **可微**,$A\Delta x$ 称为函数 $f(x)$ 在 $x_0$ 的**微分**,记作

$$dy=A\Delta x,$$

或

$$df(x_0)=A\Delta x.$$

$A\Delta x$ 也称为函数改变量的**线性主要部分**,简称**线性主部**."线性"是因为微分 $dy=A\Delta x$ 是 $\Delta x$ 的线性函数."主要"是因为 $A\Delta x$ 在 $\Delta y$ 中起主要作用,$o(\Delta x)$ 是 $\Delta x$ 的高阶无穷小量.

显然,当 $|\Delta x|$ 很小时,有近似公式

$$\Delta y\approx dy.$$

## 3.5.2 可微与可导的关系

**定理 3.5.1** 函数 $y=f(x)$ 在点 $x_0$ 处可微的充要条件是 $f(x)$ 在点 $x_0$ 处可导,且有 $A=f'(x_0)$,即 $dy=f'(x_0)\Delta x$.

**证** 必要性.设函数 $f(x)$ 在点 $x_0$ 可微,即有

$$\Delta y=A\Delta x+o(\Delta x),$$

其中 $A$ 是与 $\Delta x$ 无关的常数.用 $\Delta x$ 除之,得

$$\frac{\Delta y}{\Delta x}=A+\frac{o(\Delta x)}{\Delta x}.$$

令 $\Delta x\to 0$,有

$$\lim_{\Delta x\to 0}\frac{\Delta y}{\Delta x}=A+\lim_{\Delta x\to 0}\frac{o(\Delta x)}{\Delta x}=A.$$

即 $f(x)$ 在点 $x_0$ 处可导,且 $f'(x_0)=A$.

充分性.设函数 $f(x)$ 在 $x_0$ 可导,即

$$\lim_{\Delta x\to 0}\frac{\Delta y}{\Delta x}=f'(x_0).$$

根据有极限的变量与无穷小量的关系有

$$\frac{\Delta y}{\Delta x}=f'(x_0)+\alpha\quad(\lim_{\Delta x\to 0}\alpha=0).$$

从而 $\Delta y=f'(x_0)\Delta x+\alpha\Delta x=f'(x_0)\Delta x+o(\Delta x)$,其中 $f'(x_0)$ 是与 $\Delta x$ 无关的常数.由微分定义可知,函数 $f(x)$ 在 $x_0$ 处可微,且

$$dy = f'(x_0)\Delta x.$$

导数和微分是两个不同的概念，定理 3.5.1 表明了它们之间的等价关系，即函数可微必可导，可导必可微，且有

$$dy = f'(x_0)\Delta x.$$

由微分定义，自变量 $x$ 本身的微分是

$$dx = (x)'\Delta x = \Delta x.$$

即自变量 $x$ 的微分 $dx$ 等于自变量 $x$ 的改变量 $\Delta x$. 于是，当 $x$ 是自变量时，可用 $dx$ 代替 $\Delta x$，函数 $y=f(x)$ 在 $x$ 的微分 $dy$ 又可写为

$$dy = f'(x)dx,$$

而导数又可写为

$$f'(x) = \frac{dy}{dx},$$

即函数 $f(x)$ 的导数 $f'(x)$ 等于函数的微分 $dy$ 与自变量的微分 $dx$ 的商. 导数亦称微商就源于此. 在没有引入微分概念之前，曾用 $\frac{dy}{dx}$ 表示导数. 但是，那时 $\frac{dy}{dx}$ 是一个完整符号，并不具备商的意义. 当引入微分概念之后，符号 $\frac{dy}{dx}$ 才具有商的意义. 另外，由于求函数的微分只要先求出函数的导数即可，因此求微分与求导数的方法都叫做**微分法**.

## 3.5.3　微分的几何意义

设函数 $y=f(x)$ 的图像如图 3.4 所示，$M_0(x_0, y_0)$ 为曲线上的一个定点. 过点 $M_0$ 作曲线的切线 $M_0T$，其倾角为 $\alpha$，则此切线的斜率为 $\tan\alpha = f'(x_0)$. 当自变量在点 $x_0$ 取得改变量 $\Delta x$ 时，就得到曲线上另一点 $N(x_0+\Delta x, y+\Delta y)$. 从图 3.4 知

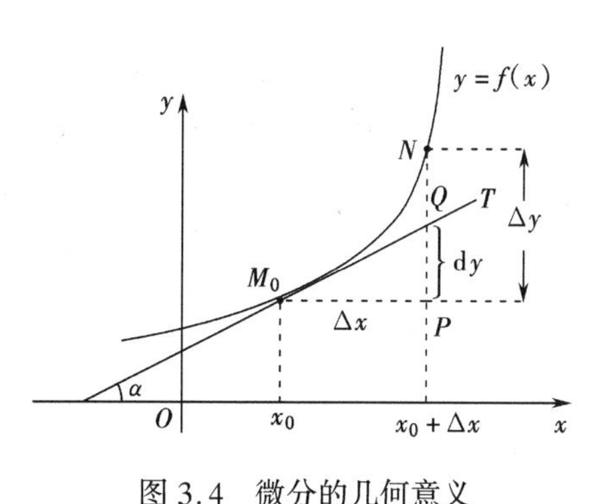

图 3.4　微分的几何意义

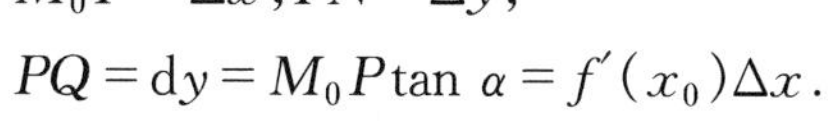

$$M_0P = \Delta x, PN = \Delta y,$$

$$PQ = dy = M_0P\tan\alpha = f'(x_0)\Delta x.$$

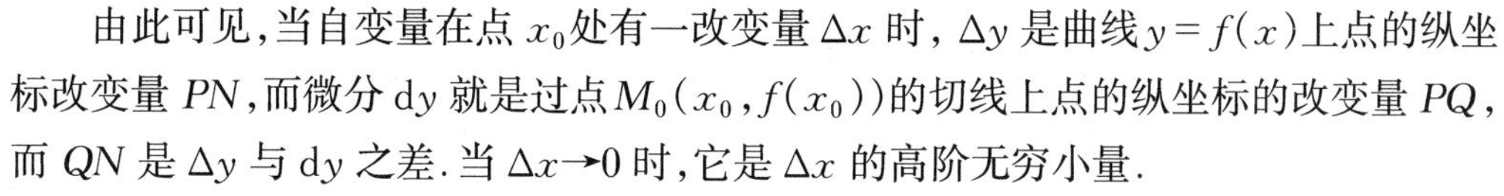

由此可见，当自变量在点 $x_0$ 处有一改变量 $\Delta x$ 时，$\Delta y$ 是曲线 $y=f(x)$ 上点的纵坐标改变量 $PN$，而微分 $dy$ 就是过点 $M_0(x_0, f(x_0))$ 的切线上点的纵坐标的改变量 $PQ$，而 $QN$ 是 $\Delta y$ 与 $dy$ 之差. 当 $\Delta x \to 0$ 时，它是 $\Delta x$ 的高阶无穷小量.

## 3.5.4　微分的运算法则和公式

由微分和导数的等价性及 $dy = y'dx$，利用导数的运算法则和导数公式可相应地得到微分运算法则和微分公式.

若函数 $u(x)$与 $v(x)$可微,则

(1)$d[Cu(x)]=Cdu(x)$,其中 $C$ 是常数;

(2)$d[u(x)\pm v(x)]=du(x)\pm dv(x)$;

(3)$d[u(x)v(x)]=u(x)dv(x)+v(x)du(x)$;

(4)$d[\frac{u(x)}{v(x)}]=\frac{v(x)du(x)-u(x)dv(x)}{[v(x)]^2}$.

这里只给出对乘积的运算法则的证明:

$$\begin{aligned}d[u(x)v(x)]&=[u(x)v(x)]'dx\\&=[u(x)v'(x)+u'(x)v(x)]dx\\&=u(x)[v'(x)dx]+v(x)[u'(x)dx]\\&=u(x)dv(x)+v(x)du(x).\end{aligned}$$

在导数公式表中,将每个公式等号右端都乘上自变量的微分 $dx$,就是相应函数的微分公式表:

(1)$d(C)=0$.

(2)$d(x^\alpha)=\alpha x^{\alpha-1}dx$.

(3)$d(\log_a x)=\frac{1}{x\ln a}dx$, $d(\ln x)=\frac{1}{x}dx$.

(4)$d(a^x)=a^x\ln a\,dx(a>0,a\neq1)$, $d(e^x)=e^x dx$.

(5)$d(\sin x)=\cos x\,dx$, $d(\cos x)=-\sin x\,dx$,

$d(\tan x)=\sec^2 x\,dx$, $d(\cot x)=-\csc^2 x\,dx$,

$d(\sec x)=\sec x\tan x\,dx$, $d(\csc x)=-\csc x\cot x\,dx$.

(6)$d(\arcsin x)=\frac{1}{\sqrt{1-x^2}}dx$, $d(\arccos x)=-\frac{1}{\sqrt{1-x^2}}dx$,

$d(\arctan x)=\frac{1}{1+x^2}dx$, $d(\text{arccot}x)=-\frac{1}{1+x^2}dx$.

### 3.5.5 一阶微分形式的不变性

由复合函数的求导法则可以推出相应的复合函数的微分法则.

设 $y=f(u)$,$u=\varphi(x)$,则复合函数 $y=f[\varphi(x)]$的导数为

$$\frac{dy}{dx}=f'(u)\varphi'(x).$$

从而复合函数 $y=f[\varphi(x)]$的微分为

$$dy=f'(u)\varphi'(x)dx.$$

由于 $\varphi'(x)dx=du$,所以复合函数 $y=f[\varphi(x)]$的微分也可以写成

$$dy=f'(u)du.$$

由此可见,无论 $u$ 是自变量还是中间变量,函数 $y=f(u)$的微分 $dy$ 总可以写成

$dy = f'(u)du$,两者形式上是一样的,这一性质称为**一阶微分形式的不变性**.需注意的是,当 $u$ 不是自变量时,$du \neq \Delta u$.事实上,这时 $\Delta u = du + o(\Delta x)$,因而 $dy \neq f'(u)\Delta u$.此外,还需注意此性质仅对一阶微分是对的,对二阶以上的高阶微分,此性质不再成立.利用一阶微分形式的不变性,可使求复合函数的微分变得更加方便.

**例 3.5.1**　设 $y = \ln\tan(x^2)$,求 $dy$.

**解**　$$dy = \frac{1}{\tan(x^2)}d[\tan(x^2)] = \frac{1}{\tan(x^2)}\frac{1}{\cos^2(x^2)}d(x^2)$$
$$= \frac{4x dx}{\sin(2x^2)}.$$

在这里,共用了两次"不变性".

**例 3.5.2**　设 $y = \frac{e^{2x}}{x^2}$,求 $dy$.

**解**　$$dy = \frac{x^2 d(e^{2x}) - e^{2x}d(x^2)}{(x^2)^2} = \frac{x^2 e^{2x}\cdot 2dx - e^{2x}\cdot 2x dx}{x^4}$$
$$= \frac{2e^{2x}(x-1)}{x^3}dx.$$

**例 3.5.3**　求由方程 $\sin y^2 = \cos\sqrt{x}$ 确定的隐函数 $y = y(x)$ 的导函数 $y'(x)$.

**解**　对方程两边求微分得

$$d(\sin y^2) = d(\cos\sqrt{x}).$$

因为

$$d(\sin y^2) = \cos y^2 \cdot 2y dy, d(\cos\sqrt{x}) = -\frac{\sin\sqrt{x}}{2\sqrt{x}}dx.$$

所以

$$2y(\cos y^2)dy = -\frac{\sin\sqrt{x}}{2\sqrt{x}}dx.$$

$$\frac{dy}{dx} = -\frac{\sin\sqrt{x}}{4\sqrt{x}y(\cos y^2)}.$$

# 3.6　导数与微分的简单应用

## 3.6.1　边际与弹性的概念

**1.边际概念**

在经济学中,函数的导数称为**边际函数**.例如,成本函数 $C = C(x)$($C$ 是总成本,$x$ 是产量)的导数 $C'(x)$ 称为**边际成本函数**.**平均成本** $\overline{C}$ 是生产 $x$ 单位产品时,每单位产品的平均成本,即

$$\overline{C}=\frac{C(x)}{x}.$$

如果着眼于 $C(x)$在"边际"上的变化,即当产量从某一定值 $x$ 开始做很小的变化 $\Delta x$ 时,$C(x)$的变化 $\Delta C=C(x+\Delta x)-C(x)$,则

$$\frac{\Delta C}{\Delta x}=\frac{C(x+\Delta x)-C(x)}{\Delta x}$$

表示产量从 $x$ 到 $x+\Delta x$ 之间的平均成本,而

$$\lim_{\Delta x\to 0}\frac{\Delta C}{\Delta x}=C'(x)$$

称为产量在 $x$ 时的**边际成本**.

当产量由 $x$ 水平开始增加一个单位($\Delta x=1$)时,成本 $C(x)$增加的真值为 $\Delta C=C(x+1)-C(x)$,但当产量的单位很小或一个单位与产量水平 $x$ 值相对很小时,由

$$\frac{C(x+\Delta x)-C(x)}{\Delta x}\approx C'(x)\quad(|\Delta x|\text{很小时}),$$

取 $\Delta x=1$,有

$$C(x+1)-C(x)\approx C'(x).$$

这表明:当产量达到 $x$ 时,再增加生产一个单位产量,成本 $C(x)$的增加值可用边际成本 $C'(x)$近似表示,此即边际成本的实际经济意义.在经济学中通常略去"近似"二字,将边际成本 $C'(x)$解释为:当产量达到 $x$ 时,再增加生产一个单位产量所增加的成本,或产量为 $x$ 时生产最后一个单位产品所增添的成本.

除边际成本函数外,收入函数 $R=R(x)$的导数 $R'(x)$称为**边际收入函数**;利润函数 $L=L(x)$的导数 $L'(x)$称为**边际利润函数**;需求函数 $x=x(p)$的导数 $x'(p)$称为**边际需求函数**等.它们的实际经济意义可以像边际成本那样来理解,例如边际利润 $L'(x)$的经济意义是:在销售量为 $x$ 时,再增加销售一个单位产品所增加的利润.

**例 3.6.1** 设某产品的需求函数为 $x=1\ 000-100p$,求当需求量 $x=300$ 时的总收入、平均收入和边际收入.

**解** 销售 $x$ 件价格为 $p$ 的产品,收入为 $R(x)=px$,由需求规律 $x=1\ 000-100p$ 可得

$$p=10-0.01x.$$

代入 $R(x)$得

$$R(x)=(10-0.01x)x=10x-0.01x^2.$$

平均收入函数为

$$\overline{R}(x)=\frac{R(x)}{x}=10-0.01x.$$

边际收入函数为

$$R'(x)=(10x-0.01x^2)'=10-0.02x.$$

因此当 $x=300$ 时的总收入为

$$R(300)=10\times 300-0.01\times(300^2)=2\ 100.$$

平均收入为

$$\bar{R}(300)=10-0.01\times 300=7.$$

边际收入为

$$R'(300)=10-0.02\times 300=4.$$

可见销售第 301 个产品时，收入会增加 4 个单位.

**2.弹性概念**

经济学中把一个变量对另一变量相对变化的反映程度称做弹性.例如，需求对价格的弹性就是商品需求量对价格相对变化的反映程度.

设需求函数 $x=f(p)$，其中 $x$ 是需求量，$p$ 是价格，若价格 $p$ 取得改变量 $\Delta p$，需求量相应取得改变量 $\Delta x$，则称比值

$$\frac{\Delta p}{p}=\frac{100\Delta p}{p}\%$$

为价格 $p$ 的相对改变量，它是价格变化的百分数.

$$\frac{\Delta x}{x}=\frac{100\Delta x}{x}\%$$

称为需求量在价格为 $p$ 时的相对改变量，它是需求量变化的百分数.这两个百分数之比

$$\frac{\frac{\Delta x}{x}}{\frac{\Delta p}{p}}=\frac{p}{x}\frac{\Delta x}{\Delta p}$$

表示当价格从 $p$ 变到 $p+\Delta p$ 时，价格每变动 1%需求量变化的百分数.固定 $p$ 时，上述比值随 $\Delta p$ 而变化，当 $\Delta p\to 0$ 时，称其极限

$$\lim_{\Delta p\to 0}\frac{p}{x}\frac{\Delta x}{\Delta p}=\frac{p}{x}\lim_{\Delta p\to 0}\frac{\Delta x}{\Delta p}=\frac{p}{x}f'(p)=p\frac{f'(p)}{f(p)}$$

是价格为 $p$ 时**需求对价格的弹性**，简称**需求弹性**，记为 $\eta$，即

$$\eta=p\frac{f'(p)}{f(p)}.$$

当 $\Delta p$ 很小时

$$\eta=p\frac{f'(p)}{f(p)}\approx\frac{\frac{\Delta f}{f}}{\frac{\Delta p}{p}}.$$

所以需求弹性 $\eta$ 近似地表示在价格为 $p$ 时，价格变动 1%，则需求量变化 $|\eta|$%，通常也略去“近似”二字.

一般说来，需求函数是一个减函数.需求量随价格的提高而减少(当 $\Delta p>0$ 时，$\Delta f<0$)，因此需求弹性一般是负值，它反映了商品需求量对价格变动反应的强烈程度，即灵敏度.

由于弹性表示的是相对变化率，因此弹性是无量纲的.经济学家采用不依赖于任何

单位的计量法即弹性,便于比较不同市场的需求对价格改变的灵敏性.如比较两个国家某种商品的需求对价格的敏感性,采用弹性可避免出现两种数量单位和两种货币单位.

对任何函数都可以建立弹性.一般地,函数 $y=f(x)$在点 $x$ 处的**弹性**定义为

$$\eta=x\frac{f'(x)}{f(x)}.$$

**例 3.6.2** 设某种商品的需求量 $x$ 与价格 $p$ 的关系为

$$x(p)=1\,600\left(\frac{1}{4}\right)^p.$$

(1)求需求弹性 $\eta(p)$;

(2)当商品的价格 $p=10$(元)时,再增加 1%,求该商品需求量变化的情况。

**解** (1)需求弹性为

$$\eta(p)=p\frac{x'(p)}{x(p)}=p\frac{\left[1\,600\left(\frac{1}{4}\right)^p\right]'}{1\,600\left(\frac{1}{4}\right)^p}=p\frac{1\,600\left(\frac{1}{4}\right)^p\ln\frac{1}{4}}{1\,600\left(\frac{1}{4}\right)^p}$$

$$=p\ln\frac{1}{4}=(-2\ln 2)p$$

$$\approx-1.39p.$$

需求弹性为负,说明商品价格 $p$ 增加 1%时,商品需求量 $x$ 将减少 $1.39p\%$.

(2)当商品价格 $p=10$(元)时,$\eta(10)\approx-1.39\times10=-13.9$.这表明价格 $p=10$(元)时,价格增加 1%,商品的需求量 $x$ 将减少 13.9%.如果价格降低 1%,商品的需求量将增加 13.9%.

## 3.6.2 近似计算与误差估计

**1.近似计算**

若函数 $y=f(x)$在 $x_0$可微,则

$$\Delta y=\mathrm{d}y+o(\Delta x),$$

或

$$f(x_0+\Delta x)=f(x_0)+f'(x_0)\Delta x+o(\Delta x).$$

设 $x=x_0+\Delta x,\Delta x=x-x_0$,上式又可写为

$$f(x)=f(x_0)+f'(x_0)(x-x_0)+o(x-x_0),$$

或

$$f(x)\approx f(x_0)+f'(x_0)(x-x_0).$$

这就是函数值 $f(x)$的**近似计算公式**.特别地,当 $x_0=0$ 且$|x|$充分小时,有

$$f(x)\approx f(0)+f'(0)x.$$

由上式可推得几个常用的近似公式(当$|x|$充分小时):

(1)$\sin x\approx x$, (2)$\tan x\approx x$,

(3) $\frac{1}{1+x}\approx 1-x$，  (4) $e^x\approx 1+x$，

(5) $\ln(1+x)\approx x$，  (6) $\sqrt[n]{1\pm x}\approx 1\pm\frac{x}{n}$.

这里只给出最后一个近似公式的证明.

已知函数 $f(x)=\sqrt[n]{1\pm x}$，则 $f(0)=1$，$f'(x)=\pm\frac{1}{n}(1\pm x)^{\frac{1}{n}-1}$，$f'(0)=\pm\frac{1}{n}$. 因此，由公式 $f(x)\approx f(0)+f'(0)x$，有

$$\sqrt[n]{1\pm x}\approx 1\pm\frac{x}{n}.$$

**例 3.6.3** 求 $\sqrt[3]{1.02}$ 的近似值.

**解** 把 $\sqrt[3]{1.02}$ 看成函数 $f(x)=\sqrt[3]{x}$ 在点 $x=1.02$ 处的函数值，$x_0=1$，$\Delta x=0.02$.

$$f(x)\approx f(x_0)+f'(x_0)\Delta x=\sqrt[3]{x_0}+\frac{1}{3\sqrt[3]{x_0^2}}\Delta x\approx 1.0067.$$

**例 3.6.4** 求 $\tan 31°$ 的近似值.

**解** 考虑函数 $f(x)=\tan x$，设 $x_0=30°$，$x=31°$，$x-x_0=1°=\frac{\pi}{180}$，

$$f'(x)=\frac{1}{\cos^2 x},\ f'(30°)=\frac{1}{\cos^2 30°}.$$

因此 $$\tan 31°\approx\tan 30°+\frac{1}{\cos^2 30°}\cdot\frac{\pi}{180}\approx 0.600\ 62.$$

**2. 误差估计**

在实际测量或不精确的计算时会出现误差，误差有两种表示，即绝对误差和相对误差.

若某个量的精确值为 $A$，近似值为 $a$，则称 $|A-a|$ 为近似值 $a$ 的**绝对误差**. 绝对误差与 $|a|$ 的比值 $\left|\frac{A-a}{a}\right|$ 称为近似值 $a$ 的**相对误差**.

若绝对误差 $|A-a|\leqslant\delta$，则称 $\delta$ 为 $a$ 的**最大绝对误差**(或**绝对误差限**)，称 $\frac{\delta}{|a|}$ 为 $a$ 的**最大相对误差**(或**相对误差限**).

设有两个量 $x$ 和 $y$，它们之间有函数关系 $y=f(x)$，并假定量 $x$ 可以直接度量或计算，而量 $y$ 要用公式 $y=f(x)$ 计算. 若 $x$ 有测量或计算误差 $\Delta x$，那么按公式 $y=f(x)$ 计算 $y$ 时，$y$ 也有计算误差 $\Delta y$. 下面考虑如何估计 $y$ 的最大绝对误差、最大相对误差，以及当限定了最大绝对误差或相对误差后，如何来确定 $|\Delta x|$ 的限度.

由于 $|\Delta x|$ 往往很小，因此当 $y=f(x)$ 可微时，

$$\Delta y\approx dy=f'(x)\Delta x.$$

于是得绝对误差的近似公式

$$|\Delta y|\approx|f'(x)||\Delta x|$$

及相对误差的近似公式

$$\left|\frac{\Delta y}{y}\right| \approx \left|\frac{f'(x)}{f(x)}\right| |\Delta x|.$$

若已知$|\Delta x| \leqslant \delta$,则

$$|\Delta y| \approx |f'(x)||\Delta x| \leqslant |f'(x)|\delta,$$

$$\left|\frac{\Delta y}{y}\right| \approx \left|\frac{f'(x)}{f(x)}\right| |\Delta x| \leqslant \left|\frac{f'(x)}{f(x)}\right| \delta,$$

即最大绝对误差和最大相对误差分别为

$$|f'(x)|\delta \text{ 和 } \left|\frac{f'(x)}{f(x)}\right| \delta.$$

若已知 $y$ 的最大容许绝对误差为$\varepsilon$,即

$$|f'(x)|\delta = \varepsilon,$$

则$|\Delta x|$的限度为 $\delta = \dfrac{\varepsilon}{|f'(x)|}$.

若已知 $y$ 的最大容许相对误差为$\beta$,即

$$\left|\frac{f'(x)}{f(x)}\right| \delta = \beta,$$

则

$$\delta = \left|\frac{f(x)}{f'(x)}\right| \beta.$$

其中 $\delta$ 为$x$ 的最大绝对误差,即$|\Delta x| \leqslant \delta$,于是 $x$ 的最大相对误差为

$$\left|\frac{\Delta x}{x}\right| \leqslant \frac{\delta}{|x|} = \frac{1}{|x|}\left|\frac{f(x)}{f'(x)}\right| \beta.$$

**例 3.6.5** 现测得某圆柱体高 $h=40$ cm,直径 $D=20\pm 0.05$ cm,求圆柱体体积的绝对误差和相对误差各为多少?

**解** 圆柱体体积 $V=\pi r^2 h=\pi \dfrac{D^2}{4} h$.

圆柱体体积的绝对误差为

$$\begin{aligned}|\Delta V| \approx |\mathrm{d}V| = |f'(D)\Delta D| &= \pi \frac{D}{2} h |\Delta D| \\ &= \pi \times \frac{20}{2} \times 40 \times 0.05 \\ &= 62.832 \text{ cm}^3.\end{aligned}$$

圆柱体体积的相对误差为

$$\left|\frac{\Delta V}{V}\right| \approx \left|\frac{\mathrm{d}V}{V}\right| = \left|\frac{\pi \dfrac{D}{2} h \Delta D}{\pi \dfrac{D^2}{4} h}\right| = \left|\frac{2}{D}\Delta D\right| = \frac{2}{20} \times 0.05 = 0.005 = 0.5\%.$$

**例 3.6.6** 计算球的体积精确至 1%,若根据所得体积的值推算球的半径 $R$,问 $R$ 的最大相对误差为多少?

**解** 球的体积为

$$V=\frac{4}{3}\pi R^3.$$

两边取对数并微分得

$$\frac{\mathrm{d}V}{V}=3\frac{\mathrm{d}R}{R}.$$

由于 $\left|\frac{\Delta V}{V}\right|\approx\left|\frac{\mathrm{d}V}{V}\right|=3\left|\frac{\mathrm{d}R}{R}\right|$,且要求 $\left|\frac{\Delta V}{V}\right|\leqslant 1\%$,因此

$$3\left|\frac{\Delta R}{R}\right|\leqslant\frac{1}{100},$$

$$\left|\frac{\Delta R}{R}\right|\leqslant\frac{1}{300}=\frac{1}{3}\%\approx 0.33\%.$$

本题也可按前面给出的最大相对误差公式求解,请读者自己完成.

## 习题3

**1.** 设 $f(x)$ 在 $x=x_0$ 处可导,试求:

(1) $\lim\limits_{x\to x_0}\frac{f(x_0-\Delta x)-f(x_0)}{\Delta x}$;

(2) $\lim\limits_{h\to 0}\frac{f(x_0+2h)-f(x_0-3h)}{h}$.

**2.** 根据导数的定义,求下列函数在指定点处的导数:

(1) $y=x^2+x$ 在 $x=1$ 处;

(2) $y=\sqrt{x}$ 在 $x=2$ 处.

**3.** 根据导数的定义,求下列函数的导函数:

(1) $y=\sqrt[3]{x^2}$;　　(2) $y=\cos(3x+4)$;

(3) $y=\arctan x$;　　(4) $y=2+x-x^2$.

**4.** 求两条抛物线 $y=x^2$ 及 $y=2-x^2$ 在交点处的(两条切线)交角 $\theta$.

**5.** 求下列曲线在指定点的切线方程与法线方程:

(1) $y=2x-x^3$,在 $(-1,-1)$ 处;

(2) $y=\sin x$,在 $\left(\frac{2}{3}\pi,\frac{\sqrt{3}}{2}\right)$ 处.

**6.** 设 $f(x)=\begin{cases}x^2, & x\geqslant 1,\\ ax+b, & x<1.\end{cases}$ 已知 $f(x)$ 在 $x=1$ 处可导,试确定常数 $a$ 和 $b$ 的值.

**7.** 设 $f(x)$ 为偶函数,且 $f'(0)$ 存在,证明 $f'(0)=0$.

**8.** 求下列函数在点 $x=0$ 处的左、右导数,并指出在该点处可导与否:

(1) $f(x)=\begin{cases}x^2, & x\geqslant 0,\\ x^3, & x<0;\end{cases}$

(2) $f(x)=\begin{cases}x^2, & x\leqslant 0,\\ x, & x>0;\end{cases}$

(3) $f(x)=\begin{cases}\dfrac{1-\cos 2x}{x}, & x\neq 0,\\ 0, & x=0.\end{cases}$

**9.** 设 $f(x)=\begin{cases}a+bx^2, & |x|\leqslant c,\\ \dfrac{m^2}{|x|}, & |x|>c,\end{cases}$ 其中 $c>0$.求适当的 $a,b$ 使得 $f(x)$ 在点 $c$ 有连续的导数.

**10.** 设 $f(x)=\begin{cases}\ln(1+x), & -1<x\leqslant 0,\\ \sqrt{1+x}-\sqrt{1-x}, & 0<x<1,\end{cases}$ 讨论 $f(x)$ 在 $x=0$ 处的可导性和连续性.

**11.** 设 $f(x)=\begin{cases}x^2\sin\dfrac{1}{x}, & x\neq 0,\\ 0, & x=0,\end{cases}$ 讨论 $f(x)$ 在 $x=0$ 处连续性和可导性.

**12.** 证明函数 $f(x)=\begin{cases}x\arctan\dfrac{1}{x}, & x\neq 0,\\ 0, & x=0,\end{cases}$ 在 $x=0$ 处连续,但在 $x=0$ 处导数不存在.

**13.** 设 $f(x)=\begin{cases}\sin x, & x<0,\\ x, & x\geqslant 0,\end{cases}$ 求 $f'(x)$.

**14.** 设函数 $F(x)$ 在 $x=0$ 处可导,又 $F(0)=0$,求 $\lim\limits_{x\to 0}\dfrac{F(1-\cos x)}{\tan(x^2)}$.

**15.** 求下列各函数的导数:

(1) $y=\sqrt{2}(x^3-\sqrt{x}+1)$; (2) $y=\dfrac{x^2}{2}+\dfrac{2}{x^2}$;

(3) $y=\dfrac{x+1}{x-1}$; (4) $y=(x+1)(x+2)(x+3)$;

(5) $y=x\sin x+\dfrac{\sin x}{x}$; (6) $y=\dfrac{3}{(1-x^3)(1-2x^3)}$.

**16.** 求下列函数在指定点处的导数:

(1) $f(x)=\dfrac{x^5+\sqrt{x}+1}{x^3}$,求 $f'(1)$;

(2) $s(t)=\dfrac{t^2-5t+1}{t^3}$,求 $s'(-1),s'(2)$.

**17.** 求下列各函数的导数(其中 $a,n$ 为常数):

(1) $y=x\ln x$; (2) $y=\log_a\sqrt{x}$;

(3) $y=x\tan x-\cot x$; (4) $y=\dfrac{\ln x}{x^n}$;

(5) $y=x\sin x\ln x$；　(6) $y=\dfrac{1-\ln x}{1+\ln x}$；

(7) $y=\dfrac{x}{4^{x}}$；　(8) $w=z10^{z}$.

**18.** 求下列各函数的导数(其中 $a, n$ 为常数)：

(1) $y=(2+3x^{2})\sqrt{1+5x^{2}}$；　(2) $y=\dfrac{x}{\sqrt{1-x^{2}}}$；

(3) $y=\left(\dfrac{1+x^{2}}{1+x}\right)^{5}$；　(4) $y=\dfrac{1-\sqrt[3]{2x}}{1+\sqrt[3]{2x}}$；

(5) $y=\dfrac{x}{2}\sqrt{x^{2}-a^{2}}$；　(6) $y=\log_{a}(1+x^{2})$；

(7) $y=\ln\sqrt{x}\sqrt{\ln x}$；　(8) $y=\ln[\ln(\ln x)]$；

(9) $y=\ln\dfrac{x+\sqrt{1-x^{2}}}{x}$；　(10) $y=\mathrm{e}^{\sqrt{1+x}}$；

(11) $y=\sqrt{1+\mathrm{e}^{x}}$；　(12) $y=2^{\frac{x}{\ln x}}$；

(13) $y=x^{2}\sin\dfrac{1}{x}$；　(14) $y=\sin^{n}x\cos nx$；

(15) $y=5\tan\dfrac{x}{5}+\tan\dfrac{\pi}{8}$；　(16) $y=\cot\sqrt[3]{1+x^{2}}$；

(17) $y=\sqrt{1+\tan\left(x+\dfrac{1}{x}\right)}$；　(18) $y=\sec^{2}\dfrac{x}{a}+\csc^{2}\dfrac{x}{a}$.

**19.** 求下列各函数的导数：

(1) $y=\arccos\dfrac{2}{x}$；　(2) $y=\arctan\dfrac{2x}{1-x^{2}}$；

(3) $y=\dfrac{\arcsin x}{\sqrt{1-x^{2}}}$；　(4) $y=\mathrm{e}^{\arctan\sqrt{x}}$；

(5) $y=\mathrm{e}^{x}\sqrt{1-\mathrm{e}^{2x}}+\arcsin\mathrm{e}^{x}$.

**20.** 求下列方程所确定的隐函数的导数：

(1) $y=x+\ln y$；　(2) $y=1+x\mathrm{e}^{y}$；

(3) $x+\sqrt{xy}+y=0$；　(4) $y\sin x-\cos(x-y)=0$.

**21.** 利用对数求导法求下列各函数的导数：

(1) $y=\sqrt[x]{\dfrac{1-x}{1+x}}$；　(2) $y=\dfrac{x^{2}}{1-x}\sqrt[3]{\dfrac{3-x}{(3+x)^{3}}}$；

(3) $y=(x-a_{1})^{a_{1}}(x-a_{2})^{a_{2}}\cdots(x-a_{n})^{a_{n}}$；

(4) $y=(\tan 2x)^{\cot\frac{x}{2}}$；　(5) $f(x)=x^{\sin x}(x>0)$；

(6) $f(x)=\dfrac{x\sqrt[3]{2x-1}\sin 2x}{\sqrt{x^{2}+1}\mathrm{e}^{x}}$.

**22.** 求下列参数方程的导数：

(1) $x=a\cos^3\varphi, y=a\sin^3\varphi$；  (2) $x=a(\varphi-\sin\varphi), y=a(1-\cos\varphi)$；

(3) $x=2t-1, y=t^3$；  (4) $x=\ln(1+t^2), y=t-\arctan t$.

**23.** 设 $f(u)$ 是 $u$ 的可导函数，求下列各函数的导数：

(1) $y=f\left(\dfrac{1}{x}\right)$；  (2) $y=f(e^x)e^{f(x)}$；

(3) $y=[xf(x^2)]^2$；  (4) $y=f\left(\arcsin\dfrac{1}{x}\right)$；

(5) $y=f(\sin^2 x)+f(\cos^2 x)$.

**24.** 证明：

(1) 可导的偶函数的导数是奇函数；

(2) 可导的奇函数的导数是偶函数；

(3) 可导的周期函数的导数是具有相同周期的周期函数.

**25.** 求下列各函数的二阶导数：

(1) $y=xe^{x^2}$；  (2) $y=\ln(1+x^2)$,

(3) $y=\cos^2 x\ln x$；  (4) $\begin{cases}x=t-\sin t,\\ y=1-\cos t;\end{cases}$

(5) $\begin{cases}x=a\cos t,\\ y=b\sin t;\end{cases}$  (6) $y=f[f(x)]$.

**26.** 验证：$y=e^{\sqrt{x}}+e^{-\sqrt{x}}$ 满足关系式 $xy''+\dfrac{1}{2}y'-\dfrac{1}{4}y=0$.

**27.** 已知 $xy-\sin(\pi y^2)=0$，求 $y'|_{x=0,y=1}$ 及 $y''|_{x=0,y=1}$.

**28.** 求下列各函数的 $n$ 阶导数(其中 $a, m$ 为常数)：

(1) $y=a^x$；  (2) $y=(1+x)^m$；

(3) $y=xe^x$；  (4) $y=x\ln x$；

(5) $y=\sin^2 x$；  (6) $y=(x^2+2x+2)e^x$；

(7) $y=\dfrac{1}{x^2+5x+6}$；  (8) $y=\cos^3 x$.

**29.** 用数学归纳法证明：

(1) $\left(x^{n-1}e^{\frac{1}{x}}\right)^{(n)}=(-1)^n\dfrac{e^{\frac{1}{x}}}{x^{n+1}}$；

(2) $(\sin^4 x+\cos^4 x)^{(n)}=4^{n-1}\cos\left(4x+\dfrac{n\pi}{2}\right)$.

**30.** 一气球从相距观察员 500 m 处离地铅直上升，其速度为 140 m/min，当此气球的高度为 500 m 时，观察员视线的倾角增加率是多少？

**31.** 二船同时从一码头出发，甲船以 30 km/h 的速度向北行驶，乙船以 40 km/h 的速度向东行驶，求二船的距离增加的速度.

**32.** 证明双曲线 $xy=a^2$ 上任一点的切线与二坐标轴组成的三角形的面积等于常数.

**33.** 设曲线 $y=f(x)$ 在原点与曲线 $y=\sin x$ 相切，求 $\lim\limits_{n\to\infty}\sqrt{nf\left(\dfrac{2}{n}\right)}$.

**34.** 设函数 $y=x^2$，$x_0=1$，$\Delta x=0.1$，$\Delta x=0.01$，分别求函数在点 $x_0$ 处的改变量 $\Delta y$ 及微分 $\mathrm{d}y$，并求出它们的差.

**35.** 求下列函数的微分：

(1) $y=\dfrac{x}{\sqrt{x^2+1}}$；　　(2) $y=\dfrac{x^3}{1-x}$；

(3) $y=\mathrm{e}^x\sin x$；　　(4) $y=\arcsin\sqrt{x}$；

(5) $y=\arctan\dfrac{1-x^2}{1+x^2}$；　　(6) $y=[u(x)]^2$.

**36.** 若圆半径以 2 cm/s 的等速度增加，则当圆半径 $R=10$ cm 时，圆面积增加的速度如何？

**37.** 某企业的成本函数和收入函数分别为

$$C(x)=1\,000+5x+\frac{x^2}{10}(\text{元})；R(x)=200x+\frac{x^2}{20}(\text{元}).$$

求：(1)边际成本，边际收入，边际利润；

(2)已生产并销售 25 个单位产品，销售第 26 个单位产品会有多少利润？

**38.** 有半径为 $R=100$ cm 及圆心角 $\alpha=60^\circ$ 的扇形，若①其半径 $R$ 增加 1 cm；②角 $\alpha$ 减小 $30'$，则扇形面积的变化若干？求出精确的和近似的解.

**39.** 某商品的需求函数为

$$Q=Q(p)=75-p^2.$$

(1)求 $p=4$ 时的边际需求，并说明其经济意义；

(2)求 $p=4$ 时的需求弹性，并说明其经济意义；

(3)当 $p=4$ 时，若价格 $p$ 上涨 1%，总收入将变化百分之几？是增加还是减少？

(4)当 $p=6$ 时，若价格 $p$ 上涨 1%，总收入将变化百分之几？是增加还是减少？

**40.** 一平面圆环形，其内半径为 10 cm，宽为 0.1 cm，求其面积的精确值与近似值.

**41.** 求下列各式的近似值：

(1) $\sqrt[5]{0.95}$；　　(2) $\sqrt[3]{1.02}$；

(3) $\cos 151^\circ$；　　(4) $\sin 29^\circ$；

(5) $\arctan 1.05$；　　(6) $\lg 11$.

**42.** 正方形的边长为 $2.4\pm0.05$ cm，求正方形面积的绝对误差与相对误差.

**43.** 设 $A>0$，且 $|B|<<A^n$，证明 $\sqrt[n]{A^n+B}\approx A+\dfrac{B}{nA^{n-1}}$.

**44.** 已知函数 $y=y(x)$ 二阶可导，并满足方程

$$(1-x^2)\frac{\mathrm{d}^2y}{\mathrm{d}x^2}-x\frac{\mathrm{d}y}{\mathrm{d}x}+a^2y=0.$$

求证：若令 $x=\sin t$，则此方程可以变换为

$$\frac{\mathrm{d}^2y}{\mathrm{d}t^2}+a^2y=0.$$

# 第4章 微分中值定理与导数的应用

微分中值定理是微分学中最重要的结论之一.它是研究函数性态的重要工具,在本章及后续章节(如积分学、级数理论等)中,均发挥着举足轻重的作用.

## 4.1 微分中值定理

### 4.1.1 费尔马(Fermat)定理

首先给出极值概念.

**定义 4.1.1** 设 $f(x)$在$(a,b)$有定义,若存在$(a,b)$中的某一点 $x_0$的一个邻域$(x_0-\delta,x_0+\delta)\subset(a,b)$,使得对任意的 $x\in(x_0-\delta,x_0+\delta)$,都有

$$f(x)\leqslant f(x_0)(\text{或 } f(x)\geqslant f(x_0)),$$

则称 $x_0$是 $f(x)$在$(a,b)$内的一个**极大值点**(或**极小值点**),$f(x_0)$称为 $f(x)$的**极大值**(或**极小值**).

极大值点与极小值点统称为**极值点**,极大值与极小值统称为**极值**.

从以上定义可知,极值是指在 $x_0$附近的一个局部范围中的函数值的大小关系,因而是一个局部概念.函数在区间内可能有很多的极大值(或极小值),但只能有一个最大值(如果存在最大值)和一个最小值(如果存在最小值).在同一区间内,函数 $f(x)$的一个极小值完全有可能大于某些(甚至全部的)极大值.

**定义 4.1.2** 若 $f'(x_0)=0$,则点 $x_0$称为 $f(x)$的**稳定点或驻点**.

**定理 4.1.1** **(费尔马定理)**设 $x_0$是函数 $f(x)$的一个极值点,且 $f(x)$在 $x_0$处导数存在,则

$$f'(x_0)=0.$$

也即可微函数的极值点必定是驻点.

**证** 不妨设 $x_0$是 $f(x)$的极大值点,即存在 $x_0$的某个邻域$(x_0-\delta,x_0+\delta)$,使 $f(x)$在$(x_0-\delta,x_0+\delta)$上有定义且对任意的 $x\in(x_0-\delta,x_0+\delta)$满足

$$f(x)\leqslant f(x_0).$$

于是

$$f'_+(x_0)=\lim_{x\to x_0^+}\frac{f(x)-f(x_0)}{x-x_0}\leqslant 0,$$

$$f'_{-}(x_0)=\lim_{x\to x_0^-}\frac{f(x)-f(x_0)}{x-x_0}\geqslant 0.$$

因此

$$0\geqslant f'_{+}(x_0)=f'(x_0)=f'_{-}(x_0)\geqslant 0,$$

即

$$f'(x_0)=0.$$

同理可证 $x_0$为极小值点的情况.

费尔马定理的几何意义十分明显:若曲线 $y=f(x)$在其极值点处可微,或者说在该点存在切线,那么这条切线必定平行于 $x$ 轴(图 4.1).

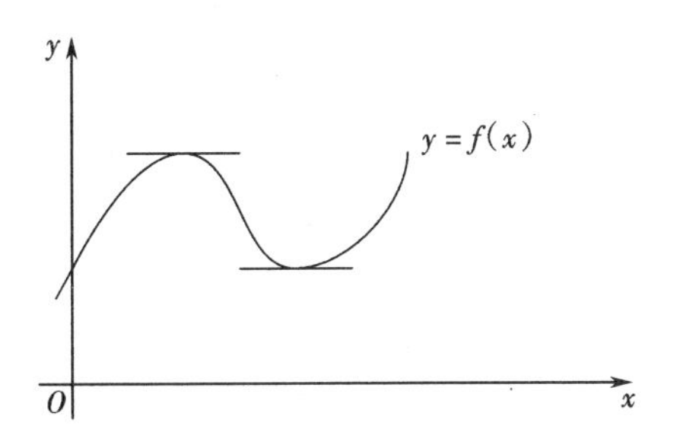


图 4.1　费尔马定理的几何意义

容易看出,当函数 $f(x)$可微时,条件"$f'(x_0)=0$"只是 $x_0$是极值点的必要条件,而非充分条件.

例如,$x_0=0$ 不是函数 $f(x)=x^3$ 的极值点,但 $f'(x_0)=f'(0)=3x^2|_{x=0}=0$.

## 4.1.2　罗尔(Rolle)定理

**定理 4.1.2　(罗尔定理)**设函数 $f(x)$在闭区间$[a,b]$上连续,在开区间$(a,b)$可导,且 $f(a)=f(b)$,则在$(a,b)$内至少存在一点 $\xi$,使得

$$f'(\xi)=0.$$

**证**　由闭区间上连续函数的性质,$f(x)$在$[a,b]$上取得最大值 $M$ 和最小值 $m$.下面分两种情况讨论.

(1)若 $M=m$,则 $f(x)$在$[a,b]$上恒为常数,结论显然成立.

(2)若 $M>m$,因为 $f(a)=f(b)$.所以函数 $f(x)$在闭区间$[a,b]$两端点 $a$ 与 $b$ 的函数值 $f(a)$与 $f(b)$不可能同时一个是最大值一个是最小值,因此函数 $f(x)$在开区间$(a,b)$内某一点处取得最大值或最小值,即至少存在一个极值点 $\xi$,根据费尔马定理,有 $f'(\xi)=0$.

罗尔定理的几何意义也十分清楚:满足定理条件的函数一定在某一点存在一条与 $x$ 轴平行的切线.

**例 4.1.1**　设函数 $f(x)=(x-1)(x-2)(x-3)(x-4)$.证明方程 $f'(x)=0$ 有三个实根,并指出它们所在的区间.

**证**　显然,$f(x)$在$[1,2]$上满足罗尔定理的条件,由罗尔定理知,至少存在一点 $\xi_1\in(1,2)$,使得 $f'(\xi_1)=0$.同理可证:在区间$(2,3)$内至少存在一点 $\xi_2$,使得 $f'(\xi_2)=0$,又在区间$(3,4)$内至少存在一点 $\xi_3$,使得 $f'(\xi_3)=0$.由于 $f'(x)$是 $x$ 的三次函数,因此

方程 $f'(x)=0$ 最多只有三个实根.现已证明它确有三个实根,分别位于区间(1,2),(2,3),(3,4)内.

**例 4.1.2** 举例说明罗尔定理中的条件缺一不可.

**解** 分别考虑以下三个函数.

$$f_1(x)=\begin{cases}x, & x\in[0,1),\\ 0, & x=1;\end{cases}$$

$$f_2(x)=|1-2x|, x\in[0,1];$$

$$f_3(x)=x, \qquad x\in[0,1].$$

易验,$f_1(x)$在闭区间[0,1]不连续,$f_2(x)$在开区间(0,1)不可导,而 $f_3(x)$不满足 $f_3(a)=f_3(b)$,尽管它们都分别满足其他两个条件,但它们在(0,1)中都不存在水平切线.

## 4.1.3 拉格朗日(Lagrange)中值定理

**定理 4.1.3 (拉格朗日中值定理)** 设函数 $f(x)$在闭区间$[a,b]$连续,在开区间$(a,b)$可导,则至少存在一点 $\xi\in(a,b)$,使得

$$f'(\xi)=\frac{f(b)-f(a)}{b-a}.$$

**证** 显然,当 $f(a)=f(b)$时,拉格朗日定理就成为罗尔定理,即罗尔定理是拉格朗日定理的特殊情况.为了应用罗尔定理证明一般的拉格朗日定理,需构造一辅助函数 $\varphi(x)$,使它满足罗尔定理的条件.通过二点 $A(a,f(a))$与 $B(b,f(b))$的割线方程是

$$y=f(a)+\frac{f(b)-f(a)}{b-a}(x-a).$$

构造辅助函数

$$\varphi(x)=f(x)-f(a)-\frac{f(b)-f(a)}{b-a}(x-a), \quad x\in[a,b].$$

可知 $\varphi(x)$在$[a,b]$连续,在$(a,b)$可导,并且有 $\varphi(a)=\varphi(b)=0$.根据罗尔定理,至少存在一点 $\xi\in(a,b)$,使得 $\varphi'(\xi)=0$.对 $\varphi(x)$的表达式求导并令 $\varphi'(\xi)=0$,整理后便得到

$$f'(\xi)=\frac{f(b)-f(a)}{b-a}, \text{或 } f(b)-f(a)=f'(\xi)(b-a)(a<\xi<b).$$

上式称为**拉格朗日中值公式**.

拉格朗日中值定理是微分学中最重要的定理之一,也称为**微分中值定理**.它是沟通函数与其导数的桥梁,是应用导数研究函数性质的重要数学工具.拉格朗日中值定理的几何意义是:若闭区间$[a,b]$上有一条连续曲线,曲线上每一点都存在切线,则曲线上至少存在一点 $M(\xi,f(\xi))$,过点 $M$ 的切线平行于割线 $AB$(见图 4.2).

**注 1** 在拉格朗日公式中,有 $a<b$.其实,当 $b<a$ 时公式仍成立.当 $b<a$ 时,仅需考虑在区间$[b,a]$上应用拉格朗日中值定理,有

$$f(a)-f(b)=f'(\xi)(a-b)\quad(b<\xi<a),$$

两边同乘 $-1$,得到

$$f(b)-f(a)=f'(\xi)(b-a)\quad(b<\xi<a).$$

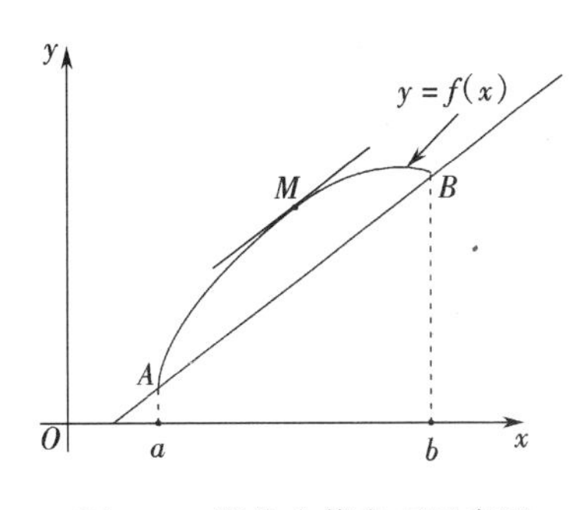


图 4.2　微分中值定理示意图

**注 2**　为应用方便,常将拉格朗日公式变形为其他形式.由于 $\xi\in(a,b)$,因而总可以找到某个 $\theta\in(0,1)$,使 $\xi=a+\theta(b-a)$,所以拉格朗日公式也可以写成

$$f(b)-f(a)=f'(a+\theta(b-a))(b-a),\quad \theta\in(0,1).$$

若记 $a$ 为 $x$,$b-a$ 为 $\Delta x$,则上式又可以表示为

$$f(x+\Delta x)-f(x)=f'(x+\theta\Delta x)\Delta x,\quad \theta\in(0,1).$$

如果记 $f(x)$为 $y$,则上式又可写成

$$\Delta y=f'(x+\theta\Delta x)\Delta x\quad(0<\theta<1).$$

我们知道,函数的微分 $dy=f'(x)\Delta x$ 是函数的增量 $\Delta y$ 的近似表达式,一般说来,以 $dy$ 近似代替 $\Delta y$ 时所产生的误差只有当 $\Delta x\to 0$ 时才趋于零;而上式却给出了自变量取得有限增量 $\Delta x$($|\Delta x|$不一定很小)时,函数增量 $\Delta y$ 的准确表达式.因此,拉格朗日中值定理也叫做**有限增量定理**.公式

$$\Delta y=f'(x+\theta\Delta x)\Delta x\quad(0<\theta<1)$$

称为**有限增量公式**.

### 4.1.4　有关中值定理的一些应用

由拉格朗日中值定理可以得出几个重要的的推论.

**推论 1**　若函数 $f(x)$在$(a,b)$内可导,且恒有 $f'(x)=0$,则 $f(x)$在$(a,b)$内恒为一个常数.

**证**　任取两点 $x_1,x_2\in(a,b)$,不妨设 $x_1<x_2$,在$[x_1,x_2]$上应用拉格朗日中值定理,则有

$$f(x_2)-f(x_1)=f'(\xi)(x_2-x_1),\quad \xi\in(x_1,x_2).$$

由于 $f'(\xi)=0$,所以 $f(x_2)=f(x_1)$,再由 $x_1,x_2$的任意性,可知 $f(x)$在$(a,b)$内恒为一个常数.

**推论 2**　若函数 $f(x)$和 $g(x)$均在$(a,b)$内可导,且 $f'(x)=g'(x)$对任意的 $x\in(a,b)$成立,则 $f(x)=g(x)+C$($C$ 为一个常数).

**证**　设 $h(x)=f(x)-g(x)$,由假设可知 $h'(x)=f'(x)-g'(x)=0(a<x<b)$,根据推论 1,得 $h(x)=C$,即

$$f(x)=g(x)+C(C\text{ 为常数}).$$

**例 4.1.3**　证明恒等式　$\arcsin x+\arccos x=\dfrac{\pi}{2},x\in[-1,1].$

**证** 令 $f(x)=\arcsin x+\arccos x$，则 $f(x)$ 在 $[-1,1]$ 上连续，在 $(-1,1)$ 内可导. 又因为

$$f'(x)=(\arcsin x+\arccos x)'=\frac{1}{\sqrt{1-x^2}}-\frac{1}{\sqrt{1-x^2}}=0,\quad x\in(-1,1).$$

于是，由推论 1 可得，$f(x)=C, x\in(-1,1)$（$C$ 为常数），而 $f(0)=\arcsin 0+\arccos 0=\frac{\pi}{2}$，所以 $f(x)=\frac{\pi}{2}, x\in(-1,1)$. 又

$$f(-1)=\arcsin(-1)+\arccos(-1)=\frac{\pi}{2},$$

$$f(1)=\arcsin 1+\arccos 1=\frac{\pi}{2},$$

所以 $f(x)=\arcsin x+\arccos x=\frac{\pi}{2}, x\in[-1,1]$.

**例 4.1.4** 证明：当 $0<a<b$ 时，有不等式

$$\frac{b-a}{1+b^2}<\arctan b-\arctan a<\frac{b-a}{1+a^2}.$$

**证** 函数 $f(x)=\arctan x$ 在 $[a,b]$ 上满足拉格朗日中值定理的条件，因此有

$$\begin{aligned}\arctan b-\arctan a&=(\arctan x)'|_{x=\xi}(b-a)\\&=\frac{b-a}{1+\xi^2}\quad(a<\xi<b).\end{aligned}$$

而

$$\frac{b-a}{1+b^2}<\frac{b-a}{1+\xi^2}<\frac{b-a}{1+a^2},$$

所以

$$\frac{b-a}{1+b^2}<\arctan b-\arctan a<\frac{b-a}{1+a^2}.$$

**例 4.1.5** 证明：当 $x>0$ 时，$\ln(1+x)-\ln x>\frac{1}{1+x}$.

**证** 设 $f(t)=\ln t$，$f(t)$ 在 $[x,1+x]$ 上满足拉格朗日中值定理的条件，所以，存在 $\xi\in(x,1+x)$，使得

$$f(1+x)-f(x)=f'(\xi)(1+x-x),$$

即

$$\ln(1+x)-\ln x=\frac{1}{\xi},$$

再由 $0<x<\xi<1+x$，得 $\ln(1+x)-\ln x>\frac{1}{1+x}$.

**例 4.1.6** 在 $[0,1]$ 上，$0<f(x)<1$，$f(x)$ 可微且 $f'(x)\neq 1$. 求证：在 $(0,1)$ 内存在唯一的 $x_0$，满足 $f(x_0)=x_0$.

**证** 构造辅助函数 $F(x)=f(x)-x$. 由 $f(x)$ 在 $[0,1]$ 上可微，故 $f(x)$ 在 $[0,1]$ 上

连续,因而 $F(x)$在$[0,1]$上连续.又因为在$[0,1]$上, $0<f(x)<1$,故 $F(0)=f(0)-0>0$,$F(1)=f(1)-1<0$.根据连续函数的介值定理知,在$(0,1)$内至少存在一点 $x_0$,使 $F(x_0)=f(x_0)-x_0=0$,即 $f(x_0)=x_0$.

为证唯一性,用反证法.若存在两点 $x_0,x_1\in(0,1)$,且不妨设 $x_0<x_1$,使 $f(x_0)=x_0$,$f(x_1)=x_1$同时成立,则在$[x_0,x_1]$上应用拉格朗日中值定理,有

$$f'(\xi)=\frac{f(x_1)-f(x_0)}{x_1-x_0}=\frac{x_1-x_0}{x_1-x_0}=1,\quad \xi\in(x_0,x_1).$$

这与已知 $f'(x)\neq1$ 矛盾.因而在$(0,1)$内只有一个 $x_0$,满足 $f(x_0)=x_0$.

**例 4.1.7**　设函数 $f(x)$在$[0,1]$上连续,在$(0,1)$内可导,且 $f(1)=0$.证明:至少存在一点 $\xi\in(0,1)$,使 $f'(\xi)=-\dfrac{f(\xi)}{\xi}$.

**分析**　将上式变形为 $\xi f'(\xi)+f(\xi)=0$,则问题转化为证明$[xf(x)]'|_{x=\xi}=0$.构造辅助函数 $F(x)=xf(x)$,再验证 $F(x)$在$[0,1]$上满足罗尔定理即可.

**证**　令 $F(x)=xf(x)$,由题意知 $F(x)$在$[0,1]$上连续,在$(0,1)$内可导,又 $F(0)=0$,$F(1)=0$.因此 $F(x)$在$[0,1]$上满足罗尔定理的条件,故存在 $\xi\in(0,1)$使得$F'(\xi)=0$,即 $\xi f'(\xi)+f(\xi)=0$,也即 $f'(\xi)=-\dfrac{f(\xi)}{\xi}$.

**例 4.1.8**　若 $f(x)$可导,试证在 $f(x)$的两个零点之间,一定有 $f(x)+f'(x)=0$ 的根.

**分析**　如能构造辅助函数 $F(x)$,使 $F'(x)=f(x)+f'(x)$,则问题就转化为 $F'(x)$的零点存在问题.可以对 $F(x)$用罗尔定理进行证明.不过直接构造 $F(x)$并不容易,注意到$(e^x)'=e^x$,可以构造辅助函数 $F(x)=e^xf(x)$.

**证**　设 $F(x)=e^xf(x)$,$f(x_1)=0$,$f(x_2)=0$,$x_1<x_2$.由于 $f(x)$可导,可知 $F(x)$在$[x_1,x_2]$上满足罗尔定理的条件,因此至少存在一点 $\xi\in(x_1,x_2)$,使得 $F'(\xi)=0$,即

$$F'(\xi)=e^\xi f(\xi)+e^\xi f'(\xi)=e^\xi[f(\xi)+f'(\xi)]=0,$$

从而　$f(\xi)+f'(\xi)=0,\xi\in(x_1,x_2)$.

**例 4.1.9**　设函数 $f(x)$在$[a,b]$上连续,在$(a,b)$内有二阶导数,且 $f(a)=f(b)=0$,$f(c)>0(a<c<b)$.试证:在$(a,b)$内至少存在一点 $\xi$,使得 $f''(\xi)<0$.

**证**　由题设知 $f(x)$在$[a,c]$,$[c,b]$上满足拉格朗日定理的条件,故在$[a,c]$,$[c,b]$上分别有

$$f'(\xi_1)=\frac{f(c)-f(a)}{c-a}>0,\quad \xi_1\in(a,c),$$

$$f'(\xi_2)=\frac{f(c)-f(b)}{c-b}<0,\quad \xi_2\in(c,b).$$

由于 $f(x)$在$(a,b)$内具有二阶导数,故 $f'(x)$在$[\xi_1,\xi_2]$上满足拉格朗日定理的条件,于是在$(\xi_1,\xi_2)$内至少存在一点 $\xi$,使

$$f''(\xi)=\frac{f'(\xi_2)-f'(\xi_1)}{\xi_2-\xi_1}<0,\quad \xi\in(\xi_1,\xi_2).$$

由于$(\xi_1,\xi_2)\subset(a,b)$,故在$(a,b)$内至少存在一点$\xi$,使得$f''(\xi)<0$.

### 4.1.5 柯西(Cauchy)中值定理

**定理 4.1.4 (柯西中值定理)** 设函数$f(x)$和$g(x)$都在闭区间$[a,b]$上连续,在开区间$(a,b)$内可导,且对任意的$x\in(a,b)$,$g'(x)\neq 0$,则至少存在一点$\xi\in(a,b)$,使得

$$\frac{f'(\xi)}{g'(\xi)}=\frac{f(b)-f(a)}{g(b)-g(a)}.$$

**证** 首先证明$g(b)-g(a)\neq 0$.用反证法.假设$g(b)-g(a)=0$,即$g(b)=g(a)$.根据罗尔定理,在$(a,b)$内至少存在一点$\xi$,使$g'(\xi)=0$,与已知条件矛盾.

其次构造辅助函数

$$F(x)=f(x)-f(a)-\frac{f(b)-f(a)}{g(b)-g(a)}[g(x)-g(a)].$$

显然$F(x)$在$[a,b]$上满足罗尔定理的条件,因此在$(a,b)$内至少存在一点$\xi$,使得$F'(\xi)=0$,即

$$\frac{f'(\xi)}{g'(\xi)}=\frac{f(b)-f(a)}{g(b)-g(a)}.$$

**注** 当$g(x)=x$时,上式化为拉格朗日公式.因此,柯西中值定理是拉格朗日中值定理的推广.

**例 4.1.10** 设函数$f(x)$在$[a,b]$上可导,且$0<a<b$,证明在$(a,b)$内至少存在一点$\xi$,使

$$f(b)-f(a)=\xi f'(\xi)\ln\frac{b}{a}.$$

**证** 将待证结果变形为:存在$\xi\in(a,b)$,使得

$$\frac{f(b)-f(a)}{\ln b-\ln a}=\xi f'(\xi).$$

可见,若令$g(x)=\ln x$,则$f(x)$,$g(x)$在$[a,b]$上满足柯西中值定理的条件,于是至少存在一点$\xi\in(a,b)$,使得

$$\frac{f(b)-f(a)}{g(b)-g(a)}=\frac{f'(\xi)}{g'(\xi)},$$

即

$$\frac{f(b)-f(a)}{\ln b-\ln a}=\frac{f'(\xi)}{\frac{1}{\xi}},\quad 或\quad f(b)-f(a)=\xi f'(\xi)\ln\frac{b}{a}.$$

**注** 证明不等式除了可利用本节介绍的中值定理的方法外,还可以利用函数的单调性和函数的极值,这将在后面介绍.

## 4.2　不定式的定值法

在计算一个分式函数的极限时,经常会遇到分子分母同时趋于零或无穷大的情况.例如

$$\lim_{x\to 0}\frac{x-\sin x}{x^3},\lim_{x\to 2}\frac{x^2-5x+6}{x^2-4},$$

分子、分母都是无穷小量.通常将同一变化过程中两个无穷小量之比称为$\frac{0}{0}$**型不定式**.

又如

$$\lim_{x\to +\infty}\frac{\ln x}{x},\lim_{x\to\infty}\frac{x+\cos x}{x},$$

分子、分母都是无穷大量.通常将同一变化过程中两个无穷大量之比称为$\frac{\infty}{\infty}$**型不定式**.

不定式还有以下5种:

$$0\cdot\infty,1^{\infty},0^0,\infty^0,\infty-\infty.$$

它们都可化为$\frac{0}{0}$或$\frac{\infty}{\infty}$的不定式.不定式的值(极限值)可能是确定值,也可能不存在.柯西中值定理的一个重要应用是给出了$\frac{0}{0}$型不定式和$\frac{\infty}{\infty}$型不定式的定值法——洛必达(L'Hospital)法则.

### 4.2.1　$\frac{0}{0}$型不定式

**定理4.2.1　(洛必达法则Ⅰ)**设函数$f(x)$与$g(x)$满足下列条件:

(1)$\lim\limits_{x\to a}f(x)=0,\lim\limits_{x\to a}g(x)=0$,

(2)在点$a$的某空心邻域内可导,且$g'(x)\neq 0$,

(3)$\lim\limits_{x\to a}\frac{f'(x)}{g'(x)}=A(\text{或}\infty)$　($A$为常数),

则

$$\lim_{x\to a}\frac{f(x)}{g(x)}=\lim_{x\to a}\frac{f'(x)}{g'(x)}=A(\text{或}\infty).$$

**证**　由条件(1)可知,$x=a$是$f(x)$和$g(x)$的连续点或可去间断点,若是连续点,则必有$f(a)=g(a)=0$;若是可去间断点,则补充定义或修改定义使$f(x)$和$g(x)$在$x=a$处连续,从而也有$f(a)=g(a)=0$.

设$x$为$a$附近的一点($x\neq a$),显然在以$x$和$a$为端点的区间上,$f(x)$和$g(x)$满足柯西中值定理的条件.于是,有

$$\frac{f(x)}{g(x)}=\frac{f(x)-f(a)}{g(x)-g(a)}=\frac{f'(\xi)}{g'(\xi)}\qquad(\xi\text{在}x\text{与}a\text{之间}).$$

令 $x \to a$(从而 $\xi \to a$),对上式两端取极限,得到

$$\lim_{x \to a} \frac{f(x)}{g(x)} = \lim_{\xi \to a} \frac{f'(\xi)}{g'(\xi)} = \lim_{x \to a} \frac{f'(x)}{g'(x)}.$$

**注 1** 对于 $x \to \infty$ 时的 $\frac{0}{0}$ 型不定式,洛必达法则 I 也适用. 事实上,只要做变换 $z = \frac{1}{x}$,由于 $x \to \infty$ 时,$z \to 0$,则 $x \to \infty$ 时的 $\frac{0}{0}$ 型不定式就化成 $z \to 0$ 时的 $\frac{0}{0}$ 型不定式. 对 $x \to \infty$ 时的 $\frac{0}{0}$ 型不定式使用洛必达法则时,不需要进行变换,只要直接使用即可.

**注 2** 若不满足定理 4.2.1 中的条件(3),极限 $\lim\limits_{x \to a} \frac{f(x)}{g(x)}$ 仍然有可能存在. 此时,可用其他方法求值. 例如,$\lim\limits_{x \to 0} \frac{x + x^2 \sin \frac{1}{x}}{\sin x}$ 是 $\frac{0}{0}$ 型不定式,满足定理 4.2.1 的条件(1)(2),而不满足条件(3),因为

$$\lim_{x \to 0} \frac{\left(x + x^2 \sin \frac{1}{x}\right)'}{(\sin x)'} = \lim_{x \to 0} \frac{1 + 2x \sin \frac{1}{x} - \cos \frac{1}{x}}{\cos x}$$

不存在(且不等于∞). 虽然导数之比的极限不存在,但原不定式的极限仍存在:

$$\lim_{x \to 0} \frac{x + x^2 \sin \frac{1}{x}}{\sin x} = \lim_{x \to 0} \left[ \frac{x}{\sin x} + \frac{x}{\sin x} \left( x \sin \frac{1}{x} \right) \right] = 1.$$

**注 3** 本定理是对双侧极限而言,如果我们考虑的是右极限或左极限,那么定理仍然成立.

**注 4** 应用洛必达法则,而极限 $\lim\limits_{x \to a} \frac{f'(x)}{g'(x)}$ 仍是 $\frac{0}{0}$ 型不定式,这时只要导函数 $f'(x)$ 与 $g'(x)$ 仍满足洛必达法则的条件(特别是极限 $\lim\limits_{x \to a} \frac{f''(x)}{g''(x)}$ 存在),则

$$\lim_{x \to a} \frac{f(x)}{g(x)} = \lim_{x \to a} \frac{f'(x)}{g'(x)} = \lim_{x \to a} \frac{f''(x)}{g''(x)}.$$

**例 4.2.1** 求极限 $\lim\limits_{x \to 0} \frac{x - \sin x}{x^3}$.

**解** 因为 $\lim\limits_{x \to 0} \frac{x - \sin x}{x^3}$ 是 $\frac{0}{0}$ 型不定式,所以使用洛必达法则 I,有

$$\lim_{x \to 0} \frac{x - \sin x}{x^3} = \lim_{x \to 0} \frac{1 - \cos x}{3x^2},$$

而 $\lim\limits_{x \to 0} \frac{1 - \cos x}{3x^2}$ 仍是 $\frac{0}{0}$ 型不定式,所以再次使用洛必达法则 I,得到

$$\lim_{x \to 0} \frac{1 - \cos x}{3x^2} = \lim_{x \to 0} \frac{\sin x}{6x} = \frac{1}{6},$$

故

$$\lim_{x \to 0} \frac{x - \sin x}{x^3} = \frac{1}{6}.$$

**例 4.2.2**　求极限 $\lim\limits_{x \to +\infty} \dfrac{\frac{\pi}{2} - \arctan x}{\sin \frac{1}{x}}$.

**解**　$$\lim_{x \to +\infty} \frac{\frac{\pi}{2} - \arctan x}{\sin \frac{1}{x}} = \lim_{x \to +\infty} \frac{-\frac{1}{1+x^2}}{-\frac{1}{x^2}\cos \frac{1}{x}} = \lim_{x \to +\infty} \frac{x^2}{1+x^2} \cdot \frac{1}{\cos \frac{1}{x}} = 1.$$

**例 4.2.3** 求极限 $\lim\limits_{x \to 0} \dfrac{e^x - e^{-x} - 2x}{x - \sin x}$.

**解**　$$\lim_{x \to 0} \frac{e^x - e^{-x} - 2x}{x - \sin x} = \lim_{x \to 0} \frac{e^x + e^{-x} - 2}{1 - \cos x} = \lim_{x \to 0} \frac{e^x - e^{-x}}{\sin x} = \lim_{x \to 0} \frac{e^x + e^{-x}}{\cos x} = 2.$$

## 4.2.2　$\dfrac{\infty}{\infty}$型不定式

**定理 4.2.2**　**(洛必达法则 II)**设函数 $f(x)$和 $g(x)$满足条件:

(1)$\lim\limits_{x \to a} f(x) = \infty$,　$\lim\limits_{x \to a} g(x) = \infty$,

(2)在点 $a$ 的某邻域内($a$ 点可以除外)可导,且 $g'(x) \neq 0$,

(3)$\lim\limits_{x \to a} \dfrac{f'(x)}{g'(x)} = A$(或$\infty$)(其中 $A$ 是常数),

则

$$\lim_{x \to a} \frac{f(x)}{g(x)} = \lim_{x \to a} \frac{f'(x)}{g'(x)} = A(\text{或}\infty).$$

**证**　只证明 $x \to a^+$ 情况,同样方法可证 $x \to a^-$ 情况.仅对 $A$ 为有限数时证明,$A$ 为无穷大时的证明类似.

设 $x_0$是 $f(x)$和 $g(x)$的公共定义域中的任意一点,则当 $x \neq x_0$时,$\dfrac{f(x)}{g(x)}$可改写为

$$\begin{aligned}
\frac{f(x)}{g(x)} &= \frac{f(x) - f(x_0)}{g(x)} + \frac{f(x_0)}{g(x)} \\
&= \frac{g(x) - g(x_0)}{g(x)} \cdot \frac{f(x) - f(x_0)}{g(x) - g(x_0)} + \frac{f(x_0)}{g(x)} \\
&= \left[1 - \frac{g(x_0)}{g(x)}\right] \frac{f(x) - f(x_0)}{g(x) - g(x_0)} + \frac{f(x_0)}{g(x)}.
\end{aligned}$$

于是

$$\begin{aligned}
\left| \frac{f(x)}{g(x)} - A \right| &= \left| \left[1 - \frac{g(x_0)}{g(x)}\right] \frac{f(x) - f(x_0)}{g(x) - g(x_0)} + \frac{f(x_0)}{g(x)} - A \right| \\
&= \left| \left[1 - \frac{g(x_0)}{g(x)}\right] \frac{f(x) - f(x_0)}{g(x) - g(x_0)} - \left[1 - \frac{g(x_0)}{g(x)}\right] A + \frac{f(x_0)}{g(x)} - \frac{g(x_0)}{g(x)} A \right|
\end{aligned}$$

$$\leqslant\left|1-\frac{g(x_0)}{g(x)}\right|\left|\frac{f(x)-f(x_0)}{g(x)-g(x_0)}-A\right|+\left|\frac{f(x_0)-A\,g(x_0)}{g(x)}\right|.$$

因为 $\lim\limits_{x\to a^+}\frac{f'(x)}{g'(x)}=A$,所以对任意的 $\varepsilon>0$,存在 $\delta_1>0$,当 $0<x-a<\delta_1$时,

$$\left|\frac{f'(x)}{g'(x)}-A\right|<\varepsilon.$$

取 $x_0=a+\frac{\delta_1}{2}$,由柯西中值定理,对任意的 $x\in(a,x_0)$,存在 $\xi\in(x,x_0)\subset(a,a+\delta_1)$ 满足

$$\frac{f(x)-f(x_0)}{g(x)-g(x_0)}=\frac{f'(\xi)}{g'(\xi)},$$

于是得到

$$\left|\frac{f(x)-f(x_0)}{g(x)-g(x_0)}-A\right|=\left|\frac{f'(\xi)}{g'(\xi)}-A\right|<\varepsilon.$$

又因为 $\lim\limits_{x\to a^+}g(x)=\infty$,所以可以找到正数 $\delta<\frac{\delta_1}{2}$,当 $0<x-a<\delta$ 时,成立

$$\left|1-\frac{g(x_0)}{g(x)}\right|<2,\quad\left|\frac{f(x_0)-A\,g(x_0)}{g(x)}\right|<\varepsilon.$$

综上所述,即知对任意的 $\varepsilon>0$,存在 $\delta>0$,当 $0<x-a<\delta$ 时,

$$\left|\frac{f(x)}{g(x)}-A\right|\leqslant\left|1-\frac{g(x_0)}{g(x)}\right|\left|\frac{f(x)-f(x_0)}{g(x)-g(x_0)}-A\right|+\left|\frac{f(x_0)-A\,g(x_0)}{g(x)}\right|$$

$$<2\varepsilon+\varepsilon=3\varepsilon.$$

由定义,得

$$\lim_{x\to a^+}\frac{f(x)}{g(x)}=A=\lim_{x\to a^+}\frac{f'(x)}{g'(x)}.$$

在洛必达法则Ⅱ中,将 $x\to a$ 换成 $x\to\infty$ 亦成立.

**例 4.2.4** 求 $\lim\limits_{x\to+\infty}\frac{\ln x}{x}$.

**解** $\lim\limits_{x\to+\infty}\frac{\ln x}{x}=\lim\limits_{x\to+\infty}\frac{\frac{1}{x}}{1}=\lim\limits_{x\to+\infty}\frac{1}{x}=0.$

**例 4.2.5** 求 $\lim\limits_{x\to+\infty}\frac{\mathrm{e}^x}{x^n}$ (其中 $n$ 为正整数).

**解** 连续使用洛比达法则 $n$ 次得

$$\lim_{x\to+\infty}\frac{\mathrm{e}^x}{x^n}=\lim_{x\to+\infty}\frac{\mathrm{e}^x}{nx^{n-1}}=\lim_{x\to+\infty}\frac{\mathrm{e}^x}{n(n-1)x^{n-1}}$$

$$=\cdots=\lim_{x\to+\infty}\frac{\mathrm{e}^x}{n!}=+\infty.$$

**例 4.2.6** 求 $\lim\limits_{x\to\frac{\pi}{2}}\frac{\tan x}{\tan 3x}$.

解 $\lim\limits_{x\to\frac{\pi}{2}}\frac{\tan x}{\tan 3x}=\lim\limits_{x\to\frac{\pi}{2}}\frac{\sec^2 x}{3\sec^2 3x}=\lim\limits_{x\to\frac{\pi}{2}}\frac{\cos^2 3x}{3\cos^2 x}$

$$=\lim_{x\to\frac{\pi}{2}}\frac{-6\cos 3x\sin 3x}{-6\cos x\sin x}=\lim_{x\to\frac{\pi}{2}}\frac{\sin 6x}{\sin 2x}$$

$$=\lim_{x\to\frac{\pi}{2}}\frac{6\cos 6x}{2\cos 2x}=3.$$

## 4.2.3 其他类型的不定式

**1. 0·∞型**

对于0·∞型不定式，可以将乘积形式化为除的形式，从而化成$\frac{0}{0}$或$\frac{\infty}{\infty}$型，然后再使用洛必达法则.

**例4.2.7** 求$\lim\limits_{x\to0^+}x^\alpha\ln x$，其中$\alpha>0$.

解 $\lim\limits_{x\to0^+}x^\alpha\ln x=\lim\limits_{x\to0^+}\frac{\ln x}{\frac{1}{x^\alpha}}=\lim\limits_{x\to0^+}\frac{\frac{1}{x}}{-\frac{\alpha}{x^{\alpha+1}}}=-\frac{1}{\alpha}\lim\limits_{x\to0^+}x^\alpha=0.$

**例4.2.8** 求$\lim\limits_{x\to\infty}x\ln\left(\frac{x+a}{x-a}\right)\quad(a\neq0)$.

解 $\lim\limits_{x\to\infty}x\ln\left(\frac{x+a}{x-a}\right)=\lim\limits_{x\to\infty}\frac{\ln\left(\frac{x+a}{x-a}\right)}{\frac{1}{x}}=\lim\limits_{x\to\infty}\frac{\frac{x-a}{x+a}\cdot\frac{-2a}{(x-a)^2}}{-\frac{1}{x^2}}$

$$=\lim_{x\to\infty}\frac{2ax^2}{x^2-a^2}=2a.$$

**2. ∞−∞型**

对于∞−∞型不定式，可先化为$\frac{1}{0}-\frac{1}{0}$型，再通分变成$\frac{0-0}{0}$型，即$\frac{0}{0}$型.

**例4.2.9** 求$\lim\limits_{x\to0^+}\left(\cot x-\frac{1}{x}\right)$.

解 $\lim\limits_{x\to0^+}\left(\cot x-\frac{1}{x}\right)=\lim\limits_{x\to0^+}\left(\frac{\cos x}{\sin x}-\frac{1}{x}\right)=\lim\limits_{x\to0^+}\frac{x\cos x-\sin x}{x\sin x}$

$$=\lim_{x\to0^+}\frac{x\cos x-\sin x}{x^2}\cdot\frac{x}{\sin x}=\lim_{x\to0^+}\frac{x\cos x-\sin x}{x^2}$$

$$=\lim_{x\to0^+}\frac{\cos x-x\sin x-\cos x}{2x}=0.$$

**3. $\infty^0$型、$1^\infty$型、$0^0$型**

对于$\infty^0$、$1^\infty$、$0^0$型不定式，即$\lim f(x)^{g(x)}$可通过对数恒等式统一化成

$$\lim \mathrm{e}^{\ln f(x)^{g(x)}}=\lim \mathrm{e}^{g(x)\ln f(x)}=\mathrm{e}^{\lim[g(x)\ln f(x)]}$$

这里 $\lim[g(x)\ln f(x)]$已成为 $0\cdot\infty$型,只需使用 $0\cdot\infty$型的处理方法即可.

**例 4.2.10** 求 $\lim\limits_{x\to0^+}(\cot x)^{\frac{1}{\ln x}}$ $(\infty^0$型$)$.

**解** $$\lim_{x\to0^+}(\cot x)^{\frac{1}{\ln x}}=\lim_{x\to0^+}\mathrm{e}^{\frac{\ln\cot x}{\ln x}}=\mathrm{e}^{\lim\limits_{x\to0^+}\frac{-\frac{1}{\cot x\cdot\sin^2 x}}{\frac{1}{x}}}$$
$$=\mathrm{e}^{\lim\limits_{x\to0^+}\left(-\frac{1}{\cos x}\cdot\frac{x}{\sin x}\right)}=\frac{1}{\mathrm{e}}.$$

**例 4.2.11** 求 $\lim\limits_{x\to0^+}x^x$ $(0^0$型$)$.

**解** $$\lim_{x\to0^+}x^x=\lim_{x\to0^+}\mathrm{e}^{x\ln x}=\mathrm{e}^{\lim\limits_{x\to0^+}x\ln x}.$$
由例 4.2.7, $\lim\limits_{x\to0^+}x\ln x=0$,于是 $\lim\limits_{x\to0^+}x^x=\mathrm{e}^0=1$.

**例 4.2.12** 求 $\lim\limits_{x\to\mathrm{e}}(\ln x)^{\frac{1}{1-\ln x}}$ $(1^\infty$型$)$.

**解** $$\lim_{x\to\mathrm{e}}(\ln x)^{\frac{1}{1-\ln x}}=\lim_{x\to\mathrm{e}}\mathrm{e}^{\frac{\ln\ln x}{1-\ln x}}=\mathrm{e}^{\lim\limits_{x\to\mathrm{e}}\frac{\ln\ln x}{1-\ln x}}=\mathrm{e}^{\lim\limits_{x\to\mathrm{e}}\frac{\frac{1}{x\ln x}}{-\frac{1}{x}}}=\mathrm{e}^{-1}.$$

**例 4.2.13** 求 $\lim\limits_{n\to\infty}\left(n\tan\frac{1}{n}\right)^{n^2}$ ($n$ 为自然数).

**分析** 这是求数列的极限,虽然为 $1^\infty$型不定式,但不能直接应用洛必达法则,因为 $n$ 是离散变量,$f(n)$不存在导数,但若能求得 $\lim\limits_{x\to+\infty}f(x)=A$,则由数列极限与函数极限的关系,必有 $\lim\limits_{n\to\infty}f(n)=A$.

**解** 设 $f(x)=\left(x\tan\frac{1}{x}\right)^{x^2}$,为计算简便作变换 $t=\frac{1}{x}$,则
$$\left(x\tan\frac{1}{x}\right)^{x^2}=\left(\frac{\tan t}{t}\right)^{\frac{1}{t^2}}.$$
当 $x\to+\infty$时,$t\to0^+$.因为
$$\lim_{t\to0^+}\left(\frac{\tan t}{t}\right)^{\frac{1}{t^2}}=\lim_{t\to0^+}\left[\left(1+\frac{\tan t-t}{t}\right)^{\frac{t}{\tan t-t}}\right]^{\frac{\tan t-t}{t^3}},$$
其中
$$\lim_{t\to0^+}\frac{\tan t-t}{t^3}=\lim_{t\to0^+}\frac{\sec^2 t-1}{3t^2}=\frac{1}{3}.$$
所以
$$\lim_{t\to0^+}\left(\frac{\tan t}{t}\right)^{\frac{1}{t^2}}=\mathrm{e}^{\frac{1}{3}}.$$
取 $t=\frac{1}{n}$,得到
$$\lim_{n\to\infty}\left(n\tan\frac{1}{n}\right)^{n^2}=\lim_{x\to+\infty}\left(x\tan\frac{1}{x}\right)^{x^2}=\lim_{t\to0^+}\left(\frac{\tan t}{t}\right)^{\frac{1}{t^2}}=\mathrm{e}^{\frac{1}{3}}.$$

# 4.3　泰勒公式

## 4.3.1　泰勒(Taylor)公式及麦克劳林(Maclaurin)公式

在初等函数中,多项式是最简单的函数,因为多项式函数只有加、减、乘三种运算.如果能将一般函数 $f(x)$用多项式函数近似代替,而误差又能满足要求,无论在理论研究或近似计算方面都很有意义.那么一个函数具有什么条件才能用多项式函数近似代替呢?这个多项式函数的各项系数与这个函数有什么关系呢?用多项式函数近似代替这个函数误差是怎样的呢?这正是本节要解决的问题.

**定理 4.3.1　(泰勒定理)**若函数 $f(x)$在点 $x_0$处有 $n$ 阶导数,则有

$$f(x)=f(x_0)+f'(x_0)(x-x_0)+\frac{f''(x_0)}{2!}(x-x_0)^2+\cdots+\frac{f^{(n)}(x_0)}{n!}(x-x_0)^n+R_n(x),$$

其中

$$R_n(x)=o[(x-x_0)^n]\quad(x\to x_0),$$

即 $R_n(x)$是比$(x-x_0)^n$高阶的无穷小.

上面的公式称为(带皮亚诺(Peano)余项的)**泰勒公式**,$R_n(x)=o[(x-x_0)^n](x\to x_0)$称为**皮亚诺余项**.

**证**　只需证明

$$\lim_{x\to x_0}\frac{R_n(x)}{(x-x_0)^n}=0.$$

$$\lim_{x\to x_0}\frac{R_n(x)}{(x-x_0)^n}=\lim_{x\to x_0}\frac{1}{(x-x_0)^n}\left\{f(x)-\left[f(x_0)+f'(x_0)(x-x_0)+\frac{f''(x_0)}{2!}(x-x_0)^2+\cdots+\frac{f^{(n)}(x_0)}{n!}(x-x_0)^n\right]\right\},$$

这是一个$\frac{0}{0}$型不定式.由定理的条件 $f^{(n)}(x_0)$存在知,$f^{(n-1)}(x)$在点 $x_0$的去心邻域内存在,并可对上式应用$(n-1)$次洛必达法则,得

$$\lim_{x\to x_0}\frac{R_n(x)}{(x-x_0)^n}\xlongequal{(1次)}\lim_{x\to x_0}\frac{1}{n(x-x_0)^{n-1}}\left[f'(x)-f'(x_0)-f''(x_0)(x-x_0)-\cdots-\frac{f^{(n-1)}(x_0)}{(n-2)!}(x-x_0)^{n-2}-\frac{f^{(n)}(x_0)}{(n-1)!}(x-x_0)^{n-1}\right]$$

$$\xlongequal{(2次)}\lim_{x\to x_0}\frac{1}{n(n-1)(x-x_0)^{n-2}}\left[f''(x)-f''(x_0)-f'''(x_0)(x-x_0)\right.$$

$$- \cdots - \frac{f^{(n-1)}(x_0)}{(n-3)!}(x-x_0)^{n-3} - \frac{f^{(n)}(x_0)}{(n-2)!}(x-x_0)^{n-2} \Big]$$

$$= \cdots$$

$$\xlongequal{(n-1\text{次})} \lim_{x \to x_0} \frac{f^{(n-1)}(x) - f^{(n-1)}(x_0) - f^{(n)}(x_0)(x-x_0)}{n!\ (x-x_0)}$$

$$= \frac{1}{n!} \lim_{x \to x_0} \left[ \frac{f^{(n-1)}(x) - f^{(n-1)}(x_0)}{x - x_0} - f^{(n)}(x_0) \right]$$

$$= \frac{1}{n!} [f^{(n)}(x_0) - f^{(n)}(x_0)] = 0.$$

于是 $\lim\limits_{x \to x_0} \dfrac{R_n(x)}{(x-x_0)^n} = 0$,即 $R_n(x) = o[(x-x_0)^n]$.

**注 1** 一个函数在同一点处的 $n$ 阶(带皮亚诺余项的)泰勒公式是唯一的(读者可将其作为练习).

**注 2** 多项式函数

$$P(x) = a_0 + a_1 x + a_2 x^2 + \cdots + a_n x^n$$

在点 $x_0$处的 $n$ 阶(带皮亚诺余项的)泰勒公式为如下多项式

$$P(x) = P(x_0) + P'(x_0)(x-x_0) + \frac{P''(x_0)}{2!}(x-x_0)^2 + \cdots + \frac{P^{(n)}(x_0)}{n!}(x-x_0)^n.$$

事实上,可以假设

$$P(x) = A_0 + A_1(x-x_0) + A_2(x-x_0)^2 + \cdots + A_n(x-x_0)^n.$$

在此式两边逐次求导得

$$P'(x) = A_1 + 2A_2(x-x_0) + \cdots + nA_n(x-x_0)^{n-1},$$

$$P''(x) = 2!\ A_2 + 3 \cdot 2A_3(x-x_0) + \cdots + n(n-1)A_n(x-x_0)^{n-2},$$

$$\cdots$$

$$P^{(n)}(x) = n!\ A_n.$$

将 $x = x_0$代入以上各式得到

$$A_0 = P(x_0), A_1 = P'(x_0), A_2 = \frac{P''(x_0)}{2!}, \cdots, A_n = \frac{P^{(n)}(x_0)}{n!}.$$

于是证明了

$$P(x) = P(x_0) + P'(x_0)(x-x_0) + \frac{P''(x_0)}{2!}(x-x_0)^2 + \cdots + \frac{P^{(n)}(x_0)}{n!}(x-x_0)^n.$$

**注 3** 当 $x_0 = 0$ 时,有

$$f(x) = f(0) + f'(0)x + \frac{f''(0)}{2!}x^2 + \cdots + \frac{f^{(n)}(0)}{n!}x^n + o(x^n).$$

此式称为 $n$ 阶(带皮亚诺余项的)**麦克劳林公式**.

由定理 4.3.1 给出的余项是一种定性的描述,不能估算余项 $R_n(x)$的数值,因此还要进一步给出余项 $R_n(x)$的定量公式.

**定理 4.3.2 (泰勒中值定理)**若函数 $f(x)$在含有点 $x_0$在内的某个区间$(a,b)$内

具有直到 $n+1$ 阶导数,则当 $x\in(a,b)$时,有

$$f(x)=f(x_0)+f'(x_0)(x-x_0)+\frac{f''(x_0)}{2!}(x-x_0)^2+\cdots+\frac{f^{(n)}(x_0)}{n!}(x-x_0)^n+R_n(x),$$

其中

$$R_n(x)=\frac{f^{(n+1)}(\xi)}{(n+1)!}(x-x_0)^{n+1},$$

$x$ 与 $x_0$ 在 $a,b$ 之间,$\xi$ 在 $x_0$ 与 $x$ 之间.

上面的公式称为(带拉格朗日余项的)**泰勒公式**,$R_n(x)=\frac{f^{(n+1)}(\xi)}{(n+1)!}(x-x_0)^{n+1}$ 称为**拉格朗日余项**.

**证**　构造辅助函数

$$F(t)=f(x)-\left[f(t)+f'(t)(x-t)+\frac{f''(t)}{2!}(x-t)^2+\cdots+\frac{f^{(n)}(t)}{n!}(x-t)^n\right],$$

$$G(t)=(x-t)^{n+1}.$$

易知 $F(t)$和 $G(t)$在$[x_0,x]$(或$[x,x_0]$)上连续,在$(x_0,x)$(或$(x,x_0)$)内可导,且

$$\begin{aligned}F'(t)=&-\left[f'(t)+f''(t)(x-t)-f'(t)+\frac{f'''(t)}{2!}(x-t)^2-f''(t)(x-t)+\cdots\right.\\&\left.+\frac{f^{(n+1)}(t)}{n!}(x-t)^n-\frac{f^{(n)}(t)}{(n-1)!}(x-t)^{n-1}\right]\\=&-\frac{f^{(n+1)}(t)}{n!}(x-t)^n,\end{aligned}$$

$$G'(t)=-(n+1)(x-t)^n.$$

在$(x_0,x)$或$((x,x_0))$内 $G'(t)\neq0$,因此,由柯西中值定理知,在 $x_0$ 与 $x$ 之间至少存在一点 $\xi$,使得

$$\frac{F(x_0)-F(x)}{G(x_0)-G(x)}=\frac{F'(\xi)}{G'(\xi)}.$$

将 $F'(\xi),G'(\xi)$的表达式代入,并注意到 $F(x)=G(x)=0$,有

$$\frac{F(x_0)}{G(x_0)}=\frac{F(x_0)-F(x)}{G(x_0)-G(x)}=\frac{-\frac{f^{(n+1)}(\xi)}{n!}(x-\xi)^n}{-(n+1)(x-\xi)^n}=\frac{f^{(n+1)}(\xi)}{(n+1)!}.$$

从而

$$F(x_0)=\frac{f^{(n+1)}(\xi)}{(n+1)!}G(x_0)=\frac{f^{(n+1)}(\xi)}{(n+1)!}(x-x_0)^{n+1}.$$

再将 $F(x_0)$的表达式代入左端,整理后,得到

$$\begin{aligned}f(x)=&f(x_0)+f'(x_0)(x-x_0)+\frac{f''(x_0)}{2!}(x-x_0)^2+\cdots\\&+\frac{f^{(n)}(x_0)}{n!}(x-x_0)^n+\frac{f^{(n+1)}(\xi)}{(n+1)!}(x-x_0)^{n+1}.\end{aligned}$$

**注 1**　当 $n=0$ 时,泰勒公式化为

$$f(x)=f(x_0)+f'(\xi)(x-x_0) \qquad (\xi\text{ 在 }x_0\text{ 与 }x\text{ 之间}).$$

**注 2** 当 $x_0=0$ 时,泰勒公式化为

$$f(x)=f(0)+f'(0)x+\frac{f''(0)}{2!}x^2+\cdots+\frac{f^{(n)}(0)}{n!}x^n+\frac{f^{(n+1)}(\theta x)}{(n+1)!}x^{n+1} \quad (0<\theta<1).$$

此式又称为(带拉格朗日余项的)**麦克劳林公式**.

## 4.3.2 常用的几个展开式

给出几个常用基本初等函数的麦克劳林公式.

1. $f(x)=e^x$

已知 $f^{(n)}(x)=e^x$, $f^{(n)}(0)=1$,取拉格朗日余项,有

$$e^x=1+x+\frac{x^2}{2!}+\cdots+\frac{x^n}{n!}+\frac{x^{n+1}}{(n+1)!}e^{\theta x},\quad 0<\theta<1.$$

2. $f(x)=\sin x$

已知 $f^{(n)}(x)=\sin\left(x+n\frac{\pi}{2}\right)$, $f^{(n)}(0)=\sin\frac{n\pi}{2}=\begin{cases}0, & n=2k,\\ (-1)^k, & n=2k+1,\end{cases}$

有
$$\sin x=x-\frac{x^3}{3!}+\cdots+(-1)^{k-1}\frac{x^{2k-1}}{(2k-1)!}+R_{2k}(x),$$

拉格朗日余项

$$R_{2k}(x)=\frac{x^{2k+1}}{(2k+1)!}\sin\left(\theta x+\frac{2k+1}{2}\pi\right)=(-1)^k\frac{x^{2k+1}}{(2k+1)!}\cos\theta x,0<\theta<1.$$

3. $f(x)=\cos x$

已知 $f^{(n)}(x)=\cos\left(x+n\frac{\pi}{2}\right)$, $f^{(n)}(0)=\cos\frac{n\pi}{2}=\begin{cases}(-1)^k, & n=2k,\\ 0, & n=2k+1,\end{cases}$

有
$$\cos x=1-\frac{x^2}{2!}+\frac{x^4}{4!}-\cdots+(-1)^k\frac{x^{2k}}{(2k)!}+R_{2k+1}(x),$$

其中
$$R_{2k+1}(x)=(-1)^{k+1}\frac{x^{2k+2}}{(2k+2)!}\cos\theta x,\quad 0<\theta<1.$$

4. $f(x)=\ln(1+x)$

已知

$$f^{(n)}(x)=(-1)^{n-1}\frac{(n-1)!}{(1+x)^n},$$

$$f^{(n)}(0)=(-1)^{n-1}(n-1)!,$$

有

$$\ln(1+x)=x-\frac{x^2}{2}+\frac{x^3}{3}-\cdots+(-1)^{n-1}\frac{x^n}{n}+R_n(x),$$

其中 $$R_n(x)=(-1)^n\frac{x^{n+1}}{(n+1)(1+\theta x)^{n+1}},\quad 0<\theta<1.$$

5. $f(x)=(1+x)^\alpha$,其中 $\alpha$ 为任意实数

已知

$$f^{(n)}(x)=\alpha(\alpha-1)\cdots(\alpha-n+1)(1+x)^{\alpha-n},$$
$$f^{(n)}(0)=\alpha(\alpha-1)\cdots(\alpha-n+1),$$

有

$$(1+x)^\alpha=1+\alpha x+\frac{\alpha(\alpha-1)}{2!}x^2+\cdots+\frac{\alpha(\alpha-1)\cdots(\alpha-n+1)}{n!}x^n+R_n(x),$$

其中 $$R_n(x)=\frac{\alpha(\alpha-1)\cdots(\alpha-n)}{(n+1)!}(1+\theta x)^{\alpha-n-1}x^{n+1},\quad 0<\theta<1.$$

特别地,当 $\alpha$ 为正整数 $n$ 时,上式即成为

$$(1+x)^n=\sum_{k=0}^{n}C_n^k x^k.$$

这是熟知的二项式展开定理,此时的余项为零.

当 $\alpha=-1$ 时,有

$$\frac{1}{1+x}=1-x+x^2-x^3+x^4-\cdots+(-1)^n x^n+R_n(x),$$

其中 $$R_n(x)=(-1)^{n+1}\frac{x^{n+1}}{(1+\theta x)^{n+2}},\quad 0<\theta<1.$$

从上面的几个基本公式出发,可以较方便地得到许多泰勒展式,而不必繁琐地利用定义.

**例 4.3.1** 求 $e^{-x^2}$ 的麦克劳林展开式.

**解**

$$\begin{aligned}e^{-x^2}&=1+(-x^2)+\frac{(-x^2)^2}{2!}+\cdots+\frac{(-x^2)^n}{n!}+\frac{(-x^2)^{n+1}}{(n+1)!}e^{\theta(-x^2)}\\&=1-x^2+\frac{x^4}{2!}+\cdots+\frac{(-1)^n x^{2n}}{n!}+\frac{(-1)^{n+1}x^{2n+2}}{(n+1)!}e^{-\theta x^2}\quad(0<\theta<1).\end{aligned}$$

**例 4.3.2** 求 $\sin^2 x$ 的麦克劳林展开式.

**解** $$\begin{aligned}\sin^2 x&=\frac{1-\cos 2x}{2}=\frac{1}{2}-\frac{1}{2}\cos 2x\\&=\frac{1}{2}-\frac{1}{2}\left[1-\frac{(2x)^2}{2!}+\frac{(2x)^4}{4!}-\cdots+(-1)^m\frac{(2x)^{2m}}{(2m)!}+o(x^{2m+1})\right]\\&=\frac{2}{2!}x^2-\frac{2^3}{4!}x^4+\frac{2^5}{6!}x^6-\cdots+(-1)^{m+1}\frac{2^{2m-1}}{(2m)!}x^{2m}+o(x^{2m+1}).\end{aligned}$$

**例 4.3.3** 求 $f(x)=\sqrt{x}$ 在 $x=1$ 处的泰勒展开式.

**解** $$\begin{aligned}\sqrt{x}&=\sqrt{1+(x-1)}=1+\frac{1}{2}(x-1)-\frac{1}{2\cdot 4}(x-1)^2+\frac{1\cdot 3}{2\cdot 4\cdot 6}(x-1)^3\\&\quad-\cdots+(-1)^{n-1}\frac{(2n-3)!!}{(2n)!!}(x-1)^n+o((x-1)^n).\end{aligned}$$

上式利用了函数$(1+x)^{\frac{1}{2}}$的麦克劳林公式.

**例 4.3.4** 求$\ln(2-3x+x^2)$的麦克劳林展开式.

**解** 因为$2-3x+x^2=2(1-x)(1-\frac{x}{2})$,所以有当$x<1$时,

$$\ln(2-3x+x^2)=\ln 2+\ln(1-x)+\ln(1-\frac{x}{2}).$$

在$\ln(1+x)$的展开式中,分别用$(-x)$和$(-\frac{x}{2})$代替$x$得

$$\ln(1-x)=-x-\frac{x^2}{2}-\frac{x^3}{3}-\cdots-\frac{x^n}{n}+o(x^n),$$

$$\begin{aligned}\ln(1-\frac{x}{2})&=(-\frac{x}{2})-\frac{(-\frac{x}{2})^2}{2}-\cdots-(-1)^{n-1}\frac{(-\frac{x}{2})^n}{n}+o(x^n)\\&=-\frac{1}{2}x-\frac{1}{2}\frac{1}{2^2}x^2-\cdots-\frac{1}{n}\frac{1}{2^n}x^n+o(x^n),\end{aligned}$$

因此

$$\begin{aligned}\ln(2-3x+x^2)&=\ln 2-x-\frac{x^2}{2}-\cdots-\frac{x^n}{n}+o(x^n)-\frac{1}{2}x-\frac{1}{2}\frac{1}{2^2}x^2\\&\quad-\cdots-\frac{1}{n}\frac{1}{2^n}x^n+o(x^n)\\&=\ln 2-(1+\frac{1}{2})x-\frac{1}{2}(1+\frac{1}{2^2})x^2-\frac{1}{3}(1+\frac{1}{2^3})x^3\\&\quad-\cdots-\frac{1}{n}(1+\frac{1}{2^n})x^n+o(x^n).\end{aligned}$$

## 4.3.3 利用泰勒公式求不定式

利用带皮亚诺余项的泰勒公式求不定式的值,有时比用洛必达法则更简单.

**例 4.3.5** 求$\lim\limits_{x\to 0}\frac{\cos x-e^{-\frac{x^2}{2}}}{x^4}$.

**解** 这是$\frac{0}{0}$型不定式.若用洛必达法则,则分子分母需求导4次,比较麻烦.这里采用泰勒公式

$$\begin{aligned}\lim_{x\to 0}\frac{\cos x-e^{-\frac{x^2}{2}}}{x^4}&=\lim_{x\to 0}\frac{\left[1-\frac{x^2}{2}+\frac{x^4}{4!}+o(x^4)\right]-\left[1+(-\frac{x^2}{2})+\frac{1}{2!}(-\frac{x^2}{2})^2+o(x^4)\right]}{x^4}\\&=\lim_{x\to 0}\frac{-\frac{1}{12}x^4+o(x^4)}{x^4}\\&=-\frac{1}{12}.\end{aligned}$$

**例 4.3.6**　求$\lim\limits_{x\to 0}\dfrac{e^x-1-x}{\sqrt{1-x}-\cos\sqrt{x}}$.

**解**

$$\lim_{x\to 0}\frac{e^x-1-x}{\sqrt{1-x}-\cos\sqrt{x}}=\lim_{x\to 0}\frac{1+x+\frac{1}{2}x^2+o(x^2)-1-x}{1-\frac{1}{2}x-\frac{1}{8}x^2+o(x^2)-\left[1-\frac{x}{2}+\frac{1}{24}x^2+o(x^2)\right]}$$

$$=\lim_{x\to 0}\frac{\frac{1}{2}x^2+o(x^2)}{-\frac{1}{8}x^2-\frac{1}{24}x^2+o(x^2)}$$

$$=-3.$$

**例 4.3.7**　选择 $a$ 与 $b$,使得当 $x\to 0$ 时, $x-(a+b\cos x)\sin x$ 为 5 阶无穷小.

**解**　$\cos x=1-\dfrac{1}{2}x^2+\dfrac{1}{24}x^4+o(x^5)$,

$$\sin x=x-\frac{1}{3!}x^3+\frac{1}{120}x^5+o(x^5),$$

于是

$$x-(a+b\cos x)\sin x=x-\left\{a+b\left[1-\frac{1}{2}x^2+\frac{1}{24}x^4+o(x^5)\right]\right\}\left[x-\frac{1}{3!}x^3+\frac{1}{120}x^5+o(x^5)\right]$$

$$=(1-a-b)x+\left(\frac{b}{2}+\frac{a+b}{3!}\right)x^3-\left(\frac{a+b}{120}+\frac{b}{24}+\frac{b}{12}\right)x^5+o(x^5).$$

所以,有

$$1-a-b=0,\quad \frac{b}{2}+\frac{a+b}{3!}=0.$$

解得

$$a=\frac{4}{3},\quad b=-\frac{1}{3}.$$

**例 4.3.8**　求 $\lim\limits_{x\to+\infty}\left(\sqrt[6]{x^6+x^5}-\sqrt[6]{x^6-x^5}\right)$.

**解**　这是$\infty-\infty$不定式.

$$\lim_{x\to+\infty}\left(\sqrt[6]{x^6+x^5}-\sqrt[6]{x^6-x^5}\right)=\lim_{x\to+\infty}x\left[\sqrt[6]{1+\frac{1}{x}}-\sqrt[6]{1-\frac{1}{x}}\right].$$

利用函数$(1+x)^\alpha$的麦克劳林公式,有

$$\sqrt[6]{1+\frac{1}{x}}=1+\frac{1}{6}\frac{1}{x}+o\left(\frac{1}{x}\right),\qquad \sqrt[6]{1-\frac{1}{x}}=1-\frac{1}{6}\frac{1}{x}+o\left(\frac{1}{x}\right).$$

所以

$$\lim_{x\to+\infty}\left(\sqrt[6]{x^6+x^5}-\sqrt[6]{x^6-x^5}\right)=\lim_{x\to+\infty}x\left[\frac{1}{3}\frac{1}{x}+o\left(\frac{1}{x}\right)\right]=\frac{1}{3}.$$

# 4.4 导数在函数研究中的应用

## 4.4.1 函数的单调性

设曲线 $y=f(x)$在其上每一点都存在切线.若切线与 $x$ 轴正方向的夹角都是锐角,即切线的斜率 $f'(x)>0$,则曲线 $y=f(x)$必严格单增;若切线与 $x$ 轴正方向的夹角是钝角,即切线的斜率 $f'(x)<0$,则曲线 $y=f(x)$必严格单减(见图 4.3).由此可见,应用导数的符号就能够判别函数的单调性.

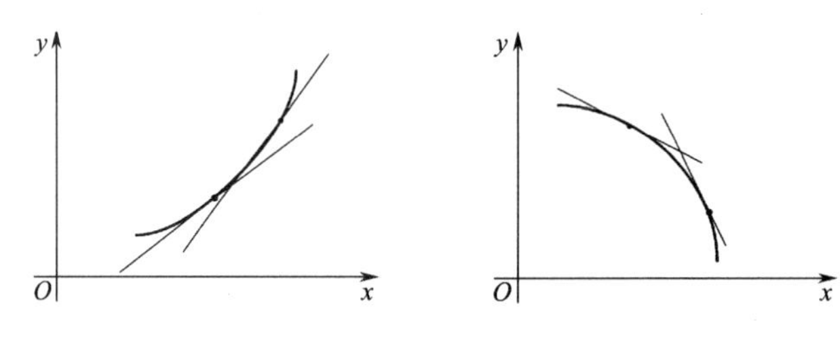


图 4.3 函数的单调性

**定理 4.4.1** 设函数 $y=f(x)$在$(a,b)$内可导.

(1)若 $x\in(a,b)$时,$f'(x)>0$,则 $f(x)$在$(a,b)$内严格单调增加;

(2)若 $x\in(a,b)$时,$f'(x)<0$,则 $f(x)$在$(a,b)$内严格单调减少.

**证** (1)在区间$(a,b)$内任取两点 $x_1,x_2$,且 $x_1<x_2$.由于 $f(x)$在$(a,b)$内可导,所以在$[x_1,x_2]$上连续,应用拉格朗日中值定理,得到

$$f(x_2)-f(x_1)=f'(\xi)(x_2-x_1),\quad \xi\in(x_1,x_2).$$

由已知,$f'(\xi)>0$,从而 $f(x_2)-f(x_1)>0$,$f(x_2)>f(x_1)$.由 $x_1,x_2$的任意性,知 $f(x)$在$(a,b)$内严格单调增加.

同理可证(2).

**注** 若 $f(x)$在$(a,b)$内可导,且 $f'(x)\geqslant 0$,则 $f(x)$在$(a,b)$内单调增加;若使 $f'(x)=0$ 的点 $x$ 仅是一些孤立的点,则函数 $f(x)$在$(a,b)$内严格单调增加.

**例 4.4.1** 确定函数 $f(x)=x^3-3x+2$ 的单调区间.

**解** $f'(x)=3(x^2-1)$,令 $f'(x)=0$.得 $x_1=-1,x_2=1$.$x_1,x_2$将函数 $f(x)$的定义域分成三个区间:$(-\infty,-1),(-1,1),(1,+\infty)$.

当$-\infty<x<-1$时,$f'(x)>0$,故 $f(x)$在$(-\infty,-1)$内严格单调增加;当$-1<x<1$时,$f'(x)<0$,故 $f(x)$在$(-1,1)$内严格单调减少;当$1<x<+\infty$时,$f'(x)>0$,故 $f(x)$在$(1,+\infty)$内严格单调增加.列表如下:

| $x$ | $(-\infty,-1)$ | $-1$ | $(-1,1)$ | $1$ | $(1,+\infty)$ |
|---|---|---|---|---|---|
| $f'(x)$ | + | 0 | − | 0 | + |
| $f(x)$ | ↗ | | ↘ | | ↗ |

其中符号“↗”表示严格单调增加，“↘”表示严格单调减少.

**例 4.4.2**　讨论函数 $f(x)=e^{-x^2}$ 的单调性.

**解**　$f'(x)=-2xe^{-x^2}$，令 $f'(x)=0$，其根是 $x=0$，它将定义域分成两个区间 $(-\infty,0)$ 与 $(0,+\infty)$. 列表如下：

| $x$ | $(-\infty,0)$ | $0$ | $(0,+\infty)$ |
|---|---|---|---|
| $f'(x)$ | + | 0 | − |
| $f(x)$ | ↗ | 1 | ↘ |

$f(x)$ 在 $(-\infty,0)$ 严格单调增加，在 $(0,+\infty)$ 严格单调减少.

**例 4.4.3**　证明不等式 $\sin x>x-\frac{x^3}{6}\quad(x>0)$.

**证**　令 $f(x)=\sin x-x+\frac{x^3}{6}$，则当 $x>0$ 时，有

$$f'(x)=\cos x-1+\frac{x^2}{2},\quad f''(x)=x-\sin x>0.$$

所以 $f'(x)$ 在 $x>0$ 严格单调增加. 又因为 $f'(x)$ 在 $x=0$ 处连续，因此，当 $x>0$ 时，有

$$f'(x)=\cos x-1+\frac{x^2}{2}>f'(0)=0.$$

由此可知 $f(x)$ 在 $x\geqslant 0$ 也是严格单调增加的. 当 $x>0$ 时

$$f(x)=\sin x-x+\frac{x^3}{6}>f(0)=0,\quad 即\ \sin x>x-\frac{x^3}{6}.$$

**例 4.4.4**　证明：当 $x\in(0,\frac{\pi}{2})$ 时，有 $\frac{2}{\pi}x<\sin x<x$.

**证**　先证 $\sin x<x,x\in(0,\frac{\pi}{2})$，采用不同于第 2 章中用几何方法的证明.

令 $f(x)=x-\sin x$，则当 $x\in(0,\frac{\pi}{2})$ 时，$f'(x)=1-\cos x>0$. 又由于 $f(x)$ 在 $x=0$ 处连续，所以 $f(x)$ 在 $[0,\frac{\pi}{2})$ 严格单调增加，当 $x\in(0,\frac{\pi}{2})$ 时，$f(x)=x-\sin x>f(0)=0$ 即 $\sin x<x$.

下面证明　$\frac{2}{\pi}x<\sin x,x\in(0,\frac{\pi}{2})$. 令 $g(x)=\frac{\pi}{2}\frac{\sin x}{x}$，则 $g'(x)=\frac{\pi}{2}\frac{\cos x}{x^2}(x-\tan x)$. 当 $x\in(0,\frac{\pi}{2})$ 时，有 $x<\tan x$（因为 $(\tan x-x)'=\sec^2 x-1=\tan^2 x>0,x\in$

$(0,\frac{\pi}{2})$,又 $\tan x-x$ 在$x=0$处连续,所以当 $x\in(0,\frac{\pi}{2})$时,$\tan x-x>\tan 0-0=0$,即 $\tan x>x$).因此

$$g'(x)<0,\quad x\in(0,\frac{\pi}{2}).$$

又因为 $g(x)=\frac{\pi}{2}\frac{\sin x}{x}$在$x=\frac{\pi}{2}$处连续,所以 $g(x)$在$(0,\frac{\pi}{2}]$严格单调减少,从而有

$$g(x)>g(\frac{\pi}{2})=1,\quad x\in(0,\frac{\pi}{2}),$$

即

$$\frac{\pi}{2}\frac{\sin x}{x}>1,\quad \frac{2}{\pi}x<\sin x,\quad x\in(0,\frac{\pi}{2}).$$

综上所证,有

$$\frac{2}{\pi}x<\sin x<x,\quad x\in(0,\frac{\pi}{2}).$$

### 4.4.2 函数的极值与最值

4.1 给出了函数极值的概念.费尔马定理指出,若函数 $f(x)$在 $x_0$可导,且 $x_0$是$f(x)$的极值点,则 $f'(x_0)=0$,即可导函数 $f(x)$的极值点必是函数 $f(x)$的驻点.

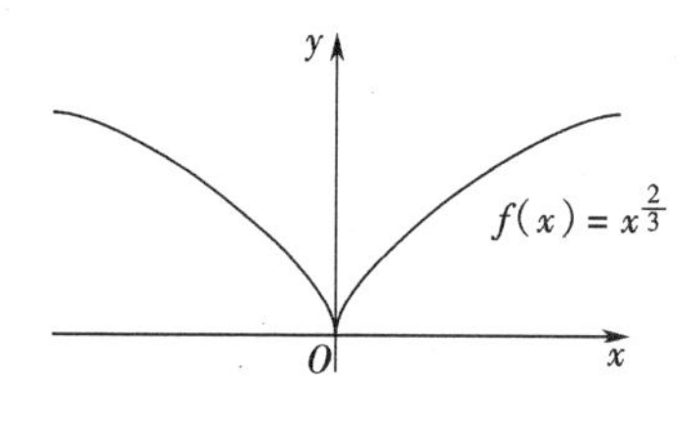

图 4.4 函数 $f(x)=x^{\frac{2}{3}}$的图像

**注意:**驻点可能是极值点,也可能不是极值点.例如,对于 $f(x)=x^3$,有 $f'(0)=0$,但是 $x=0$ 不是$f(x)=x^3$的极值点.另外,函数在其不可导的点也可能取得极值.例如,$f(x)=x^{\frac{2}{3}}$在点 $x=0$ 不可导,但 $f(x)=x^{\frac{2}{3}}$在 $x=0$ 取得极小值(图 4.4).根据上面的讨论,为求一个函数的极值点,只要在它的驻点和导数不存在的点中去找即可.那么,驻点和导数不存在的点又如何确定其是否为极值点呢?有下面两个充分性的判别法.

**定理 4.4.2** **(极值判别法Ⅰ)**设 $f(x)$在 $x_0$ 的某邻域$(x_0-\delta,x_0+\delta)$内连续($\delta>0$),在该邻域内除 $x_0$ 以外的点均可导.

(1)如果当 $x\in(x_0-\delta,x_0)$时,$f'(x)<0$,而当 $x\in(x_0,x_0+\delta)$时,$f'(x)>0$,则$f(x)$在点 $x_0$取得极小值.

(2)如果当 $x\in(x_0-\delta,x_0)$时,$f'(x)>0$,而当 $x\in(x_0,x_0+\delta)$时,$f'(x)<0$,则$f(x)$在点 $x_0$取得极大值.

(3)如果当 $x\in(x_0-\delta,x_0)\cup(x_0,x_0+\delta)$时,恒有 $f'(x)>0$ 或 $f'(x)<0$,即$f'(x)$在点 $x_0$ 的左、右邻域内保持定号,则 $f(x)$在点 $x_0$不取极值.

**证** (1)因为当 $x\in(x_0-\delta,x_0)$时,$f'(x)<0$,所以 $f(x)$在$(x_0-\delta,x_0)$内单调减

少. 又由于 $f(x)$ 在 $x_0$ 连续,故 $f(x)>f(x_0)$,$x\in(x_0-\delta,x_0)$.

又因为当 $x\in(x_0,x_0+\delta)$ 时,$f'(x)>0$,所以 $f(x)$ 在 $(x_0,x_0+\delta)$ 内单调增加,从而 $f(x)>f(x_0)$,$x\in(x_0,x_0+\delta)$.

根据极值定义证得 $f(x)$ 在点 $x_0$ 取得极小值.

(2)的证明与(1)类似.

(3)因为 $f'(x)$ 在 $(x_0-\delta,x_0)$ 与 $(x_0,x_0+\delta)$ 内不变号,又 $f(x)$ 在点 $x_0$ 连续,所以 $f(x)$ 在 $(x_0-\delta,x_0+\delta)$ 内是单调的,因而 $f(x)$ 在点 $x_0$ 不取极值.

**定理 4.4.3　(极值判别法 Ⅱ)** 设函数 $f(x)$ 在点 $x_0$ 有二阶导数,且 $f'(x_0)=0$,$f''(x_0)\neq 0$,则

(1)当 $f''(x_0)<0$ 时,函数 $f(x)$ 在点 $x_0$ 取得极大值.

(2)当 $f''(x_0)>0$ 时,函数 $f(x)$ 在点 $x_0$ 取得极小值.

**证**　(1)由于 $f'(x_0)=0$,$f''(x_0)<0$,按导数定义,有

$$f''(x_0)=\lim_{x\to x_0}\frac{f'(x)-f'(x_0)}{x-x_0}=\lim_{x\to x_0}\frac{f'(x)}{x-x_0}<0.$$

于是,存在 $x_0$ 的某个邻域,在该邻域内,$x\neq x_0$ 时,恒有

$$\frac{f'(x)}{x-x_0}<0.$$

从而,当 $x<x_0$ 时,$f'(x)>0$;当 $x>x_0$ 时,$f'(x)<0$. 由定理 4.4.2 可得 $f(x)$ 在点 $x_0$ 取得极大值.

(2)可类似(1)证明.

**注**　定理 4.4.3 可推广到更高阶导数的情形. 设函数 $f(x)$ 在点 $x_0$ 处有 $n$ 阶导数,且

$$f'(x_0)=f''(x_0)=\cdots=f^{(n-1)}(x_0)=0,$$

但 $f^{(n)}(x_0)\neq 0$,则

(1)当 $n$ 为偶数时,若 $f^{(n)}(x_0)>0$,则 $f(x_0)$ 为极小值,若 $f^{(n)}(x_0)<0$,则 $f(x_0)$ 为极大值.

(2)当 $n$ 为奇数时,$f(x_0)$ 不是极值(请读者自己证明).

**例 4.4.5**　求函数 $f(x)=x^3-3x^2-9x+5$ 的极值.

**解**　$f'(x)=3x^2-6x-9=3(x+1)(x-3)$.

令 $f'(x)=0$,求得驻点 $x_1=-1$,$x_2=3$. 列表如下:

| $x$ | $(-\infty,-1)$ | $-1$ | $(-1,3)$ | $3$ | $(3,+\infty)$ |
|---|---|---|---|---|---|
| $f'(x)$ | + | 0 | − | 0 | + |
| $f(x)$ | ↗ | 极大值 10 | ↘ | 极小值 −22 | ↗ |

极大值 $f(-1)=10$，极小值 $f(3)=-22$.

**例 4.4.6** 求函数 $f(x)=(x-1)\sqrt[3]{x^2}$ 的极值.

**解** 当 $x\neq 0$ 时，有

$$f'(x)=\sqrt[3]{x^2}+(x-1)\frac{2}{3}x^{-\frac{1}{3}}=\frac{5x-2}{3\sqrt[3]{x}}.$$

令 $f'(x)=0$，得驻点 $x=\frac{2}{5}$，又 $x=0$ 为导数不存在的点，列表如下：

| $x$ | $(-\infty,0)$ | 0 | $(0,2/5)$ | $2/5$ | $(2/5,+\infty)$ |
| --- | --- | --- | --- | --- | --- |
| $f'(x)$ | + | 不存在 | − | 0 | + |
| $f(x)$ | ↗ | 极大值 0 | ↘ | 极小值 $-\frac{3}{25}\sqrt[3]{20}$ | ↗ |

因此 $f(0)=0$ 为极大值，$f(\frac{2}{5})=-\frac{3}{25}\sqrt[3]{20}$ 为极小值.

**例 4.4.7** 设函数 $y=y(x)$ 是由方程 $2y^3-2y^2+2xy-x^2=1$ 确定的，求 $y=y(x)$ 的驻点，并判定其驻点是否为极值点？

**解** 将方程 $2y^3-2y^2+2xy-x^2=1$ 两边求关于 $x$ 的导数，得

$$6y^2y'-4yy'+2(y+xy')-2x=0,$$

$$y'=\frac{x-y}{3y^2-2y+x}.$$

令 $y'=0$，即 $x-y=0$，得 $y=x$，将其代入原方程

$$2x^3-2x^2+2x^2-x^2=1,\quad 即(x-1)(2x^2+x+1)=0.$$

得到一个驻点 $x=1$. 此时 $y=x=1$.

注意到

$$y'\big|_{\substack{x=1\\y=1}}=\frac{1-1}{3-2+1}=0,\ y''\big|_{\substack{x=1\\y=1}}=\frac{(1-0)(3-2+1)-0}{(3-2+1)^2}=\frac{1}{2}>0,$$

因此隐函数 $y=y(x)$ 在驻点 $x=1$ 处有极小值.

函数 $f(x)$ 在区间上的最小值和最大值统称为**最值**. 设函数 $f(x)$ 在闭区间 $[a,b]$ 上连续，则 $f(x)$ 在 $[a,b]$ 上存在最大值和最小值. 如果 $f(x)$ 在 $(a,b)$ 内的某一点达到最大值(或最小值)，那么这个最大值(或最小值)也是 $f(x)$ 的一个极大值(或极小值). 但最大值和最小值也可以在区间的端点上达到. 由于函数的极值只能在其驻点和不可导的点上取得，所以求函数最大值和最小值常用如下的简易方法.

首先求出函数的全部驻点和不可导的点，然后计算出这些点的函数值和区间两端点上的函数值 $f(a)$ 和 $f(b)$，最后比较这些函数值的大小，其中最大者为该函数的最大值，其中最小者为该函数的最小值.

特殊地，若 $f(x)$ 在 $[a,b]$ 上只有一个极值点，当这个极值点是极大值点时，则函数在这点取最大值；当这个极值点是极小值点时，则函数在这点取最小值. 该结果对于开

区间和无穷区间也是适用的.这一结果在几何直观上是非常明显的,参看图 4.5.在求解应用问题中,常常要用到这一结果.

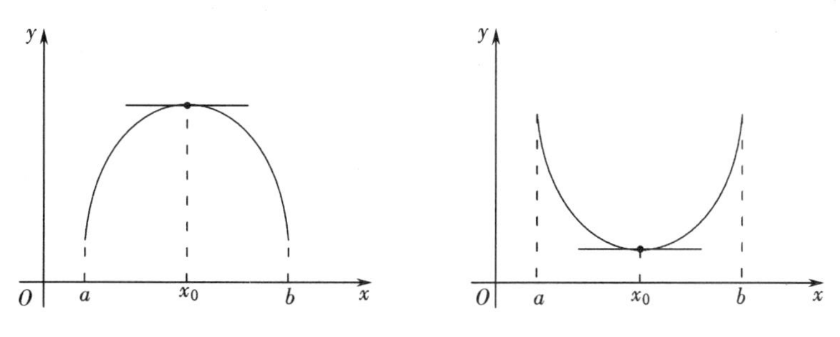


图 4.5　$f(x)$在$[a,b]$上只有一个极值点的情况

**例 4.4.8**　求函数 $f(x)=\sqrt[3]{2x-x^2}$ 在$[-1,4]$上的最大值和最小值.

**解**　$f'(x)=\dfrac{2-2x}{3\sqrt[3]{(2x-x^2)^2}}$,令 $f'(x)=0$,得驻点 $x=1$.另外,$f(x)$在 $x=0$ 和 $x=2$ 处不可导.

因为 $f(1)=1, f(0)=0, f(2)=0, f(-1)=-\sqrt[3]{3}, f(4)=-2$,所以 $f(x)$在 $x=1$ 取得最大值 1,在 $x=4$ 取得最小值 $-2$.

**例 4.4.9**　用一块半径为 $R$ 的圆形铁皮,剪去一圆心角为 $\alpha$ 的扇形后,做成一个漏斗状容器,问 $\alpha$ 为何值时,容器的容积最大?

**解**　设卷成的圆锥形漏斗的底半径为 $r$,高为 $h$,则漏斗容积为

$V=\dfrac{\pi r^2 h}{3}=\dfrac{\pi}{3}h(R^2-h^2)$.于是,$V$ 成为 $h$ 的函数.

$V'=\dfrac{\pi}{3}(R^2-3h^2)$,令 $V'=0$,得唯一驻点 $h=\dfrac{R}{\sqrt{3}}$,

$V''=-2\pi h,\quad V''\left(\dfrac{R}{\sqrt{3}}\right)<0.$

所以 $h=\dfrac{R}{\sqrt{3}}$是极大值点,又是唯一的极值点,因此 $h=\dfrac{R}{\sqrt{3}}R$ 就是 $V$ 的最大值点.

设截去扇形圆心角为 $\alpha$,由于

$2\pi r=R(2\pi-\alpha)$,且当 $h=\dfrac{R}{\sqrt{3}}$时,$r=\sqrt{\dfrac{2}{3}}R$,

故　$\alpha=2\pi\left(1-\sqrt{\dfrac{2}{3}}\right)$.

当 $\alpha=2\pi\left(1-\sqrt{\dfrac{2}{3}}\right)$时,容器的容积最大.

**例 4.4.10**　讨论函数 $f(x)=\ln x-\dfrac{x}{\mathrm{e}}+k\ (k>0)$在$(0,+\infty)$内零点的个数.

**解**　令

$$g(x)=\frac{x}{\mathrm{e}}-\ln x,\quad g'(x)=\frac{1}{\mathrm{e}}-\frac{1}{x}.$$

$g(x)$在区间$(0,\mathrm{e})$严格单调减少,在区间$(\mathrm{e},+\infty)$严格单调增加,在点 $x=\mathrm{e}$ 达到最小值 $g(\mathrm{e})=0$.因为 $\lim\limits_{x\to0^+}g(x)=+\infty$, $\lim\limits_{x\to+\infty}g(x)=\lim\limits_{x\to+\infty}x\left(\frac{1}{\mathrm{e}}-\frac{\ln x}{x}\right)=+\infty$.所以,当 $k>0$ 时,方程$\frac{x}{\mathrm{e}}-\ln x=k$ 在$(0,\mathrm{e})$和$(\mathrm{e},+\infty)$各有一个根,即 $f(x)=\ln x-\frac{\mathrm{e}}{x}+k(k>0)$有两个零点.

## 4.4.3 函数的凹凸性与拐点

直观地说,函数的凹凸性就是函数的图形向上凸或向下凸的性质.

**定义 4.4.1** 设函数 $f(x)$在区间$[a,b]$上连续,在$(a,b)$内可微,若曲线 $y=f(x)$位于其每一点切线的上方,则称函数 $f(x)$在$[a,b]$上是**向上凹**的(或**向下凸**的,简称凹的);若曲线 $y=f(x)$位于每一点切线的下方,则称函数 $f(x)$在$[a,b]$上是**向下凹**的(或**向上凸**的,简称凸的),参见图 4.6.

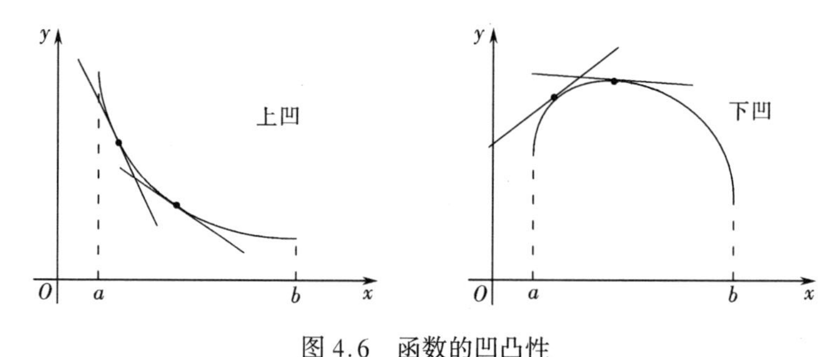


图 4.6 函数的凹凸性

**定义 4.4.2** 设函数 $f(x)$在区间$(a,b)$内连续,称曲线 $y=f(x)$上的向上凹与向下凹的分界点为该曲线的**拐点**.

**定理 4.4.4** 设函数 $f(x)$在区间$(a,b)$内具有二阶导数.

(1)若对任意 $x\in(a,b)$,有 $f''(x)>0$,则曲线 $y=f(x)$在$(a,b)$内是向上凹的(或凹的).

(2)若对任意 $x\in(a,b)$,有 $f''(x)<0$,则曲线 $y=f(x)$在$(a,b)$内是向下凹的(或凸的).

**证** (1)设 $x_0$为$(a,b)$内的任意一点,则曲线 $y=f(x)$在点 $A(x_0,f(x_0))$的切线方程为

$$\bar{y}=f(x_0)+f'(x_0)(x-x_0).$$

以下证明曲线 $y=f(x)$位于切线上方,即对区间$(a,b)$内任何异于 $x_0$的点,所对应的曲线上的点的纵坐标都大于切线上点的纵坐标.

任取 $x_1\in(a,b)$,且 $x_1\neq x_0$,则由拉格朗日中值定理,有

$$
\begin{aligned}
f(x_1)-\bar{y}(x_1) &= f(x_1)-[f(x_0)+f'(x_0)(x_1-x_0)] \\
&= f(x_1)-f(x_0)-f'(x_0)(x_1-x_0) \\
&= f'(\xi_1)(x_1-x_0)-f'(x_0)(x_1-x_0) \\
&= [f'(\xi_1)-f'(x_0)](x_1-x_0) \\
&= f''(\xi_2)(\xi_1-x_0)(x_1-x_0)
\end{aligned}
$$

其中 $\xi_1$ 在 $x_0$ 与 $x_1$ 之间，$\xi_2$ 在 $x_0$ 与 $\xi_1$ 之间.

由于 $f''(x)>0$，$\xi_1-x_0$ 与 $x_1-x_0$ 的符号相同，故当 $f''(x)>0$ 时，$f(x_1)-\bar{y}(x_1)>0$，即 $f(x_1)>\bar{y}(x_1)$. 由 $x_0$ 的任意性，可知曲线 $y=f(x)$ 位于其任意一点切线的上方，因此，曲线 $y=f(x)$ 在区间 $(a,b)$ 内是向上凹的.

(2)可类似(1)证明.

**注**　若 $f''(x)\geqslant 0$，$x\in(a,b)$，但等号只在个别点成立，则曲线 $y=f(x)$ 在区间 $(a,b)$ 内仍然是向上凹的. 向下凹的情况也一样.

**例 4.4.11**　讨论函数 $y=\mathrm{e}^{-x^2}$ 的凹凸性及拐点.

**解**　函数的定义域是 $\mathbf{R}$.

$$f'(x)=-2x\mathrm{e}^{-x^2},\qquad f''(x)=2(2x^2-1)\mathrm{e}^{-x^2}.$$

令 $f''(x)=2(2x^2-1)\mathrm{e}^{-x^2}=0$，其解是 $-\dfrac{1}{\sqrt{2}}$ 和 $\dfrac{1}{\sqrt{2}}$. 它们将定义域 $\mathbf{R}$ 分成三个区间，列表如下：

| $x$ | $\left(-\infty,-\frac{1}{\sqrt{2}}\right)$ | $-\frac{1}{\sqrt{2}}$ | $\left(-\frac{1}{\sqrt{2}},\frac{1}{\sqrt{2}}\right)$ | $\frac{1}{\sqrt{2}}$ | $\left(\frac{1}{\sqrt{2}},+\infty\right)$ |
|---|---|---|---|---|---|
| $f''(x)$ | + | 0 | − | 0 | + |
| $f(x)$ | 向上凹 | $\left(\frac{-1}{\sqrt{2}},\mathrm{e}^{-\frac{1}{2}}\right)$为拐点 | 向下凹 | $\left(\frac{1}{\sqrt{2}},\mathrm{e}^{-\frac{1}{2}}\right)$为拐点 | 向上凹 |

**例 4.4.12**　讨论函数 $y=(x-2)^{5/3}$ 的凹凸性及拐点.

**解**　$y'=\dfrac{5}{3}(x-2)^{2/3}$，　$y''=\dfrac{10}{9}\dfrac{1}{(x-2)^{1/3}}$　$(x\neq 2)$.

当 $x=2$ 时，二阶导数不存在. 以 $x=2$ 为分界点，列表如下：

| $x$ | $(-\infty,2)$ | 2 | $(2,+\infty)$ |
|---|---|---|---|
| $f''(x)$ | − | 不存在 | + |
| $f(x)$ | 向下凹 | (2,0)为拐点 | 向上凹 |

我们看到，尽管在 $x=2$ 处二阶导数不存在，但(2,0)仍是 $f(x)$ 的拐点.

## 4.4.4 曲线的渐近线

在平面解析几何中，给出了双曲线$\frac{x^2}{a^2}-\frac{y^2}{b^2}=1$的渐近线$\frac{x}{a}\pm\frac{y}{b}=0$，有了渐近线，就能知道双曲线无限延伸时的走向及趋势．下面给出一般曲线的渐近线的定义和确定方法．

**定义 4.4.3** 如果一个动点 $M$ 沿曲线 $C$ 趋于无穷远时，$M$ 与某直线 $L$ 的距离趋于零，则称直线 $L$ 为曲线 $C$ 的一条**渐近线**．

下面分三种情况给出渐近线的求法．

**1.水平渐近线**

设函数 $f(x)$ 的定义域是一个无穷区间，如果

$$\lim_{x\to-\infty}f(x)=k \quad 或 \quad \lim_{x\to+\infty}f(x)=k（k 是常数），$$

则直线 $y=k$ 为曲线 $y=f(x)$ 的**水平渐近线**．

例如，曲线 $y=2+\frac{1}{x-1}$，因为 $\lim\limits_{x\to\infty}(2+\frac{1}{x-1})=2$，所以 $y=2$ 为水平渐近线．

**2.垂直渐近线（铅直渐近线）**

设函数 $f(x)$ 在 $x=c$ 间断，如果

$$\lim_{x\to c^-}f(x)=\infty \quad 或 \quad \lim_{x\to c^+}f(x)=\infty,$$

则直线 $x=c$ 为曲线 $y=f(x)$ 的一条**垂直渐近线**．例如，函数 $y=2+\frac{1}{x-1}$ 的一条垂直渐近线为 $x=1$．这是因为 $\lim\limits_{x\to1}(2+\frac{1}{x-1})=\infty$（见图 4.7）．

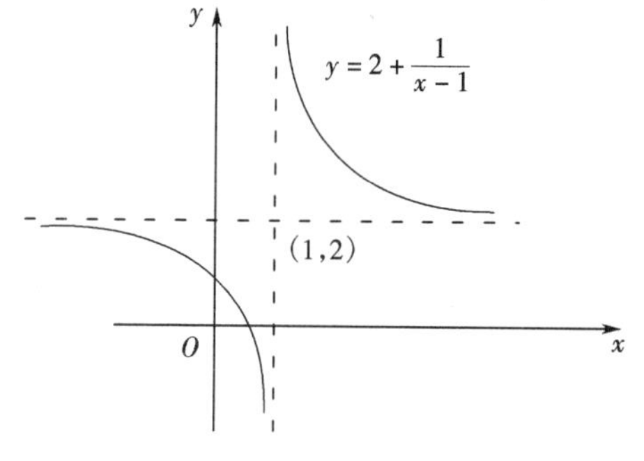


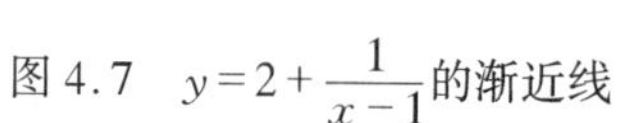

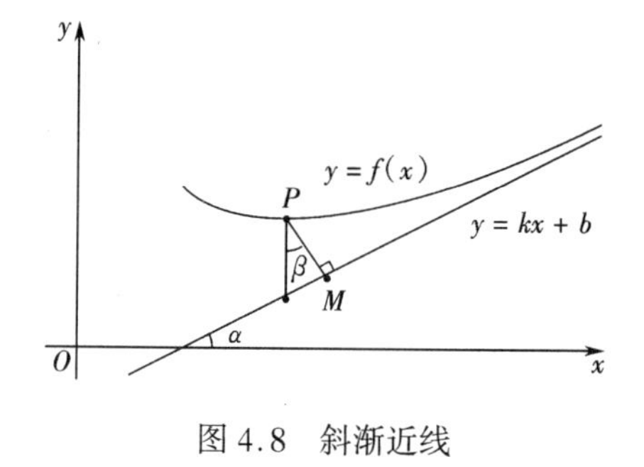


图 4.8 斜渐近线

**3.斜渐近线**

如图 4.8．设直线 $y=kx+b$ 是曲线 $y=f(x)$ 的斜渐近线，应如何确定常数 $k$ 和 $b$ 呢？

由点到直线的距离公式

$$|PM|=\frac{|f(x)-kx-b|}{\sqrt{1+k^2}},$$

直线 $y=kx+b$ 是曲线 $y=f(x)$ 的渐近线的充分必要条件是

$$\lim_{\substack{x\to+\infty\\(x\to-\infty)}}\frac{|f(x)-kx-b|}{\sqrt{1+k^2}}=0,\text{即}\lim_{\substack{x\to+\infty\\(x\to-\infty)}}[f(x)-kx-b]=0,$$

所以 $b=\lim\limits_{\substack{x\to+\infty\\(x\to-\infty)}}[f(x)-kx]$. 若 $k$ 已求出，则可由上式求出 $b$. 如何求 $k$ 呢？

由上式得

$$\lim_{\substack{x\to+\infty\\(x\to-\infty)}}\frac{f(x)-kx}{x}=0,$$

或

$$\lim_{\substack{x\to+\infty\\(x\to-\infty)}}\left(\frac{f(x)}{x}-k\right)=0,\quad \text{即 } k=\lim_{\substack{x\to+\infty\\(x\to-\infty)}}\frac{f(x)}{x}.$$

于是，直线 $y=kx+b$ 是曲线 $y=f(x)$ 的**斜渐近线**$\Leftrightarrow$

$$k=\lim_{\substack{x\to+\infty\\(x\to-\infty)}}\frac{f(x)}{x},\quad b=\lim_{\substack{x\to+\infty\\(x\to-\infty)}}[f(x)-kx].$$

特别地，当 $k=0$ 时，直线 $y=b$ 为曲线 $y=f(x)$ 的水平渐近线.

**例 4.4.13**　求曲线 $f(x)=\dfrac{(x-1)^3}{(x+1)^2}$ 的渐近线.

**解**　$\lim\limits_{x\to-1}\dfrac{(x-1)^3}{(x+1)^2}=\infty$，因此 $x=-1$ 为垂直渐近线. 又

$$k=\lim_{x\to\infty}\frac{f(x)}{x}=\lim_{x\to\infty}\frac{(x-1)^3}{x(x+1)^2}=1,$$

$$b=\lim_{x\to\infty}[f(x)-kx]=\lim_{x\to\infty}\left[\frac{(x-1)^3}{(x+1)^2}-x\right]$$

$$=\lim_{x\to\infty}\frac{-5x^2+2x-1}{(x+1)^2}=-5,$$

因此 $y=x-5$ 为曲线的斜渐近线.

**例 4.4.14**　求曲线 $y=x+\arctan x$ 的渐近线.

**解**　函数在定义域 $(-\infty,+\infty)$ 内连续，无垂直渐近线. 由于

$$\lim_{x\to\infty}\frac{x+\arctan x}{x}=\lim_{x\to\infty}\left(1+\frac{\arctan x}{x}\right)=1,$$

$$\lim_{x\to+\infty}[(x+\arctan x)-x]=\frac{\pi}{2},$$

$$\lim_{x\to-\infty}[(x+\arctan x)-x]=-\frac{\pi}{2}.$$

所以，当 $x\to+\infty$ 时，曲线有斜渐近线 $y=x+\dfrac{\pi}{2}$；

当 $x\to-\infty$ 时，曲线有斜渐近线 $y=x-\dfrac{\pi}{2}$.

一般地,当函数的定义域是一个无穷区间时,其曲线才可能有水平渐近线和斜渐近线.一条曲线的水平渐近线最多可以有两条,斜渐近线同样最多可以有两条,但在同一变化过程中,水平渐近线和斜渐近线不能共存.另外,若函数在$(-\infty,+\infty)$内连续,则其曲线不可能有垂直渐近线.

### 4.4.5 函数作图

现在,我们已经掌握了应用导数讨论函数的单调性、极值、凹凸性、拐点等的方法.这里将把前面研究的结果应用到函数图像的描绘中.一般来说,描绘函数的图像可按下列步骤进行:

(1)确定函数的定义域;

(2)确定函数的某些特性(奇偶性、周期性);

(3)确定函数的单调区间和极值;

(4)确定函数凹凸性和拐点;

(5)确定函数图形的渐近线;

(6)确定一些特殊点,如曲线与坐标轴的交点,以及容易计算函数值的一些点;

(7)作图(一般先在坐标系中画出渐近线,再点出极值点、拐点及其他一些特殊点,最后逐段描出图像).

**例 4.4.15** 作函数 $f(x)=\frac{1}{\sqrt{2\pi}}e^{-\frac{x^2}{2}}$ 的图形.

**解** 因为 $f(x)=\frac{1}{\sqrt{2\pi}}e^{-\frac{x^2}{2}}$ 是在整个实数域中有定义的偶函数,所以曲线关于 $y$ 轴对称.只要考察 $x\geqslant 0$ 就可以了.

$$f'(x)=-\frac{x}{\sqrt{2\pi}}e^{-\frac{x^2}{2}},$$

$$f''(x)=\frac{(x+1)(x-1)}{\sqrt{2\pi}}e^{-\frac{x^2}{2}}.$$

由 $f'(x)=0$ 得驻点 $x=0$,因为 $f''(0)=-\frac{1}{\sqrt{2\pi}}<0$,所以 $f(x)$ 在 $x=0$ 取得极大值 $f(0)=\frac{1}{\sqrt{2\pi}}$.令 $f''(x)=0$ 得 $x=\pm 1$ 为可能的拐点.因为 $f''(x)$ 在 $x=1$ 左右两侧符号不同,所以 $x=1$, $f(x)=f(1)=\frac{1}{\sqrt{2\pi}}e^{-\frac{1}{2}}$ 确实是拐点.

又因为 $\lim\limits_{x\to\infty}f(x)=\lim\limits_{x\to\infty}\frac{1}{\sqrt{2\pi}}e^{-\frac{x^2}{2}}=0$,所以 $y=0$ 为曲线 $f(x)$ 的水平渐近线.这样,我们便可知 $f(x)$ 在 $x\geqslant 0$ 的大致变化情况:

| $x$ | 0 | $(0,1)$ | 1 | $(1,+\infty)$ |
|---|---|---|---|---|
| $f'(x)$ | 0 | $-$ | | $-$ |
| $f''(x)$ | $-\frac{1}{\sqrt{2\pi}}$ | $-$ | 0 | $+$ |
| $f(x)$ | 极大值 $\frac{1}{\sqrt{2\pi}}$ | ⤵ | 拐点 $(1,\frac{1}{\sqrt{2\pi e}})$ | ↘ |

(我们用符号“↗”表示函数在这一区间单调增加且向下凹,“⤴”表示函数在这一区间单调增加且向上凹,“⤵”表示函数在这一区间单调减少且向下凹,“↘”表示函数在这一区间单调减少且向上凹.)

先画出$[0,+\infty)$内的图形,然后利用对称性画出$(-\infty,0)$内的图形(如图4.9).

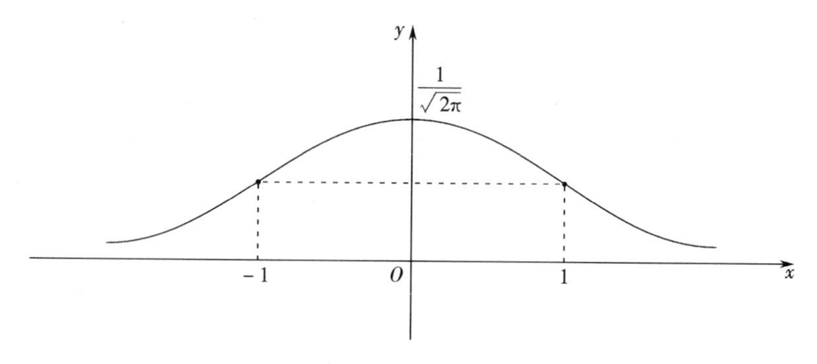


图4.9　例4.4.15图

**例4.4.16**　讨论函数 $y=\frac{x^3}{(x-1)^2}$ 的性态,并作其图形.

**解**　定义域为$(-\infty,1)\cup(1,+\infty)$,无对称性.由于 $x=0$ 时,$y=0$,故曲线过原点,又 $x=1$ 是函数的间断点,$y'=\frac{x^2(x-3)}{(x-1)^3}$,令 $y'=0$,得驻点 $x=0,x=3$.

$y''=\frac{6x}{(x-1)^4}$,　令 $y''=0$,得 $x=0$.列表如下:

| $x$ | $(-\infty,0)$ | 0 | $(0,1)$ | 1 | $(1,3)$ | 3 | $(3,+\infty)$ |
|---|---|---|---|---|---|---|---|
| $y'$ | $+$ | 0 | $+$ | | $-$ | 0 | $+$ |
| $y''$ | $-$ | 0 | $+$ | | $+$ | $\frac{9}{8}$ | $+$ |
| $y$ | ↗ | 0 | ⤴ | 无定义 | ↘ | $\frac{27}{4}$ | ⤴ |

由此得出,拐点是$(0,0)$,极小值 $y(3)=\frac{27}{4}$.因为$\lim\limits_{x\to1}\frac{x^3}{(x-1)^2}=\infty$,所以 $x=1$ 为垂直渐近线.又因为

$$\lim_{x\to\infty}\frac{f(x)}{x}=\lim_{x\to\infty}\frac{x^2}{(x-1)^2}=1,$$

$$\lim_{x\to\infty}\left(\frac{x^3}{(x-1)^2}-x\right)=\lim_{x\to\infty}\frac{2x^2-x}{(x-1)^2}=2,$$

所以 $y=x+2$ 是斜渐近线.函数图形如图 4.10.

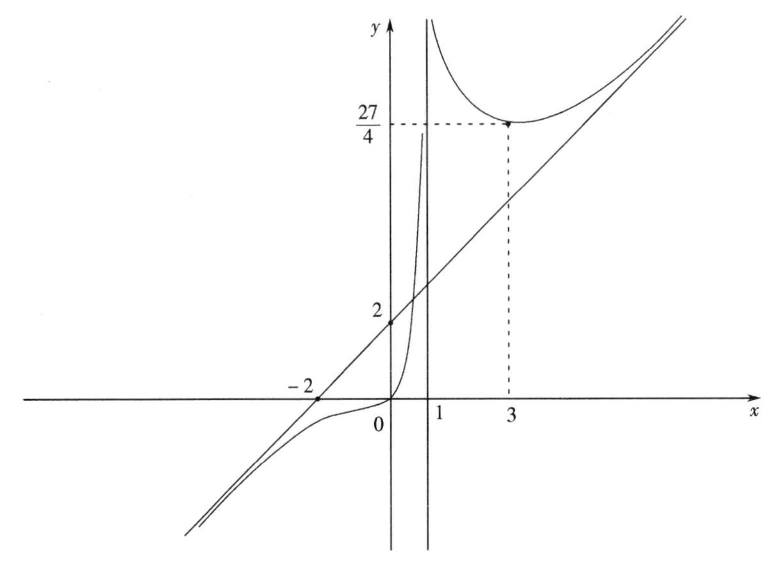


图 4.10 例 4.4.16 图

## 4.5 极值原理在经济管理和经济分析中的应用

经济学中的最优问题也就是最值问题.在经济学中常见的最值问题有:最大利润、最高收入、最低成本、最小费用等等.这实际上就是求利润函数、成本函数、费用函数等的最大值或最小值问题.

**例 4.5.1** 某商品的需求函数是 $Q=2500-40p$,其中 $p$ 是商品单价,$Q$ 为需求量,又成本函数为 $C=1\,000+30Q$,每销售一个单位商品国家征税 0.5 元,求商品单价定为多少时,利润最大?最大利润是多少?

**解** 销售商品 $Q$ 单位时,收益

$$R=Qp-0.5Q=(p-0.5)Q=(p-0.5)(2\,500-40p)$$
$$=2\,520p-40p^2-1\,250,$$

成本

$$C=1\,000+30(2\,500-40p)=76\,000-1\,200p,$$

故利润

$$L=R-C=3\,720p-40p^2-77\,250.$$

令 $L'=3\,720-80p=0$,得 $p=46.5$ 元.$L''=-80<0$,故当 $p=46.5$ 时,$L$ 有唯一极大

值,即最大值.所以商品单价定为 46.5 元时利润最大,最大利润为

$$L(46.5)=3\ 720\times 46.5-40\times(46.5)^2-77\ 250=9\ 240\text{ 元}.$$

**例 4.5.2**　设每月产量为 $x$ 吨时,总成本函数为

$$C(x)=\frac{1}{4}x^2+8x+4\ 900\text{ 元}.$$

求最低平均成本和相应的边际成本.

**解**　平均成本为

$$\overline{C}(x)=\frac{C(x)}{x}=\frac{1}{4}x+8+\frac{4\ 900}{x},$$

$$\overline{C}'(x)=\frac{1}{4}-\frac{4\ 900}{x^2}.$$

令$\overline{C}'(x)=0$,得 $x=140$.由于$\overline{C}''(x)=\frac{9\ 800}{x^3}>0$,所以 $x=140$ 是$\overline{C}(x)$的极小值点,也是最小值点.因此每日产量为 140 吨时,平均成本最低,其最低平均成本为

$$\overline{C}(140)=\frac{1}{4}\times 140+8+\frac{4\ 900}{140}=78\text{ 元}.$$

边际成本函数为 $C'(x)=\frac{1}{2}x+8$.当产量为 140 吨时,边际成本

$$C'(140)=\frac{1}{2}\times 140+8=78\text{ 元}.$$

对于例 4.5.2,最低平均成本与相应产量的边际成本相等.事实上,对任何成本函数,该结果都是对的.

设成本函数为 $C(x)$,平均成本函数$\overline{C}(x)=\frac{C(x)}{x}$.由

$$\overline{C}'(x)=\frac{xC'(x)-C(x)}{x^2}=0$$

得 $C'(x)=\frac{C(x)}{x}$,即 $C'(x)=\overline{C}(x)$.

**例 4.5.3　(库存问题)**所有工商企业单位都有一个库存问题.合理的库存量并非越小越好,必须同时达到三个目标:第一,库存要少,以便降低库存费用和流动资金占用量;第二,存货短缺机会少,以便减少因停工待料造成的损失;第三,订购的次数要少,以便降低订购费用.

库存问题就是要求出使总费用(存储费用与订购费用之和)最小的订货批量(也称为经济批量).

为了使问题简化,假设:

(1)不允许缺货;

(2)当库存量降为零时,可立即得到补充;

(3)需求是连续均匀的,即单位时间内的需求量是常数,这样,平均库存量是最大库存量的一半.

若一年内对某物品的需求总量为 $S$，每次的定购费用为 $a$，每单位物品一年存储费用为 $h$，求经济批量及最小总费用.

**解**　设定购批量为 $Q$，则一年定购的批次为$\frac{S}{Q}$，于是一年内的定购费用为 $a\frac{S}{Q}$，存储费用为 $h\frac{Q}{2}$(由于需求量是均匀的，故可认为平均库存量为定购批量的一半，即$\frac{Q}{2}$). 从而，一年的总费用为

$$C=a\frac{S}{Q}+h\frac{Q}{2},$$

$$\frac{\mathrm{d}C}{\mathrm{d}Q}=-\frac{aS}{Q^2}+\frac{h}{2}.$$

令$\frac{\mathrm{d}C}{\mathrm{d}Q}=0$，得 $Q=\sqrt{\frac{2aS}{h}}$(负值舍去)，又$\frac{\mathrm{d}^2C}{\mathrm{d}Q^2}=\frac{2aS}{Q^3}>0$，所以 $Q=\sqrt{\frac{2aS}{h}}$是极小值点，也是最小值点. 因此，经济批量 $Q=\sqrt{\frac{a2S}{h}}$时，其最小费用为

$$C_{\min}=\frac{aS}{\sqrt{\frac{2aS}{h}}}+\frac{h}{2}\sqrt{\frac{2aS}{h}}=\sqrt{2aSh}.$$

## 习题 4

**1.** 验证函数 $y=1-\sqrt[3]{x^2}$在区间 $[-1,1]$上是否满足罗尔定理的条件.

**2.** 验证函数 $f(x)=\mathrm{e}^{-x}\sin x$ 在$[0,\pi]$上满足罗尔定理条件，并求出满足 $f'(\xi)=0$ 的 $\xi$ 值.

**3.** 设 $f(x)$在$[1,2]$上有连续的二阶导数，且 $f(1)=f(2)=0$，当 $F(x)=(x-1)^2f(x)$时，证明：必存在 $\xi\in(1,2)$，使 $F''(\xi)=0$.

**4.** 证明方程 $\mathrm{e}^x=x+1$ 只有 $x=0$ 一个根.

**5.** 验证函数 $f(x)=\arctan x$ 在$[0,1]$上满足拉格朗日定理的条件，并求出满足定理条件的 $\xi$ 值.

**6.** 对函数 $f(x)=x^3$及 $g(x)=x^2+1$ 在区间$[1,2]$上验证柯西中值定理的正确性.

**7.** 已知抛物线 $y=x^2$在点 $A(1,1)$和点 $B(3,9)$的一段弧$\overset{\frown}{AB}$，试问在$\overset{\frown}{AB}$上哪一点处的切线平行于割线$AB$？

**8.** 试用中值定理证明下列不等式：

(1)当 $x>1$ 时，$\mathrm{e}^x>\mathrm{e}x$；

(2)$|\arctan x-\arctan y|\leqslant|x-y|$；

(3)当 $x>0$ 时，$(1+\frac{1}{x})^x<\mathrm{e}<(1+\frac{1}{x})^{x+1}$；

(4) $\frac{b-a}{b} \leqslant \ln \frac{b}{a} \leqslant \frac{b-a}{a} (0<a \leqslant b)$.

**9.** 设函数 $f(x)$ 在 $[a,b]$ 上有连续的导数,证明:

$$\frac{bf(b)-af(a)}{b-a}=f(\xi)+\xi f'(\xi)(a<\xi<b).$$

**10.** 证明:若 $x>0, y>0, 0<\alpha<\beta$,则

$$(x^{\alpha}+y^{\alpha})^{\frac{1}{\alpha}}>(x^{\beta}+y^{\beta})^{\frac{1}{\beta}}.$$

**11.** 设函数 $f(x)$ 在 $[0,+\infty)$ 上可微,且 $f'(x)$ 是减函数,$f(0)=0$,证明:对于任意两点 $x_1, x_2 \in (0,+\infty)$ 恒有 $f(x_1)+f(x_2) \geqslant f(x_1+x_2)$.

**12.** 求下列各题的极限:

(1) $\lim\limits_{x \to 0} \frac{e^{x}-e^{-x}}{\sin x}$;

(2) $\lim\limits_{x \to a} \frac{x^{m}-a^{m}}{x^{n}-a^{n}}$ $(m, n \in \mathbf{N}, a \neq 0)$;

(3) $\lim\limits_{x \to \frac{\pi}{4}} \frac{\tan x-1}{\sin 4x}$;

(4) $\lim\limits_{x \to 0} \frac{a^{x}-b^{x}}{x}$ $(a>b>1)$;

(5) $\lim\limits_{x \to 0} \frac{x-\arcsin x}{\sin^{3} x}$;

(6) $\lim\limits_{x \to 0} \frac{(1+x)^{\frac{1}{x}}-e}{x}$;

(7) $\lim\limits_{x \to \frac{\pi}{2}} \frac{\tan x}{\tan 3x}$;

(8) $\lim\limits_{x \to 0^{+}} \frac{\ln \sin 3x}{\ln \sin x}$;

(9) $\lim\limits_{x \to 0^{+}} \frac{\ln \sin x}{\frac{1}{x}}$;

(10) $\lim\limits_{x \to 0^{+}} \frac{\ln \sin 3x}{\ln x^{3}}$;

(11) $\lim\limits_{x \to 0} \frac{\tan ax}{\sin bx}$;

(12) $\lim\limits_{x \to +\infty} \frac{x^{n}}{e^{ax}}$ $(a>0, n$ 为正整数$)$;

(13) $\lim\limits_{x \to 0^{+}} \frac{\ln \tan 7x}{\ln \tan 2x}$;

(14) $\lim\limits_{x \to +\infty} \frac{\ln\left(1+\frac{1}{x}\right)}{\operatorname{arccot} x}$.

**13.** 求下列各式的值:

(1) $\lim\limits_{x \to 1} (1-x) \tan \frac{\pi x}{2}$;

(2) $\lim\limits_{x \to 0^{+}} x(e^{\frac{1}{x}}-1)$;

(3) $\lim\limits_{x \to \infty} x \sin \frac{k}{x}$;

(4) $\lim\limits_{x \to 0} \left(\frac{1}{x}-\frac{1}{e^{x}-1}\right)$;

(5) $\lim\limits_{x \to 0^{+}} \left(\frac{1}{x}\right)^{\tan x}$;

(6) $\lim\limits_{x \to 0^{+}} (\cot x)^{\frac{1}{\ln x}}$;

(7) $\lim\limits_{x \to 1} (2-x)^{\tan \frac{\pi}{2} x}$;

(8) $\lim\limits_{x \to 0} \frac{2\log_{a} b-\log_{a}(b+x)(b-x)}{x^{2}}$ $(b>a>0)$;

(9) $\lim\limits_{n \to \infty} n^{2}\left(\arctan \frac{a}{n}-\arctan \frac{a}{n+1}\right)$ $(a>0)$.

**14.** 求下列函数的 $2n$ 阶麦克劳林展开式,并写出拉格朗日余项:

(1) $y=\cos x$;

(2) $y=\dfrac{e^{x}+e^{-x}}{2}$.

**15.** 当 $x_0=2$ 时,求函数 $y=\dfrac{x}{x-1}$ 的三阶泰勒展开式.

**16.** 设 $f(x)$ 在 $[a,b]$ 上一阶可导,在 $(a,b)$ 上二阶可导,且满足 $f'(a)=f'(b)=0$. 求证存在 $x_0\in(a,b)$,使得

$$|f''(x_0)|\geqslant\frac{4}{(b-a)^2}|f(b)-f(a)|.$$

**17.** 用泰勒公式计算极限:

(1) $\lim\limits_{x\to 0}\dfrac{\ln(1+x+x^2)+\ln(1-x+x^2)}{x\sin x}$;

(2) $\lim\limits_{x\to 0}\dfrac{e^{x^3}-1-x^3}{\sin^6 2x}$;

(3) $\lim\limits_{x\to 0}\left(\dfrac{1}{x}-\dfrac{1}{\sin x}\right)$.

**18.** 利用已知的展开式求下列函数的麦克劳林展开式:

(1) $\ln\dfrac{1+x}{1-x}$;

(2) $\dfrac{x^3+2x+1}{x-1}$;

(3) $\cos x^2$.

**19.** 求下列函数的增减区间:

(1) $y=1-4x-x^2$;

(2) $y=x^2(x-3)$;

(3) $y=\dfrac{x}{x^2-6x-16}$;

(4) $y=\sqrt{2x-x^2}$;

(5) $y=x+\sin x$;

(6) $y=(1+\sqrt{x})x$.

**20.** 求下列函数的极值:

(1) $y=2x^3-6x^2-18x+7$;

(2) $y=\dfrac{3x^2+4x+4}{x^2+x+1}$;

(3) $y=\sqrt[3]{(x^2-1)^2}$;

(4) $y=(x-5)^2\sqrt[3]{(x+1)^2}$;

(5) $y=x^2e^{-x}$;

(6) $y=\arctan x-\dfrac{1}{2}\ln(1+x^2)$;

(7) $y=|x|e^{-x}$;

(8) $y=x^{\frac{1}{x}}\quad(x>0)$;

(9) $y=\dfrac{1+3x}{\sqrt{4+5x^2}}$;

(10) $y=\cos x+\sin x\quad\left(-\dfrac{\pi}{2}\leqslant x\leqslant\dfrac{\pi}{2}\right)$.

**21.** 证明下列不等式:

(1) $\ln(1+x)>\dfrac{\arctan x}{1+x}\quad(x>0)$;

(2) $2x\ln\left(1+\frac{1}{x}\right)<1+\frac{x}{1+x}\quad(x>0)$;

(3) $x-\frac{1}{2}x^2<\ln(1+x)<x\quad(x>0)$;

(4) $1+x\ln(x+\sqrt{1+x^2})>\sqrt{1+x^2}\quad(x>0)$.

**22.** 证明方程 $x^3-6x^2+9x-10=0$ 只有一个实根.

**23.** 证明方程 $x^2=x\sin x+\cos x$ 恰好只有两个不同的实数根.

**24.** 求下列函数在指定区间上的最值:

(1) $y=x^2-4x+6$,在$[-3,10]$上;

(2) $y=\frac{x}{1+x^2}$,在$[-2,5]$上;

(3) $y=|x^2-3x+2|$,在$[-10,10]$上;

(4) $y=\sqrt{x(10-x)}$,在$[0,10]$上;

(5) $y=x+\frac{1}{x}$,在$[1,10]$上;

(6) $y=\sqrt{5-4x}$,在$[-1,1]$上;

(7) $y=\cos^4 x+\sin^4 x$,在$[-\pi,\pi]$上;

(8) $y=\frac{1+x^2}{1+x^4}$,在$[0,10]$上;

(9) $y=\sqrt[3]{(x^2-2x)^2}$,在$[0,3]$上;

(10) $y=\arctan\frac{1-x}{1+x}$,在$[0,10]$上.

**25.** 设 $a>0,b>0$,求函数 $f(x)=\frac{a^2}{x}+\frac{b^2}{1-x}$在区间$(0,\ 1)$内的最大值和最小值.

**26.** 试求内接于半径为 $R$ 的球体积最大的圆锥体的高 $h$.

**27.** 将 8 分成两部分,使它们的立方和为最小.

**28.** 证明在周长相等的矩形中,正方形的面积最大.

**29.** 要做一个带盖的长方体盒子,其体积为 72 $\mathrm{cm}^3$,其底边成 1:2 的关系,问长方体的各边长为多少时,才能使表面积最小.

**30.** 在东西走向的一段笔直的铁路上有甲乙两城,相距 15 km,在乙城的正南面 8 km 处有一工厂,现要从甲城把货物运往该厂,已知每吨货物的铁路运费为 3 元/km,公路运费为 5 元/km,问在铁路线上何处开始修筑到工厂的公路,才能使运费最省?

**31.** 过平面上已知点 $P(1,4)$引一条直线,要使它在二坐标轴上的截距为正,且截距之和为最小,求此直线方程.

**32.** 要造一圆柱形油罐,体积为 $V$,问底半径 $r$ 和高 $h$ 等于多少时,才能使表面积最小?这时底直径与高的比是多少?

**33.** 求下列函数的凹凸区间和拐点:

(1) $y=x^3-6x^2+12x+4$;　　(2) $y=\sqrt[3]{4x^3-12x}$;

(3) $y=\sqrt{1+x^2}$；　　(4) $y=\dfrac{x^3}{x^2+12}$；

(5) $y=x^2\ln x$；　　(6) $y=(1+x^2)e^x$；

(7) $y=x+\sin x$；　　(8) $y=\arctan x-x$；

(9) $\begin{cases} x=t^2, \\ y=3t+t^3, \end{cases}$ $(t>0)$.

**34.** 求下列曲线的渐近线：

(1) $y=\dfrac{x^2}{x^2-4}$；　　(2) $y=\dfrac{x^3}{x^2+9}$；

(3) $y=\sqrt{x^2-1}$；　　(4) $y=\dfrac{x}{\sqrt{x^2+3}}$；

(5) $y=\dfrac{x^2+1}{\sqrt{x^2-1}}$；　　(6) $y=\dfrac{\sin x}{x}$；

(7) $y=x+2\arctan x$；　　(8) $y=x-2+\dfrac{x^2}{\sqrt{x^2+9}}$；

(9) $y=x\ln\left(e+\dfrac{1}{x}\right)$；　　(10) $y=xe^{\frac{2}{x}}+1$.

**35.** 作下列函数的图形：

(1) $y=3x-x^3$；　　(2) $y=x^2+\dfrac{2}{x}$；

(3) $y=e^{-(x-1)^2}$；　　(4) $y=\ln(x^2+1)$；

(5) $y=(2+x^2)e^{-x^2}$；　　(6) $y=(x+1)\ln^2(x+1), x>-1$；

(7) $y=\sqrt{\dfrac{x-1}{x+1}}$；　　(8) $y=x-2\arctan x$.

**36.** 设一房地产公司有 50 套住房可以出租，当租金定为每月 180 元时，房子可以全部出租，当租金每月增加 10 元时，就有一套房子租不出去，而出租的房子每月需花费 20 元维修费，问房屋租金定为多少可获得最大收入？

**37.** 设某不动产商行能以 5% 的年利率借得贷款，然后它又将此款贷给顾客，若它能贷出的款额与它贷出的利率的平方成反比(利率越高，借贷的人越少)，问年利率为多少时贷出能使商行获利最大？

**38.** 某工厂在一生产周期内生产某产品为 $a$ 吨，分若干批生产. 每批产品需投入固定支出 2 000 元，每批产品生产时直接耗用费用(不包括固定支出)与产品数量的立方成正比，又知每批产品为 20 吨时，直接耗用费用为 4 000 元，问每批生产多少吨时使总费用最省？

# 第 5 章　不定积分

在第 3 章,我们讨论了如何求一个函数的导函数问题. 本章要讨论的是它的逆问题,即已知函数 $f(x)$,且 $F'(x)=f(x)$,求 $F(x)$.

## 5.1　原函数与不定积分

### 5.1.1　原函数与不定积分的概念

在微分学中,需要解决的基本问题是:已知函数,求它的导数或微分. 对这个问题的研究,导致了微分法的产生.但在实际应用中,常常会遇到与微分学相反的问题:已知一个函数的导函数或微分,求这个函数.对这个问题的研究导出微分法的逆运算——积分法.

**定义 5.1.1**　如果在区间 $I$ 上,函数 $F(x)$的导函数为 $f(x)$,即对任一 $x\in I$,都有

$$F'(x)=f(x) \quad 或 \quad \mathrm{d}F(x)=f(x)\mathrm{d}x,$$

那么,函数 $F(x)$就称为 $f(x)$在区间 $I$ 上的**原函数**.

例如,由于$(\sin x)'=\cos x$,故 $\sin x$ 是 $\cos x$ 的原函数.类似地,$(\sin x+1)$也是 $\cos x$ 的原函数;$\ln x$ 是$\frac{1}{x}$在$(0,+\infty)$上的原函数,$\ln(-x)$是$\frac{1}{x}$在$(-\infty,0)$上的原函数.

关于原函数需要进一步解决以下三个问题:

(1)哪些函数有原函数? 即原函数的存在性问题.

(2)如果 $f(x)$的原函数存在,那么它的原函数是否唯一? 如果不唯一,那么它的原函数之间有什么关系?

(3)如何求出 $f(x)$的全部原函数?

第一个问题将在下一章中讨论,这里先介绍一个结论.

**定理 5.1.1**　**(原函数存在定理)**如果函数 $f(x)$在某区间 $I$ 上连续,那么在区间 $I$ 上存在函数$F(x)$,使对任一 $x\in I$,都有

$$F'(x)=f(x).$$

简言之,连续函数必有原函数.由此推知,任何初等函数在其有定义的区间上,一定有原函数.

第二个问题容易解决,我们给出下述定理 5.1.2.

**定理 5.1.2**　设在区间 $I$ 上$F(x)$是 $f(x)$的原函数,则 $F(x)+C$ 也是$f(x)$的原

函数,其中 $C$ 是任意常数,并且 $f(x)$的任一原函数都可以表示成 $F(x)+C$ 的形式.

**证** 由已知 $F(x)$是 $f(x)$的原函数,即 $F'(x)=f(x)$,所以$[F(x)+C]'=F'(x)=f(x)$, 于是 $F(x)+C$ 也是$f(x)$的原函数,这里 $C$ 是任意常数.

若 $G(x)$也是 $f(x)$的原函数,则 $G'(x)=f(x)$. 于是

$$[G(x)-F(x)]'=G'(x)-F'(x)=f(x)-f(x)=0,$$

所以 $G(x)-F(x)=C_0$($C_0$为某个常数),即 $G(x)=F(x)+C_0$,故 $f(x)$的任一原函数都可以表示成 $F(x)+C$ 的形式.

第三个问题,是本章讨论的重点问题,这个问题的解决就产生了积分法.

**定义 5.1.2** 在区间 $I$ 上,函数 $f(x)$的带有任意常数项的原函数称为 $f(x)$在区间 $I$ 上的**不定积分**,记作$\int f(x)\mathrm{d}x$.

其中$\int$称为**积分号**,$f(x)$称为**被积函数**,$f(x)\mathrm{d}x$ 称为**被积表达式**,$x$ 称为**积分变量**.

由定义 5.1.2 可知,如果 $F(x)$是 $f(x)$在区间 $I$ 上的一个原函数,那么 $F(x)+C$ 就是$f(x)$的不定积分,即

$$\int f(x)\mathrm{d}x=F(x)+C.$$

因而不定积分$\int f(x)\mathrm{d}x$ 可以表示 $f(x)$的任意原函数.

**例 5.1.1** 求$\int x^5\mathrm{d}x$.

**解** 由于$(\frac{1}{6}x^6)'=x^5$, 所以 $\frac{1}{6}x^6$是 $x^5$的一个原函数. 因此

$$\int x^5\mathrm{d}x=\frac{1}{6}x^6+C.$$

**例 5.1.2** 求$\int\frac{1}{x}\mathrm{d}x$.

**解** $x>0$ 时,$(\ln x)'=\frac{1}{x}$,所以在$(0,+\infty)$上,$\int\frac{1}{x}\mathrm{d}x=\ln x+C$.

$x<0$ 时,$[\ln(-x)]'=\frac{1}{x}$,所以在$(-\infty,0)$上,$\int\frac{1}{x}\mathrm{d}x=\ln(-x)+C$.

综上所述,$\int\frac{1}{x}\mathrm{d}x=\ln|x|+C$.

由不定积分的定义,$\int f(x)\mathrm{d}x$ 是$f(x)$的原函数,所以

$$\frac{\mathrm{d}}{\mathrm{d}x}\left[\int f(x)\mathrm{d}x\right]=f(x) \quad 或 \quad \mathrm{d}\left[\int f(x)\mathrm{d}x\right]=f(x)\mathrm{d}x.$$

又由于 $F(x)$是 $F'(x)$的原函数,所以

$$\int F'(x)\mathrm{d}x=F(x)+C \quad 或 \quad \int \mathrm{d}F(x)=F(x)+C.$$

由此可见,求导运算与求不定积分的运算是互逆的.

### 5.1.2　基本积分公式

由于积分运算与微分运算是互逆的,我们可以利用基本导数公式表,得到相应的基本积分公式表.

(1) $\int 0\mathrm{d}x = C$.

(2) $\int 1\mathrm{d}x = x + C$.

(3) $\int x^{\mu}\mathrm{d}x = \frac{1}{\mu+1}x^{\mu+1} + C \quad (\mu \neq -1)$.

(4) $\int \frac{1}{x}\mathrm{d}x = \ln|x| + C$.

(5) $\int \mathrm{e}^{x}\mathrm{d}x = \mathrm{e}^{x} + C$.

(6) $\int a^{x}\mathrm{d}x = \frac{a^{x}}{\ln a} + C \quad (a>0$ 且 $a\neq 1)$.

(7) $\int \cos x\mathrm{d}x = \sin x + C$.

(8) $\int \sin x\mathrm{d}x = -\cos x + C$.

(9) $\int \sec^{2}x\mathrm{d}x = \tan x + C$.

(10) $\int \csc^{2}x\mathrm{d}x = -\cot x + C$.

(11) $\int \frac{1}{\sqrt{1-x^{2}}}\mathrm{d}x = \arcsin x + C$, $\int -\frac{1}{\sqrt{1-x^{2}}}\mathrm{d}x = \arccos x + C$.

(12) $\int \frac{1}{1+x^{2}}\mathrm{d}x = \arctan x + C$, $\int -\frac{1}{1+x^{2}}\mathrm{d}x = \operatorname{arccot} x + C$.

以上这些公式都可以用检验等式右端的导数等于左端的被积函数的方法得到证明.

### 5.1.3　不定积分的性质

**性质 5.1.1**　设函数 $f(x)$ 及 $g(x)$ 的原函数存在,则

$$\int [f(x) \pm g(x)]\mathrm{d}x = \int f(x)\mathrm{d}x \pm \int g(x)\mathrm{d}x.$$

**证**　将等式右端求导,得

$$\left[\int f(x)\mathrm{d}x \pm \int g(x)\mathrm{d}x\right]' = \left[\int f(x)\mathrm{d}x\right]' \pm \left[\int g(x)\mathrm{d}x\right]' = f(x) \pm g(x),$$

即所要证的等式右端也是$[f(x)\pm g(x)]$的不定积分,故等式成立.

类似地,可以证明不定积分的第二个性质.

**性质 5.1.2**　设函数 $f(x)$的原函数存在,$k$ 为非零常数,则

$$\int kf(x)\mathrm{d}x=k\int f(x)\mathrm{d}x.$$

注意:$k=0$ 时,等式不成立.此时等式左端等于任意常数,而右端为 0.

根据基本积分表和不定积分的这两个性质,可以求出一些简单函数的不定积分.

**例 5.1.3**　求$\int(3\cos x+4)\mathrm{d}x$.

**解**

$$\int(3\cos x+4)\mathrm{d}x=3\int\cos x\mathrm{d}x+\int 4\mathrm{d}x=3\sin x+4x+C.$$

**例 5.1.4**　求$\int\frac{(x-1)^3}{\sqrt{x}}\mathrm{d}x$.

**解**

$$\begin{aligned}\int\frac{(x-1)^3}{\sqrt{x}}\mathrm{d}x&=\int\frac{x^3-3x^2+3x-1}{\sqrt{x}}\mathrm{d}x\\&=\int x^{\frac{5}{2}}\mathrm{d}x-3\int x^{\frac{3}{2}}\mathrm{d}x+3\int x^{\frac{1}{2}}\mathrm{d}x-\int x^{-\frac{1}{2}}\mathrm{d}x\\&=\frac{2}{7}x^{\frac{7}{2}}-\frac{6}{5}x^{\frac{5}{2}}+2x^{\frac{3}{2}}-2x^{\frac{1}{2}}+C.\end{aligned}$$

**例 5.1.5**　求$\int 3^x\mathrm{e}^{-x}\mathrm{d}x$.

**解**　$3^x\mathrm{e}^{-x}$可以变形为$(\frac{3}{\mathrm{e}})^x$,将$\frac{3}{\mathrm{e}}$看作 $a$,并利用积分公式(6),便得

$$\int 3^x\mathrm{e}^{-x}\mathrm{d}x=\int(\frac{3}{\mathrm{e}})^x\mathrm{d}x=\frac{(\frac{3}{\mathrm{e}})^x}{\ln(\frac{3}{\mathrm{e}})}+C=\frac{3^x\mathrm{e}^{-x}}{\ln 3-1}+C.$$

**例 5.1.6**　求$\int\frac{x^4}{1+x^2}\mathrm{d}x$.

**解**

$$\begin{aligned}\int\frac{x^4}{1+x^2}\mathrm{d}x&=\int\frac{x^4-1+1}{1+x^2}\mathrm{d}x=\int\frac{(x^2+1)(x^2-1)+1}{1+x^2}\mathrm{d}x\\&=\int(x^2-1+\frac{1}{1+x^2})\mathrm{d}x=\int x^2\mathrm{d}x-\int\mathrm{d}x+\int\frac{1}{1+x^2}\mathrm{d}x\\&=\frac{x^3}{3}-x+\arctan x+C.\end{aligned}$$

**例 5.1.7**　求$\int\tan^2x\mathrm{d}x$.

**解**　$\int \tan^2 x\mathrm{d}x = \int (\sec^2 x - 1)\mathrm{d}x = \int \sec^2 x\mathrm{d}x - \int \mathrm{d}x$

$= \tan x - x + C.$

**例 5.1.8**　求$\int \frac{1}{\sin^2 x\cos^2 x}\mathrm{d}x$.

**解**　先利用 $\sin^2 x + \cos^2 x = 1$ 将被积函数变形,再计算积分

$$\int \frac{1}{\sin^2 x\cos^2 x}\mathrm{d}x = \int \frac{\sin^2 x + \cos^2 x}{\sin^2 x\cos^2 x}\mathrm{d}x = \int \sec^2 x\mathrm{d}x + \int \csc^2 x\mathrm{d}x$$
$$= \tan x - \cot x + C.$$

**例 5.1.9**　求$\int \frac{x^2 - 2x + 1}{x^3 + x}\mathrm{d}x$.

**解**　$\int \frac{x^2 - 2x + 1}{x^3 + x}\mathrm{d}x = \int \frac{(x^2 + 1) - 2x}{x(x^2 + 1)}\mathrm{d}x = \int \frac{\mathrm{d}x}{x} - 2\int \frac{\mathrm{d}x}{x^2 + 1}$

$= \ln|x| - 2\arctan x + C.$

### 5.1.4　不定积分的几何意义

从几何角度看,$\int f(x)\mathrm{d}x = F(x) + C$ 代表一族曲线,称为**积分曲线族**.对于每个固定的 $C$,$F(x) + C$ 的图形是一条积分曲线.它是由原函数 $F(x)$的图形向上或向下平移得到的.

**例 5.1.10**　设曲线 $y = f(x)$过点$(2,0)$,且其上任一点处的切线斜率等于该点横坐标,求此曲线的方程.

**解**　由题设,在曲线上任一点$(x,y)$处,$f'(x) = x$,即 $f(x)$是 $x$ 的一个原函数.因为$\int x\mathrm{d}x = \frac{1}{2}x^2 + C$,故必有某个常数 $C$,使 $f(x) = \frac{1}{2}x^2 + C$.又因曲线过点$(2,0)$,故

$$0 = f(2) = 2 + C.$$

所以 $C = -2$,所求曲线方程为 $y = \frac{1}{2}x^2 - 2$.

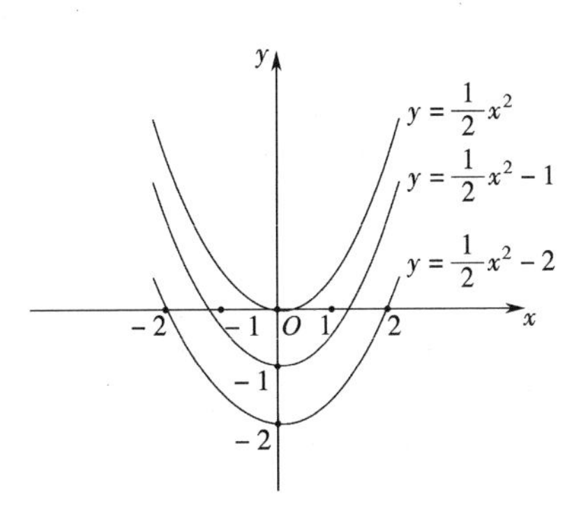


图 5.1　例 5.1.10 图

## 5.2　换元积分法

在上一节中,我们利用基本积分公式表和不定积分的性质求了一些函数的不定积分,但许多函数的不定积分无法用上述方法求出,需要采用其他方法.本节介绍换元积分法,简称换元法.这种方法源自于复合函数求导法则,只要反其道而行之,就可以用来

求不定积分了.换元法分为两种,下面将分别加以阐述.

## 5.2.1 第一换元法(凑微分法)

**1.第一换元法**

设 $f(u)$具有原函数 $F(u)$,即

$$F'(u)=f(u),\quad \int f(u)\mathrm{d}u=F(u)+C.$$

又设 $u$ 是中间变量,$u=\varphi(x)$可导,由复合函数求导法则,有

$$[F(\varphi(x))]'=F'(\varphi(x))\varphi'(x)=f(\varphi(x))\varphi'(x),$$

即 $F(\varphi(x))$是 $f(\varphi(x))\varphi'(x)$的一个原函数,于是

$$\int f(\varphi(x))\varphi'(x)\mathrm{d}x=F(\varphi(x))+C=F(u)+C=\int f(u)\mathrm{d}u.$$

从而有下述定理.

**定理 5.2.1** 设 $f(u)$具有原函数,$u=\varphi(x)$可导,则有换元公式

$$\int f[\varphi(x)]\varphi'(x)\mathrm{d}x \xlongequal{令 u=\varphi(x)} \int f(u)\mathrm{d}u. \tag{5.2.1}$$

虽然不定积分$\int f[\varphi(x)]\varphi'(x)\mathrm{d}x$ 是一个整体的记号,但由上述定理,我们可以把 $\varphi'(x)\mathrm{d}x=\mathrm{d}\varphi(x)$代入式(5.2.1)左边,得到$\int f(\varphi(x))\mathrm{d}\varphi(x)$,即得式(5.2.1)右边.也就是说,我们可以把积分表达式看作被积函数与微分的乘积.

**例 5.2.1** 求$\int 2x\mathrm{e}^{x^2}\mathrm{d}x$.

**解** 基本积分公式中没有含有 $\mathrm{e}^{x^2}$ 的积分,但有$\int \mathrm{e}^x\mathrm{d}x=\mathrm{e}^x+C$.因此我们如果把 $x^2$看作一个整体,则有

$$\int 2x\mathrm{e}^{x^2}\mathrm{d}x=\int \mathrm{e}^{x^2}\mathrm{d}(x^2)\xlongequal{令 u=x^2}\int \mathrm{e}^u\mathrm{d}u=\mathrm{e}^u+C=\mathrm{e}^{x^2}+C.$$

**例 5.2.2** 求$\int (2x+1)^{15}\mathrm{d}x$.

**解** 如果令 $u=2x+1$,则$(2x+1)^{15}=u^{15}$,但 $\mathrm{d}u\neq\mathrm{d}x$.事实上,$\mathrm{d}u=\mathrm{d}(2x+1)=2\mathrm{d}x$ 或者说 $\mathrm{d}x=\frac{1}{2}\mathrm{d}u$,于是

$$\begin{aligned}\int (2x+1)^{15}\mathrm{d}x &=\frac{1}{2}\int (2x+1)^{15}\mathrm{d}(2x+1)\\ &=\frac{1}{2}\int u^{15}\mathrm{d}u=\frac{1}{32}u^{16}+C\\ &=\frac{1}{32}(2x+1)^{16}+C.\end{aligned}$$

这种变量代换用熟练之后,就可以不写出中间变量 $u$.例如上题中,直接把$(2x+

1)整体看作一个变量,即有$\frac{1}{2}\int(2x+1)^{15}\mathrm{d}(2x+1)=\frac{1}{32}(2x+1)^{16}+C$,这样就可以简化解题步骤.

**例 5.2.3**　求$\int\frac{1}{a^2+x^2}\mathrm{d}x\quad(a\neq0)$.

**解**　被积函数与$\frac{1}{1+x^2}$形式相近,而$\frac{1}{1+x^2}$的原函数是 $\arctan x+C$,因此

$$\int\frac{1}{a^2+x^2}\mathrm{d}x=\frac{1}{a^2}\int\frac{1}{1+(\frac{x}{a})^2}\mathrm{d}x=\frac{1}{a}\int\frac{1}{1+(\frac{x}{a})^2}\mathrm{d}\frac{x}{a}$$

$$=\frac{1}{a}\arctan\frac{x}{a}+C.$$

**例 5.2.4**　求$\int\tan x\mathrm{d}x$.

**解**　$\int\tan x\mathrm{d}x=\int\frac{\sin x}{\cos x}\mathrm{d}x=-\int\frac{1}{\cos x}\mathrm{d}\cos x=-\ln|\cos x|+C$.

**注**　类似地有$\int\cot x\mathrm{d}x=\ln|\sin x|+C$.

细心的读者可能已经发现,在上面几个例子中,凑微分时出现了 $\mathrm{d}(x^2)$,$\mathrm{d}(2x+1)$,$\mathrm{d}\frac{x}{a}$,$\mathrm{d}\cos x$.这些微分中,有的带括号,有的不带括号.这是因为:$\mathrm{d}(x^2)$如果去掉括号,写成 $\mathrm{d}x^2$就易与$(\mathrm{d}x)^2$混淆.$\mathrm{d}(2x+1)$若写作 $\mathrm{d}2x+1$,就易与 $\mathrm{d}(2x)+1$ 混淆.而对于不易混淆的 $\mathrm{d}\frac{x}{a}$和 $\mathrm{d}\cos x$,有没有括号均可.

**例 5.2.5**　求$\int\cos^3x\mathrm{d}x$.

**解**　$\int\cos^3x\mathrm{d}x=\int\cos^2x\mathrm{d}\sin x=\int(1-\sin^2x)\mathrm{d}\sin x$

$$=\sin x-\frac{1}{3}\sin^3x+C.$$

**例 5.2.6**　求$\int\sin^2x\mathrm{d}x$.

**解**　$\int\sin^2x\mathrm{d}x=\int\frac{1-\cos 2x}{2}\mathrm{d}x=\frac{1}{2}\int\mathrm{d}x-\frac{1}{4}\int\cos 2x\mathrm{d}(2x)$

$$=\frac{x}{2}-\frac{1}{4}\sin 2x+C.$$

**例 5.2.7**　求$\int\frac{\mathrm{d}x}{a^2-x^2}\quad(a\neq0)$.

**解**　因为$\frac{1}{a^2-x^2}=\frac{1}{(a+x)(a-x)}=\frac{1}{2a}\left(\frac{1}{a+x}+\frac{1}{a-x}\right)$,所以

$$\int\frac{1}{a^2-x^2}\mathrm{d}x=\frac{1}{2a}\int\frac{\mathrm{d}x}{a+x}+\frac{1}{2a}\int\frac{\mathrm{d}x}{a-x}$$

$$=\frac{1}{2a}\int\frac{\mathrm{d}(a+x)}{a+x}-\frac{1}{2a}\int\frac{\mathrm{d}(a-x)}{a-x}$$

$$=\frac{1}{2a}\ln|a+x|-\frac{1}{2a}\ln|a-x|+C$$

$$=\frac{1}{2a}\ln\left|\frac{a+x}{a-x}\right|+C.$$

**例 5.2.8** 求$\int\sec x\mathrm{d}x$.

**解**

$$\int\sec x\mathrm{d}x=\int\frac{\cos x\mathrm{d}x}{\cos^2 x}=\int\frac{\mathrm{d}\sin x}{1-\sin^2 x}$$

$$=\frac{1}{2}\int\frac{\mathrm{d}(1+\sin x)}{1+\sin x}-\frac{1}{2}\int\frac{\mathrm{d}(1-\sin x)}{1-\sin x}$$

$$=\frac{1}{2}\ln\frac{1+\sin x}{1-\sin x}+C=\frac{1}{2}\ln\frac{(1+\sin x)^2}{1-\sin^2 x}+C$$

$$=\ln\left|\frac{1+\sin x}{\cos x}\right|+C=\ln|\sec x+\tan x|+C.$$

类似可得$\int\csc x\mathrm{d}x=\ln|\csc x-\cot x|+C$.

此外,在上面计算中,$\ln\frac{1+\sin x}{1-\sin x}$和$\ln\frac{(1+\sin x)^2}{1-\sin^2 x}$都不含绝对值号,而其后的对数表达式中却含有绝对值号.想一想这是为什么.

**例 5.2.9** 求$\int\frac{1}{\sqrt{a^2-x^2}}\mathrm{d}x\quad(a>0)$.

**解法一** $\int\frac{1}{\sqrt{a^2-x^2}}\mathrm{d}x=\frac{1}{a}\int\frac{\mathrm{d}x}{\sqrt{1-\left(\frac{x}{a}\right)^2}}=\arcsin\frac{x}{a}+C.$

**解法二** $\int\frac{1}{\sqrt{a^2-x^2}}\mathrm{d}x=-\int-\frac{\mathrm{d}\frac{x}{a}}{\sqrt{1-\left(\frac{x}{a}\right)^2}}=-\arccos\frac{x}{a}+C.$

上述两种方法算出的结果为何不同?你能解释吗?

**例 5.2.10** 求$\int\frac{\sin x-\cos x}{\sqrt[3]{\sin x+\cos x}}\mathrm{d}x$.

**解**

$$\int\frac{\sin x-\cos x}{\sqrt[3]{\sin x+\cos x}}\mathrm{d}x=-\int\frac{\mathrm{d}(\sin x+\cos x)}{\sqrt[3]{\sin x+\cos x}}$$

$$=-\frac{3}{2}(\sin x+\cos x)^{\frac{2}{3}}+C.$$

**例 5.2.11** 求$\int\frac{2x+1}{\sqrt{1+2x-x^2}}\mathrm{d}x$.

**解**

$$\begin{aligned}\int\frac{2x+1}{\sqrt{1+2x-x^2}}\mathrm{d}x &= \int\frac{2x-2+3}{\sqrt{1+2x-x^2}}\mathrm{d}x\\ &= -\int\frac{2-2x}{\sqrt{1+2x-x^2}}\mathrm{d}x+3\int\frac{1}{\sqrt{1+2x-x^2}}\mathrm{d}x\\ &= -\int\frac{\mathrm{d}(1+2x-x^2)}{\sqrt{1+2x-x^2}}+3\int\frac{\mathrm{d}(x-1)}{\sqrt{2-(x-1)^2}}\\ &= -2\sqrt{1+2x-x^2}+3\arcsin\frac{x-1}{\sqrt{2}}+C.\end{aligned}$$

**注** 本题使用了例 5.2.9 的结论.

**2. 常用的凑微分形式**

(1) $\int f(ax+b)\mathrm{d}x=\frac{1}{a}\int f(ax+b)\mathrm{d}(ax+b)\,(a\neq 0)$.

(2) $\int f(\cos x)\sin x\mathrm{d}x=-\int f(\cos x)\mathrm{d}\cos x$.

(3) $\int f(\sin x)\cos x\mathrm{d}x=\int f(\sin x)\mathrm{d}\sin x$.

(4) $\int f(\ln x)\frac{1}{x}\mathrm{d}x=\int f(\ln x)\mathrm{d}\ln x$.

(5) $\int f(\mathrm{e}^x)\mathrm{e}^x\mathrm{d}x=\int f(\mathrm{e}^x)\mathrm{d}\mathrm{e}^x$.

(6) $\int f(x^n)x^{n-1}\mathrm{d}x=\frac{1}{n}\int f(x^n)\mathrm{d}(x^n)\,(n\neq 0)$.

(7) $\int f\left(\frac{1}{x}\right)\frac{1}{x^2}\mathrm{d}x=-\int f\left(\frac{1}{x}\right)\mathrm{d}\,\frac{1}{x}$.

(8) $\int f(\tan x)\frac{1}{\cos^2 x}\mathrm{d}x=\int f(\tan x)\mathrm{d}\tan x$.

(9) $\int f(\cot x)\frac{1}{\sin^2 x}\mathrm{d}x=-\int f(\cot x)\mathrm{d}\cot x$.

(10) $\int f(\arcsin x)\frac{1}{\sqrt{1-x^2}}\mathrm{d}x=\int f(\arcsin x)\mathrm{d}\arcsin x$.

(11) $\int f(\arctan x)\frac{1}{1+x^2}\mathrm{d}x=\int f(\arctan x)\mathrm{d}\arctan x$.

(12) $\int\frac{f'(x)}{f(x)}\mathrm{d}x=\int\frac{\mathrm{d}f(x)}{f(x)}=\ln|f(x)|+C$.

## 5.2.2 第二换元法

在第一换元法的换元公式

$$\int f[\varphi(x)]\varphi'(x)\mathrm{d}x=\int f(u)\mathrm{d}u$$

中,如果左端是我们要计算的积分,但无法直接求出,就通过凑微分的方式,将其化为右端容易计算的积分.有时,会遇到相反的情况,即想求出右端的积分而不会求,通过适当的变量代换 $u=\varphi(x)$,将其化为左端会求的积分,这就是第二换元法.

**定理 5.2.2** 设 $x=\varphi(t)$是单调可导的函数,并且 $\varphi'(t)\neq 0$.又设 $f[\varphi(t)]\varphi'(t)$具有原函数 $\Phi(t)$,则 $\Phi[\varphi^{-1}(x)]$是 $f(x)$的原函数,即有换元公式

$$\int f(x)\mathrm{d}x=\int f[\varphi(t)]\varphi'(t)\mathrm{d}t=\Phi(t)+C=\Phi[\varphi^{-1}(x)]+C.$$

**证** 利用复合函数与反函数的求导法则,得到

$$\{\Phi[\varphi^{-1}(x)]\}'=\frac{\mathrm{d}\Phi(t)}{\mathrm{d}t}\cdot\frac{\mathrm{d}t}{\mathrm{d}x}=\frac{\mathrm{d}\Phi(t)}{\mathrm{d}t}\cdot\frac{1}{\frac{\mathrm{d}x}{\mathrm{d}t}}$$

$$=f[\varphi(t)]\varphi'(t)\cdot\frac{1}{\varphi'(t)}=f[\varphi(t)]=f(x),$$

即 $\Phi[\varphi^{-1}(x)]$是 $f(x)$的一个原函数.所以有

$$\int f(x)\mathrm{d}x=\Phi[\varphi^{-1}(x)]+C.$$

下面举例说明第二换元法的应用.

**例 5.2.12** 求$\int\sqrt{a^2-x^2}\mathrm{d}x\quad(a>0)$.

**解** 令 $x=a\sin t\left(-\frac{\pi}{2}\leqslant t\leqslant\frac{\pi}{2}\right)$.于是$\sqrt{a^2-x^2}=a\cos t$,$\mathrm{d}x=a\cos t\mathrm{d}t$,从而有

$$\begin{aligned}\int\sqrt{a^2-x^2}\mathrm{d}x&=\int a^2\cos^2 t\mathrm{d}t=\frac{a^2}{2}\int(1+\cos 2t)\mathrm{d}t\\&=\frac{a^2}{2}\int\mathrm{d}t+\frac{a^2}{4}\int\cos 2t\mathrm{d}(2t)\\&=\frac{a^2}{4}(2t+\sin 2t)+C.\end{aligned}$$

根据代换 $x=a\sin t$ 作直角三角形(如图 5.2),可知

$$t=\arcsin\frac{x}{a},\sin 2t=2\sin t\cos t=2\,\frac{x}{a}\frac{\sqrt{a^2-x^2}}{a},$$

从而 $$\int\sqrt{a^2-x^2}\mathrm{d}x=\frac{x}{2}\sqrt{a^2-x^2}+\frac{a^2}{2}\arcsin\frac{x}{a}+C.$$

**例 5.2.13** 求$\int\frac{\mathrm{d}x}{\sqrt{a^2+x^2}}\quad(a>0)$.

**解** 令 $x=a\tan t\left(-\frac{\pi}{2}<t<\frac{\pi}{2}\right)$,则$\sqrt{a^2+x^2}=a\sec t$,$\mathrm{d}x=a\sec^2 t\mathrm{d}t$.

再利用例 5.2.8 的结论,就有

$$\int\frac{\mathrm{d}x}{\sqrt{a^2+x^2}}=\int\sec t\mathrm{d}t=\ln|\sec t+\tan t|+C_1.$$

根据 $x=a\tan t$ 作直角三角形(如图 5.3),可知 $\sec t=\frac{\sqrt{a^2+x^2}}{a}$,从而

$$\int\frac{\mathrm{d}x}{\sqrt{a^2+x^2}}=\ln\left|\frac{\sqrt{a^2+x^2}}{a}+\frac{x}{a}\right|+C_1$$

$$=\ln\left|x+\sqrt{a^2+x^2}\right|+C\quad(C=C_1-\ln a).$$

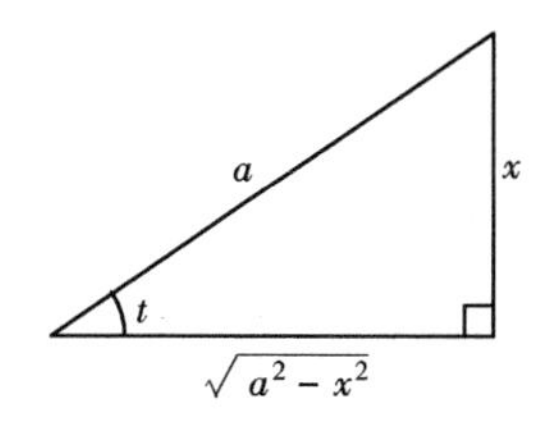

图 5.2　例 5.2.12 题

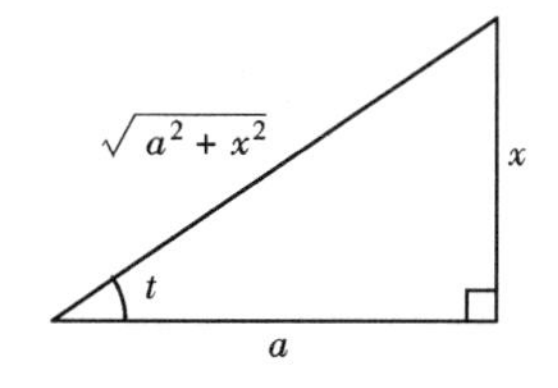

图 5.3　例 5.2.13 题

以上两个例子的被积函数中都含有二次根式.当被积函数含$\sqrt{a^2-x^2}$,$\sqrt{a^2+x^2}$,$\sqrt{x^2-a^2}$等根式时,我们经常进行变量代换 $x=a\sin t$,$x=a\tan t$,或 $x=a\sec t$.这种代换称为**三角代换**,其目的是消去根号,便于求出积分.

**例 5.2.14**　求$\int\frac{\mathrm{d}x}{\sqrt{x^2-a^2}}\quad(a>0)$.

**解**　令 $x=a\sec t\quad\left(0<t<\frac{\pi}{2}\text{或}\pi<t<\frac{3}{2}\pi\right)$,

则$\sqrt{x^2-a^2}=a|\tan t|$,$\mathrm{d}x=a\sec t\tan t\mathrm{d}t$,从而

$$\int\frac{\mathrm{d}x}{\sqrt{x^2-a^2}}=\int\frac{\sec t\tan t}{|\tan t|}\mathrm{d}t=\int|\sec t|\mathrm{d}t.$$

当 $t\in\left(0,\frac{\pi}{2}\right)\cup\left(\pi,\frac{3}{2}\pi\right)$时,

$$\int\frac{\mathrm{d}x}{\sqrt{x^2-a^2}}=\int\sec t\mathrm{d}t$$

$$=\ln|\sec t+\tan t|+C_1.$$

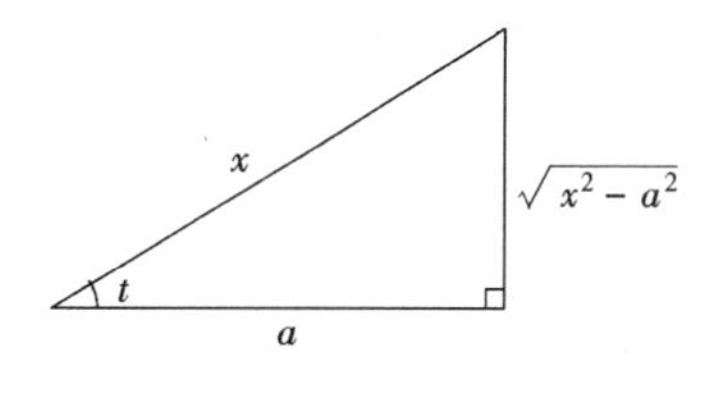

图 5.4　例 5.2.14 题

根据 $x=a\sec t$ 作直角三角形(如图 5.4),可知 $\tan t=\frac{\sqrt{x^2-a^2}}{a}$,从而

$$\int\frac{\mathrm{d}x}{\sqrt{x^2-a^2}}=\ln\left|\frac{x}{a}+\frac{\sqrt{x^2-a^2}}{a}\right|+C_1$$

$$=\ln\left|x+\sqrt{x^2-a^2}\right|+C(C=C_1-\ln a).$$

**例 5.2.15**　求$\int\frac{\mathrm{d}x}{1+\sqrt{2x}}$.

**解**　令 $t=\sqrt{2x}$,则 $x=\frac{1}{2}t^2$,$\mathrm{d}x=t\mathrm{d}t$.从而

$$\int\frac{\mathrm{d}x}{1+\sqrt{2x}}=\int\frac{t}{1+t}\mathrm{d}t=\int\mathrm{d}t-\int\frac{\mathrm{d}t}{1+t}$$

$$= t - \ln|1+t| + C = \sqrt{2x} - \ln\left|1+\sqrt{2x}\right| + C.$$

**例 5.2.16** 求$\int \frac{x}{\sqrt[3]{3x+1}}\mathrm{d}x$.

**解** 令 $t=\sqrt[3]{3x+1}$,则 $x=\frac{t^3-1}{3}$,$\mathrm{d}x=t^2\mathrm{d}t$,从而

$$\int \frac{x}{\sqrt[3]{3x+1}}\mathrm{d}x = \frac{1}{3}\int (t^4-t)\mathrm{d}t = \frac{1}{3}\left(\frac{t^5}{5}-\frac{t^2}{2}\right)+C$$

$$= \frac{1}{15}(3x+1)^{\frac{5}{3}} - \frac{1}{6}(3x+1)^{\frac{2}{3}} + C.$$

## 5.2.3 基本积分公式表的扩充

本节求出的一些积分可作为基本积分公式使用.下面就给出基本积分公式表的续表.

(13) $\int \frac{\mathrm{d}x}{a^2+x^2} = \frac{1}{a}\arctan\frac{x}{a}+C \quad (a\neq 0)$.

(14) $\int \frac{\mathrm{d}x}{a^2-x^2} = \frac{1}{2a}\ln\left|\frac{a+x}{a-x}\right|+C \quad (a\neq 0)$.

(15) $\int \frac{\mathrm{d}x}{\sqrt{a^2-x^2}} = \arcsin\frac{x}{a}+C \quad (a>0)$.

(16) $\int \frac{\mathrm{d}x}{\sqrt{a^2+x^2}} = \ln\left|x+\sqrt{a^2+x^2}\right|+C \quad (a>0)$.

(17) $\int \frac{\mathrm{d}x}{\sqrt{x^2-a^2}} = \ln\left|x+\sqrt{x^2-a^2}\right|+C \quad (a>0)$.

(18) $\int \sec x\mathrm{d}x = \ln|\sec x+\tan x|+C$.

(19) $\int \csc x\mathrm{d}x = \ln|\csc x-\cot x|+C$.

(20) $\int \tan x\mathrm{d}x = -\ln|\cos x|+C$.

(21) $\int \cot x\mathrm{d}x = \ln|\sin x|+C$.

**例 5.2.17** 求$\int \frac{\mathrm{d}x}{x^2-10x+16}$.

**解** $\int \frac{\mathrm{d}x}{x^2-10x+16} = \int \frac{\mathrm{d}x}{(x-5)^2-3^2} = -\int \frac{\mathrm{d}(x-5)}{3^2-(x-5)^2}$.

利用公式(14),得

$$\int \frac{\mathrm{d}x}{x^2-10x+16} = -\frac{1}{6}\ln\left|\frac{3+(x-5)}{3-(x-5)}\right|+C$$

$$= -\frac{1}{6}\ln\left|\frac{x-2}{x-8}\right| + C = \frac{1}{6}\ln\left|\frac{x-8}{x-2}\right| + C.$$

**例 5.2.18**　求$\int\frac{x}{\sqrt{x^4-9}}\mathrm{d}x$.

**解**　$\int\frac{x}{\sqrt{x^4-9}}\mathrm{d}x = \frac{1}{2}\int\frac{\mathrm{d}(x^2)}{\sqrt{x^4-9}}$.

利用公式(17),得

$$\int\frac{x}{\sqrt{x^4-9}}\mathrm{d}x = \frac{1}{2}\ln\left(x^2+\sqrt{x^4-9}\right) + C.$$

**例 5.2.19**　求$\int\frac{\arcsin\frac{x}{2}}{\sqrt{4-x^2}}\mathrm{d}x$.

**解**　利用公式(15),有

$$\int\frac{\arcsin\frac{x}{2}}{\sqrt{4-x^2}}\mathrm{d}x = \int\arcsin\frac{x}{2}\mathrm{d}\arcsin\frac{x}{2} = \frac{1}{2}\left(\arcsin\frac{x}{2}\right)^2 + C.$$

## 5.3　分部积分法

上一节我们利用复合函数求导法则,得到了换元积分法.类似地,可以导出求积分的另一个基本方法——分部积分法,其理论依据是两个函数乘积的求导法则.

设 $u=u(x)$,$v=v(x)$具有连续导数,则

$$(uv)' = uv' + u'v,\text{或写作}\quad \mathrm{d}(uv) = u\mathrm{d}v + v\mathrm{d}u,$$

移项,得

$$uv' = (uv)' - u'v,\text{或写作}\quad u\mathrm{d}v = \mathrm{d}(uv) - v\mathrm{d}u.$$

两边取不定积分,得

$$\int uv'\mathrm{d}x = uv - \int u'v\mathrm{d}x$$

或

$$\int u\mathrm{d}v = uv - \int v\mathrm{d}u.$$

上述公式称为**分部积分公式**.如果等式左端的积分不易求出,就可以通过等式右端的积分来求.

下面通过例子来展示分部积分公式的重要作用.

**例 5.3.1**　求$\int x\mathrm{e}^x\mathrm{d}x$.

**解**　这个积分难以用换元法求出,现在试用分部积分法. 先作变形

$$\int x\mathrm{e}^x\mathrm{d}x = \int x\mathrm{d}\mathrm{e}^x.$$

将 $x$ 看作 $u$，$e^x$ 看作 $v$，使用分部积分公式，便有

$$\int xe^x dx = xe^x - \int e^x dx = xe^x - e^x + C = (x-1)e^x + C.$$

**例 5.3.2** 求 $\int x\cos x dx$.

**解** $$\int x\cos x dx = \int x d\sin x = x\sin x - \int \sin x\, dx$$
$$= x\sin x + \cos x + C.$$

**例 5.3.3** 求 $\int x^2\sin x dx$.

**解** $$\int x^2\sin x dx = -\int x^2 d\cos x$$
$$= -x^2\cos x + \int \cos x d(x^2)$$
$$= -x^2\cos x + 2\int x\cos x dx$$
$$= -x^2\cos x + 2x\sin x + 2\cos x + C.$$

**例 5.3.4** 求 $\int x^5\ln x dx$.

**解** $$\int x^5\ln x dx = \frac{1}{6}\int \ln x d(x^6)$$
$$= \frac{1}{6}x^6\ln x - \frac{1}{6}\int x^6 d\ln x$$
$$= \frac{1}{6}x^6\ln x - \frac{1}{6}\int x^5 dx$$
$$= \frac{1}{6}x^6\ln x - \frac{1}{36}x^6 + C.$$

**例 5.3.5** 求 $\int x\arctan x dx$.

**解** $$\int x\arctan x dx = \frac{1}{2}\int \arctan x d(x^2)$$
$$= \frac{x^2}{2}\arctan x - \frac{1}{2}\int x^2 d\arctan x$$
$$= \frac{x^2}{2}\arctan x - \frac{1}{2}\int \frac{x^2}{1+x^2}dx$$
$$= \frac{1}{2}x^2\arctan x - \frac{1}{2}\int\left(1 - \frac{1}{1+x^2}\right)dx$$
$$= \frac{1}{2}(x^2\arctan x - x + \arctan x) + C.$$

以上这些例子都属于 $\int x^n f(x)dx$ 的形式，其中 $n$ 为正整数. 当 $f(x)$ 是指数函数或正(余)弦函数时，可以设 $u = x^n$，$dv = f(x)dx$. 这样使用分部积分法，就可以使 $x^n$

变为 $x^{n-1}$,即幂指数降低一次,使积分变得更简单.但这样的降幂操作需要两个前提:

(1) $v$ 容易求出,即 $f(x)$的原函数易求;

(2) $\int v\mathrm{d}u$ 比 $\int u\mathrm{d}v$ 更容易积出,

而当 $f(x)$是对数函数或反三角函数时,就不满足这两个前提.这时,我们设 $u=f(x)$, $\mathrm{d}v=x^n\mathrm{d}x$,再利用分部积分公式即可.

一般地,以下几种积分常用分部积分法计算.设 $P_n(x)$为 $x$ 的 $n$ 次多项式, $Q_{n+1}(x)$为 $x$ 的$n+1$ 次多项式且$[Q_{n+1}(x)]'=P_n(x)$, $n$ 为正整数,则

(1) $\int P_n(x)\mathrm{e}^x\mathrm{d}x=\int P_n(x)\mathrm{d}\mathrm{e}^x$.

(2) $\int P_n(x)\sin x\mathrm{d}x=\int P_n(x)\mathrm{d}(-\cos x)$.

$\int P_n(x)\cos x\mathrm{d}x=\int P_n(x)\mathrm{d}\sin x$.

(3) $\int P_n(x)\ln x\mathrm{d}x=\int \ln x\mathrm{d}[Q_{n+1}(x)]$.

(4) $\int P_n(x)\arcsin x\mathrm{d}x=\int \arcsin x\mathrm{d}[Q_{n+1}(x)]$.

$\int P_n(x)\arccos x\mathrm{d}x=\int \arccos x\mathrm{d}[Q_{n+1}(x)]$.

$\int P_n(x)\arctan x\mathrm{d}x=\int \arctan x\mathrm{d}[Q_{n+1}(x)]$.

$\int P_n(x)\operatorname{arccot} x\mathrm{d}x=\int \operatorname{arccot} x\mathrm{d}[Q_{n+1}(x)]$.

对于(3), (4)中的公式,$P_n(x)$可以为零次多项式,特别地, 允许 $P_n(x)=1$.

**例 5.3.6**　求$\int \ln x\mathrm{d}x$.

**解**　将 $\ln x$ 看作 $u$,$\mathrm{d}x$ 看作 $\mathrm{d}v$.使用分部积分法,得

$$\begin{aligned}\int \ln x\mathrm{d}x &= x\ln x-\int x\mathrm{d}\ln x=x\ln x-\int \mathrm{d}x\\ &= x\ln x-x+C.\end{aligned}$$

事实上,分部积分法的用途相当广泛,并不局限于以上这些类型.

**例 5.3.7**　求 $\int \mathrm{e}^x\sin x\mathrm{d}x$.

**解法一**

$$\begin{aligned}\int \mathrm{e}^x\sin x\mathrm{d}x &= \int \sin x\mathrm{d}\mathrm{e}^x=\mathrm{e}^x\sin x-\int \mathrm{e}^x\mathrm{d}\sin x\\ &= \mathrm{e}^x\sin x-\int \mathrm{e}^x\cos x\mathrm{d}x=\mathrm{e}^x\sin x-\int \cos x\mathrm{d}\mathrm{e}^x\\ &= \mathrm{e}^x\sin x-\mathrm{e}^x\cos x-\int \mathrm{e}^x\sin x\mathrm{d}x,\end{aligned}$$

移项,得

$$\int e^x \sin x\,dx = \frac{1}{2}e^x(\sin x - \cos x) + C.$$

这里,在最后得到的原函数处应加上任意常数 $C$.

**解法二**

$$\begin{aligned}\int e^x \sin x\,dx &= -\int e^x d\cos x = -e^x \cos x + \int e^x \cos x\,dx \\ &= -e^x \cos x + \int e^x d\sin x \\ &= -e^x \cos x + e^x \sin x - \int e^x \sin x\,dx.\end{aligned}$$

移项,得

$$\int e^x \sin x\,dx = \frac{1}{2}e^x(\sin x - \cos x) + C.$$

类似地,有

$$\int e^x \cos x\,dx = \frac{1}{2}e^x(\sin x + \cos x) + C.$$

**例 5.3.8** 求 $\int \sec^3 x\,dx$.

**解**

$$\begin{aligned}\int \sec^3 x\,dx &= \int \sec x\,d\tan x \\ &= \sec x\tan x - \int \tan x\,d\sec x \\ &= \sec x\tan x - \int \tan^2 x\sec x\,dx \\ &= \sec x\tan x - \int (\sec^3 x - \sec x)dx \\ &= \sec x\tan x - \int \sec^3 x\,dx + \int \sec x\,dx.\end{aligned}$$

移项,得

$$\begin{aligned}\int \sec^3 x\,dx &= \frac{1}{2}\sec x\tan x + \frac{1}{2}\int \sec x\,dx \\ &= \frac{1}{2}\sec x\tan x + \frac{1}{2}\ln|\sec x + \tan x| + C.\end{aligned}$$

**例 5.3.9** 求 $I_n = \int \frac{dx}{(x^2+a^2)^n}$,其中 $n$ 为正整数.

**解** 当 $n>1$ 时,有

$$\begin{aligned}I_{n-1} &= \int \frac{dx}{(x^2+a^2)^{n-1}} \\ &= \frac{x}{(x^2+a^2)^{n-1}} - \int x\,d\frac{1}{(x^2+a^2)^{n-1}}\end{aligned}$$

$$=\frac{x}{(x^2+a^2)^{n-1}}+2(n-1)\int\frac{x^2}{(x^2+a^2)^n}\mathrm{d}x$$
$$=\frac{x}{(x^2+a^2)^{n-1}}+2(n-1)\int\left[\frac{1}{(x^2+a^2)^{n-1}}-\frac{a^2}{(x^2+a^2)^n}\right]\mathrm{d}x$$
$$=\frac{x}{(x^2+a^2)^{n-1}}+2(n-1)(I_{n-1}-a^2I_n).$$

于是

$$I_n=\frac{1}{2a^2(n-1)}\left[\frac{x}{(x^2+a^2)^{n-1}}+(2n-3)I_{n-1}\right].$$

以此作为递推公式,并由 $I_1=\frac{1}{a}\arctan\frac{x}{a}+C$,即可得 $I_n$.

**例 5.3.10**　求 $\int\ln(1+\sqrt{x})\mathrm{d}x$.

**解**　令 $t=\sqrt{x}$,则 $x=t^2$,

$$\begin{aligned}\int\ln(1+\sqrt{x})\mathrm{d}x&=\int\ln(1+t)\mathrm{d}t^2\\&=t^2\ln(1+t)-\int t^2\mathrm{d}\ln(1+t)\\&=t^2\ln(1+t)-\int\frac{t^2}{1+t}\mathrm{d}t\\&=t^2\ln(1+t)-\int(t-1)\mathrm{d}t-\int\frac{\mathrm{d}t}{t+1}\\&=t^2\ln(1+t)-\frac{t^2}{2}+t-\ln(1+t)+C\\&=(x-1)\ln(1+\sqrt{x})+\sqrt{x}-\frac{x}{2}+C.\end{aligned}$$

由例5.3.10可以看到,求不定积分有时需要多种方法相结合,比如将换元法与分部积分法结合使用.

## 5.4　有理函数的积分法

前几节介绍了基本积分公式、换元积分法和分部积分法.下面讨论有理函数的积分法.

### 5.4.1　有理函数及其相关性质

设 $P_n(x)$,$Q_m(x)$分别为 $x$ 的 $n$ 次和 $m$ 次多项式,其中 $n,m$ 为自然数,称它们的商 $R(x)=\frac{P_n(x)}{Q_m(x)}$为**有理函数**.本节讨论 $\int R(x)\mathrm{d}x$ 的积分方法.

以下假设 $P_n(x)$和 $Q_m(x)$无公因式.

若 $n<m$,则称 $R(x)$为**(有理)真分式**,否则称 $R(x)$为**(有理)假分式**.

以下四种类型的有理真分式称为**部分分式**:

$$(1)\frac{A}{x-a},(2)\frac{A}{(x-a)^k},(3)\frac{Mx+N}{x^2+px+q},(4)\frac{Mx+N}{(x^2+px+q)^k},$$

其中 $k>1$ 是整数, $a,A,M,N,p,q$ 是实数,并且二次三项式 $x^2+px+q$ 没有实根,即 $p^2-4q<0$.

从代数学得知,有理函数有下列性质.

(1)每一个有理假分式都可以表示成一个多项式与一个有理真分式之和.

例如,$\frac{x^4+1}{x^2-1}=x^2+1+\frac{2}{x^2-1}$.

(2)每一个有理真分式都可以分解为有限个部分分式之和.

例如,$\frac{2}{x^2-1}=\frac{1}{x-1}+\frac{-1}{x+1}$.

由 (1),(2),每个有理函数都可以写成一个多项式和若干个部分分式之和.多项式容易积分.为了解决有理函数的积分问题,只需要进一步讨论以下两个问题:

(1) 部分分式如何积分.

(2) 怎样将有理真分式分解为若干个部分分式之和.

下面分别讨论这两个问题.

## 5.4.2 部分分式的积分法

(1)$\int\frac{A}{x-a}\mathrm{d}x=A\ln|x-a|+C$.

(2)$\int\frac{A}{(x-a)^k}\mathrm{d}x=A\int\frac{\mathrm{d}(x-a)}{(x-a)^k}=\frac{A}{1-k}\frac{1}{(x-a)^{k-1}}+C(k=2,3,4,\cdots)$.

(3)$\int\frac{Mx+N}{x^2+px+q}\mathrm{d}x=\int\frac{\frac{M}{2}(2x+p)+(N-\frac{Mp}{2})}{x^2+px+q}\mathrm{d}x$

$$=\frac{M}{2}\int\frac{\mathrm{d}(x^2+px+q)}{x^2+px+q}+(N-\frac{Mp}{2})\int\frac{\mathrm{d}(x+\frac{p}{2})}{(x+\frac{p}{2})^2+(q-\frac{p^2}{4})}$$

$$=\frac{M}{2}\ln(x^2+px+q)+\frac{2N-Mp}{\sqrt{4q-p^2}}\arctan\frac{2x+p}{\sqrt{4q-p^2}}+C.$$

(4)$\int\frac{Mx+N}{(x^2+px+q)^k}\mathrm{d}x=\int\frac{\frac{M}{2}(2x+p)+(N-\frac{Mp}{2})}{(x^2+px+q)^k}\mathrm{d}x$

$$=\frac{M}{2}\int\frac{\mathrm{d}(x^2+px+q)}{(x^2+px+q)^k}+(N-\frac{Mp}{2})\int\frac{\mathrm{d}(x+\frac{p}{2})}{[(x+\frac{p}{2})^2+(q-\frac{p^2}{4})]^k}$$

$$=\frac{M}{2-2k}\frac{1}{(x^2+px+q)^{k-1}}+(N-\frac{Mp}{2})\int\frac{\mathrm{d}t}{(t^2+a^2)^k},$$

其中 $k>1$ 为整数，$t=x+\frac{p}{2}$，$a^2=q-\frac{p^2}{4}$，而积分 $\int\frac{\mathrm{d}t}{(t^2+a^2)^k}$ 可借助于递推公式求出(见例5.3.9).

### 5.4.3 化有理真分式为部分分式之和

设 $R(x)=\frac{P_n(x)}{Q_m(x)}$ 为有理真分式，并且

$$Q_m(x)=(x-a_1)^{\alpha_1}\cdots(x-a_s)^{\alpha_s}(x^2+p_1x+q_1)^{\beta_1}\cdots(x^2+p_tx+q_t)^{\beta_t},$$

其中 $s,t$ 为非负整数；$\alpha_i,\beta_j$ 为正整数；$a_i,p_j,q_j$ 为实数；$p_j^{\ 2}-4q_j<0$； $i=1,2,\cdots,s$；$j=1,2,\cdots,t$； $\alpha_1+\cdots+\alpha_s+2(\beta_1+\cdots+\beta_t)=m$.

根据代数学中关于部分分式的理论，上述 $R(x)$ 可以唯一地表示为如下部分分式之和的形式：

$$\begin{aligned}R(x)=&\frac{A_{11}}{x-a_1}+\frac{A_{12}}{(x-a_1)^2}+\cdots+\frac{A_{1\alpha_1}}{(x-a_1)^{\alpha_1}}+\cdots\\&+\frac{A_{s1}}{x-a_s}+\frac{A_{s2}}{(x-a_s)^2}+\cdots+\frac{A_{s\alpha_s}}{(x-a_s)^{\alpha_s}}\\&+\frac{M_{11}x+N_{11}}{x^2+p_1x+q_1}+\frac{M_{12}x+N_{12}}{(x^2+p_1x+q_1)^2}+\cdots+\frac{M_{1\beta_1}x+N_{1\beta_1}}{(x^2+p_1x+q_1)^{\beta_1}}+\cdots\\&+\frac{M_{t1}x+N_{t1}}{x^2+p_tx+q_t}+\frac{M_{t2}x+N_{t2}}{(x^2+p_tx+q_t)^2}+\cdots+\frac{M_{t\beta_t}x+N_{t\beta_t}}{(x^2+p_tx+q_t)^{\beta_t}}.\end{aligned}$$

其中 $A_{i1},\cdots,A_{i\alpha_i},M_{j1},\cdots,M_{j\beta_j},N_{j1},\cdots,N_{j\beta_j}$ 均为常数，称为待定系数($i=1,2,\cdots,s$；$j=1,2,\cdots,t$).

确定待定系数常用以下两种方法.

(1) 待定系数法：等式两端去分母，通过比较同次幂的系数确定；

(2) 赋值法：等式两端去分母，然后代入 $x$ 的一些特殊取值，解方程组加以确定.

**例 5.4.1** 将 $\frac{1}{x(x-1)^2}$ 分解为部分分式之和.

**解法一** 设 $\frac{1}{x(x-1)^2}=\frac{A}{x}+\frac{B}{x-1}+\frac{C}{(x-1)^2}$，

去分母，得

$$1=A(x-1)^2+Bx(x-1)+Cx,\tag{1}$$

对比式(1)两边同次幂的系数，得

$$\begin{cases}0=A+B & (\text{二次项系数}),\\0=-2A-B+C & (\text{一次项系数}),\\1=A & (\text{常数项}).\end{cases}$$

解得　$A=1, B=-1, C=1$.

于是　$$\frac{1}{x(x-1)^2}=\frac{1}{x}-\frac{1}{x-1}+\frac{1}{(x-1)^2}.$$

**解法二**　在式(1)中分别令 $x=0,1,2$,得

$$\begin{cases}1=A,\\1=C,\\1=A+2B+2C.\end{cases}$$

解得 $A=1, B=-1, C=1$. 于是

$$\frac{1}{x(x-1)^2}=\frac{1}{x}-\frac{1}{x-1}+\frac{1}{(x-1)^2}.$$

事实上,也可以将上述两种解法结合起来使用.

**例 5.4.2**　将 $\frac{6x}{(x+1)(x-1)(x^2+2)}$分解为部分分式之和.

**解**　设

$$\frac{6x}{(x+1)(x-1)(x^2+2)}=\frac{A}{x+1}+\frac{B}{x-1}+\frac{Cx+D}{x^2+2},$$

去分母,得

$$6x=A(x-1)(x^2+2)+B(x+1)(x^2+2)+(Cx+D)(x+1)(x-1).$$

在上式中分别代入 $x=-1,1,0$,并对比 $x^3$项前的系数,得

$$\begin{cases}-6=-6A,\\6=6B,\\0=-2A+2B-D,\\0=A+B+C.\end{cases}$$

解得 $A=1, B=1, C=-2, D=0$. 于是

$$\frac{6x}{(x+1)(x-1)(x^2+2)}=\frac{1}{x+1}+\frac{1}{x-1}-\frac{2x}{x^2+2}.$$

**例 5.4.3**　将 $\frac{4x}{x^4+1}$分解为部分分式之和.

**解**　$x^4+1=(x^2+1)^2-2x^2=(x^2-\sqrt{2}x+1)(x^2+\sqrt{2}x+1)$.

不难看出

$$\frac{4x}{x^4+1}=\frac{\sqrt{2}}{x^2-\sqrt{2}x+1}-\frac{\sqrt{2}}{x^2+\sqrt{2}x+1}.$$

## 5.4.4　有理函数的积分法

根据以上讨论,有理函数积分步骤如下:

(1) $R(x)=\frac{P_n(x)}{Q_m(x)}$若为假分式,则先化为多项式与真分式之和;

(2) 将有理真分式化为部分分式之和；

(3) 计算多项式和各个部分分式的积分.

**例 5.4.4**　求 $\int \frac{x^4}{x^4+5x^2+4}\mathrm{d}x$.

**解**

$$\begin{aligned}\frac{x^4}{x^4+5x^2+4} &= 1-\frac{5x^2+4}{x^4+5x^2+4}\\ &= 1-\frac{5x^2+4}{(x^2+1)(x^2+4)}\\ &= 1-\frac{5t+4}{(t+1)(t+4)},\end{aligned}$$

其中 $t=x^2$. 设 $\frac{5t+4}{(t+1)(t+4)}=\frac{A}{t+1}+\frac{B}{t+4}$，去分母，得

$$5t+4=A(t+4)+B(t+1).$$

解得 $A=-\frac{1}{3}$，$B=\frac{16}{3}$. 于是

$$\begin{aligned}\frac{x^4}{x^4+5x^2+4} &= 1+\frac{1}{3}\frac{1}{t+1}-\frac{16}{3}\frac{1}{t+4}\\ &= 1+\frac{1}{3}\frac{1}{x^2+1}-\frac{16}{3}\frac{1}{x^2+4},\end{aligned}$$

从而

$$\begin{aligned}\int\frac{x^4}{x^4+5x^2+4}\mathrm{d}x &= \int\mathrm{d}x+\frac{1}{3}\int\frac{\mathrm{d}x}{x^2+1}-\frac{16}{3}\int\frac{\mathrm{d}x}{x^2+4}\\ &= x+\frac{1}{3}\arctan x-\frac{8}{3}\arctan\frac{x}{2}+C.\end{aligned}$$

**例 5.4.5**　求 $\int\frac{6x}{(x+1)(x-1)(x^2+2)}\mathrm{d}x$.

**解**　由例 5.4.2 知

$$\begin{aligned}&\int\frac{6x}{(x+1)(x-1)(x^2+2)}\mathrm{d}x\\ =&\int\frac{\mathrm{d}x}{x+1}+\int\frac{\mathrm{d}x}{x-1}-\int\frac{2x\,\mathrm{d}x}{x^2+2}\\ =&\ln|x+1|+\ln|x-1|-\int\frac{\mathrm{d}(x^2+2)}{x^2+2}\\ =&\ln|x^2-1|-\ln|x^2+2|+C\\ =&\ln\frac{|x^2-1|}{x^2+2}+C.\end{aligned}$$

总之，根据代数学理论，任何有理函数都可分解成多项式与若干部分分式之和，而多项式和这些部分分式的原函数都是初等函数，所以有理函数的原函数都是初等函数.

## 5.5 三角函数有理式的积分法

由于 $\sec x,\csc x,\tan x,\cot x$ 都可表示为 $\sin x$ 和 $\cos x$ 的有理函数,所以任何三角函数有理式都可化成 $\sin x$ 和 $\cos x$ 的有理式,将其记作 $R(\sin x,\cos x)$. 下面分两种情形讨论形如 $\int R(\sin x,\cos x)\mathrm{d}x$ 的积分.

### 5.5.1 一般情形

注意到 $\sin x$ 和 $\cos x$ 都可表示为 $\tan\frac{x}{2}$的有理式,即

$$\sin x=\frac{2\tan\frac{x}{2}}{1+\tan^2\frac{x}{2}},\quad \cos x=\frac{1-\tan^2\frac{x}{2}}{1+\tan^2\frac{x}{2}}.$$

若进行代换 $t=\tan\frac{x}{2}$,则 $x=2\arctan t,\mathrm{d}x=\frac{2}{1+t^2}\mathrm{d}t$,从而

$$\int R(\sin x,\cos x)\mathrm{d}x=\int R\left(\frac{2t}{1+t^2},\frac{1-t^2}{1+t^2}\right)\frac{2}{1+t^2}\mathrm{d}t. \tag{5.5.1}$$

这是关于 $t$ 的有理函数的积分,求出这个积分后,代入 $t=\tan\frac{x}{2}$,即得所求. 这种代换法,称做**万能代换**.

**例 5.5.1** 求 $\int\frac{1-r^2}{1-2r\cos x+r^2}\mathrm{d}x\quad(0<r<1,-\pi<x<\pi)$.

**解** 令 $t=\tan\frac{x}{2}$,利用式(5.5.1),得

$$\begin{aligned}\int\frac{1-r^2}{1-2r\cos x+r^2}\mathrm{d}x&=\int\frac{1-r^2}{1-2r\frac{1-t^2}{1+t^2}+r^2}\cdot\frac{2}{1+t^2}\mathrm{d}t\\&=\int\frac{2(1-r^2)\mathrm{d}t}{(1-r)^2+(1+r)^2t^2}\\&=2\arctan\left(\frac{1+r}{1-r}t\right)+C\\&=2\arctan\left(\frac{1+r}{1-r}\tan\frac{x}{2}\right)+C.\end{aligned}$$

万能代换虽然总能把 $\int R(\sin x,\cos x)\mathrm{d}x$ 化成有理函数的积分,但有时这样的代换运算比较复杂. 因此对于某些类型的三角函数积分,通常利用一些三角恒等式,从而较方便地求出积分. 下面就介绍几种特殊的类型.

## 5.5.2　特殊情形

**1.形如 $\int \sin^m x\cos^n x\mathrm{d}x$ 的积分($m,n$ 为非负整数)**

(1) 当 $m$ 为奇数时,可令 $u=\cos x$,于是

$$\begin{aligned}\int \sin^m x\cos^n x\mathrm{d}x &= -\int \sin^{m-1}x\cos^n x\mathrm{d}\cos x\\ &= -\int (1-u^2)^{\frac{m-1}{2}}u^n\mathrm{d}u,\end{aligned}$$

转化为多项式的积分.

(2)当 $n$ 为奇数时,可令 $u=\sin x$,于是

$$\begin{aligned}\int \sin^m x\cos^n x\mathrm{d}x &= \int \sin^m x\cos^{n-1}x\mathrm{d}\sin x\\ &= \int u^m(1-u^2)^{\frac{n-1}{2}}\mathrm{d}u,\end{aligned}$$

同样转化为多项式的积分.

(3) 当 $m,n$ 均为偶数时,可反复利用下列三角公式:

$$\sin x\cos x=\frac{1}{2}\sin 2x,$$

$$\sin^2 x=\frac{1-\cos 2x}{2},$$

$$\cos^2 x=\frac{1+\cos 2x}{2},$$

不断降低被积函数的幂次,直至化为前两种情形之一为止.

**例 5.5.2**　求 $\int \sin^2 x\cos^4 x\mathrm{d}x$.

**解**

$$\begin{aligned}\int \sin^2 x\cos^4 x\mathrm{d}x &= \int \left(\frac{1}{2}\sin 2x\right)^2\frac{1+\cos 2x}{2}\mathrm{d}x\\ &= \frac{1}{8}\int \sin^2 2x\mathrm{d}x+\frac{1}{8}\int \sin^2 2x\cos 2x\mathrm{d}x\\ &= \frac{1}{8}\int \frac{1-\cos 4x}{2}\mathrm{d}x+\frac{1}{16}\int \sin^2 2x\mathrm{d}\sin 2x\\ &= \frac{1}{16}\int \mathrm{d}x-\frac{1}{16}\int \cos 4x\mathrm{d}x+\frac{1}{48}\sin^3 2x\\ &= \frac{1}{16}x-\frac{1}{64}\sin 4x+\frac{1}{48}\sin^3 2x+C.\end{aligned}$$

**2.形如 $\int \tan^n x\mathrm{d}x$ 和 $\int \cot^n x\mathrm{d}x$ 的积分($n$ 为正整数)**

令 $u=\tan x$,则 $x=\arctan u$,$\mathrm{d}x=\dfrac{\mathrm{d}u}{1+u^2}$,从而

$$\int \tan^n x\mathrm{d}x = \int \frac{u^n}{1+u^2}\mathrm{d}u,$$

已转化成有理函数的积分.

类似地，$\int \cot^n x\mathrm{d}x$ 可通过代换 $u=\cot x$ 转化成有理函数的积分.

**3.形如 $\int \sec^n x\mathrm{d}x$ 和 $\int \csc^n x\mathrm{d}x$ 的积分（$n$ 为正整数）**

(1) 当 $n$ 为偶数时，若令 $u=\tan x$，则 $x=\arctan u$，$\mathrm{d}x=\frac{\mathrm{d}u}{1+u^2}$，于是

$$\begin{aligned}\int \sec^n x\mathrm{d}x &= \int (1+\tan^2 x)^{\frac{n}{2}}\mathrm{d}x = \int (1+u^2)^{\frac{n}{2}}\frac{1}{1+u^2}\mathrm{d}u \\ &= \int (1+u^2)^{\frac{n}{2}-1}\mathrm{d}u,\end{aligned}$$

已转化成多项式的积分.

类似地，$\int \csc^n x\mathrm{d}x$ 可通过代换 $u=\cot x$ 转化成有理函数的积分.

(2) 当 $n$ 为奇数时，可利用分部积分法来求，参阅例 5.3.8.

## 5.6 积分表的使用

通过前几节的讨论可以看出，求不定积分远比求导运算复杂.虽然前面已经介绍一些常用的方法、技巧，并分类讨论了几种特殊形式的积分，但仍有不少类型的积分尚未涉及.为便于积分的运算，人们把常用的积分公式归类并汇集成表，称之为**积分表**.求积分时，可根据被积函数的类型直接地或经过简单的变形后，在表内查得相应的结果.本书附录 3 给出了一个简单的积分表，以供查阅.

下面举例说明积分表的使用方法.

**例 5.6.1** 求 $\int \frac{\mathrm{d}x}{\sqrt{x^2+5x+6}}$.

**解** 这是含有 $\sqrt{\pm ax^2+bx+c}\,(a>0)$ 的积分，利用附录 3 积分表（九）中的公式 73，有

$$\int \frac{\mathrm{d}x}{\sqrt{x^2+5x+6}} = \ln\left|2x+5+2\sqrt{x^2+5x+6}\right|+C.$$

**例 5.6.2** 求 $\int \frac{2x^2}{\sqrt{(9x^2+1)^3}}\mathrm{d}x$.

**解法一** 表中没有这样的积分，但表（六）中有形式相近的积分 $\int \frac{x^2}{\sqrt{(x^2+a^2)^3}}\mathrm{d}x$.

只要进行代换 $u=3x$，就有

$$\int \frac{2x^2}{\sqrt{(9x^2+1)^3}}\mathrm{d}x = \int \frac{\frac{2}{9}u^2}{\sqrt{(u^2+1)^3}}\,\frac{1}{3}\mathrm{d}u$$

$$=\frac{2}{27}\int\frac{u^2}{\sqrt{(u^2+1)^3}}\mathrm{d}u.$$

利用积分表(六)中的公式 36,得

$$\int\frac{2x^2}{\sqrt{(9x^2+1)^3}}\mathrm{d}x=-\frac{2}{27}\frac{u}{\sqrt{u^2+1}}+\frac{2}{27}\ln\left(u+\sqrt{u^2+1}\right)+C_1$$

$$=-\frac{2}{9}\frac{x}{\sqrt{9x^2+1}}+\frac{2}{27}\ln\left(3x+\sqrt{9x^2+1}\right)+C_1.$$

**解法二**　稍做变形后,仍利用公式 36 即可.

$$\int\frac{2x^2}{\sqrt{(9x^2+1)^3}}\mathrm{d}x=\frac{2}{27}\int\frac{x^2}{\sqrt{\left(x^2+\frac{1}{9}\right)^3}}\mathrm{d}x$$

$$=-\frac{2}{27}\frac{x}{\sqrt{x^2+\frac{1}{9}}}\mathrm{d}x+\frac{2}{27}\ln\left(x+\sqrt{x^2+\frac{1}{9}}\right)+C_2.$$

不难看出,这与解法一所得结果是一致的.

**例 5.6.3**　求 $\int \mathrm{e}^x\sin^4 x\mathrm{d}x$.

**解**　这是含有指数函数的积分,在积分表(十三)中,公式 130 给出了它的递推公式,于是有

$$\int \mathrm{e}^x\sin^4 x\mathrm{d}x$$

$$=\frac{1}{1+4^2}\mathrm{e}^x\sin^3 x(\sin x-4\cos x)+\frac{12}{1+4^2}\int\mathrm{e}^x\sin^2 x\mathrm{d}x$$

$$=\frac{1}{17}\mathrm{e}^x\sin^3 x(\sin x-4\cos x)+\frac{12}{17}\cdot\frac{1}{1+2^2}\mathrm{e}^x\sin x(\sin x-2\cos x)+\frac{12}{17}\frac{2}{1+2^2}\int\mathrm{e}^x\mathrm{d}x$$

$$=\frac{1}{17}\mathrm{e}^x\sin^3 x(\sin x-4\cos x)+\frac{12}{85}\mathrm{e}^x\sin x(\sin x-2\cos x)+\frac{24}{85}\mathrm{e}^x+C.$$

查积分表往往能节约计算积分的时间,但由前面的例子也可看到,查积分表也常需要先将积分适当变形,使其与积分表中的积分相匹配,再查表得出结果.这就需要我们熟练掌握所学的基本积分方法.而对于某些积分,使用基本积分方法来计算并不麻烦,甚至比查表还要快些.例如,求 $\int\sin^2 x\cos^3 x\mathrm{d}x$ 时,作代换 $u=\sin x$ 要比查表更方便.

顺便指出,初等函数在其定义区间上一定有原函数,但原函数却未必还是初等函数,如 $\int\mathrm{e}^{-x^2}\mathrm{d}x$,$\int\frac{\sin x}{x}\mathrm{d}x$,$\int\frac{\mathrm{d}x}{\ln x}$,$\int\frac{\mathrm{d}x}{\sqrt{1+x^4}}$ 等都不是初等函数.

## 习题 5

**1.** 利用基本积分公式求下列不定积分：

(1) $\int \frac{5}{x^4}\mathrm{d}x$；

(2) $\int \sqrt{x\sqrt{x}}\,\mathrm{d}x$；

(3) $\int (\sqrt{x}+1)\left(x-\frac{1}{\sqrt{x}}\right)\mathrm{d}x$；

(4) $\int \frac{(x^2+1)^2}{x^3}\mathrm{d}x$；

(5) $\int (2^x+5^x)\mathrm{d}x$；

(6) $\int \left(\frac{\sin x}{2}-\frac{1}{\cos^2 x}+\frac{6}{1+x^2}\right)\mathrm{d}x$；

(7) $\int \frac{2}{\sin^2 x}\mathrm{d}x$；

(8) $\int \frac{2}{1+x^2}\mathrm{d}x$；

(9) $\int \frac{3}{\sqrt{4-4x^2}}\mathrm{d}x$；

(10) $\int \sin\left(x+\frac{\pi}{4}\right)\mathrm{d}x$；

(11) $\int \cot^2 x\,\mathrm{d}x$；

(12) $\int (\mathrm{sh}\, x+\mathrm{ch}\, x)\mathrm{d}x$；

(13) $\int \frac{1+2x^2}{x^2(1+x^2)}\mathrm{d}x$；

(14) $\int \frac{\cos 2x}{\cos^2 x\sin^2 x}\mathrm{d}x$；

(15) $\int \frac{\sqrt{1+x^2}}{2\sqrt{1-x^4}}\mathrm{d}x$；

(16) $\int 3^x\cdot \mathrm{e}^x\,\mathrm{d}x$；

(17) $\int \frac{5^x-2^x}{3^x}\mathrm{d}x$；

(18) $\int \sin\frac{x}{2}\cos\frac{x}{2}\mathrm{d}x$；

(19) $\int 2\cos^2\frac{x}{2}\mathrm{d}x$.

**2.** 一曲线经过坐标原点，且在曲线上任意点$(x,y)$处的切线斜率等于$3x^2$，求这条曲线的方程.

**3.** 一个运动物体的速度为$v=\frac{2}{1+t^2}-t$，当$t=0$时，物体位于坐标原点，求物体运动的路程与时间$t$的函数关系.

**4.** 用第一换元法(凑微分法)求下列不定积分：

(1) $\int x\mathrm{e}^{-x^2}\mathrm{d}x$；

(2) $\int 2x\sqrt{x^2+1}\,\mathrm{d}x$；

(3) $\int \frac{2^{\frac{1}{x}}}{x^2}\mathrm{d}x$；

(4) $\int \frac{x\,\mathrm{d}x}{\sqrt{1-x^2}}$；

(5) $\int \frac{\mathrm{d}x}{\mathrm{e}^x+\mathrm{e}^{-x}}$；

(6) $\int \frac{1}{1+\mathrm{e}^x}\mathrm{d}x$；

(7) $\int \frac{x^4}{x+1}\mathrm{d}x$；

(8) $\int \frac{\sqrt{1+x^2}+x\sqrt{1-x^2}}{\sqrt{1-x^4}}\mathrm{d}x$；

(9) $\int \frac{dx}{\sqrt{x}(1+x)} \quad (x>0)$;　　(10) $\int \frac{\sqrt{1+\ln x}}{x} dx$;

(11) $\int \frac{2^x 3^x}{9^x+4^x} dx$;　　(12) $\int \sin 2x dx$;

(13) $\int \frac{\cos x}{\sqrt{2+\cos 2x}} dx$;　　(14) $\int \frac{dx}{1+\cos x}$;

(15) $\int \sin^3 x dx$;　　(16) $\int \sin^4 x dx$;

(17) $\int \sin 3x \cos 5x dx$;　　(18) $\int \tan^5 x dx$;

(19) $\int \tan^4 x dx$;　　(20) $\int \frac{\csc x \cdot \cot x}{\sqrt{1-\csc x}} dx$;

(21) $\int \frac{dx}{\sqrt{4-x^2} \arcsin \frac{x}{2}}$;　　(22) $\int \frac{dx}{x^2-8x+25}$;

(23) $\int \frac{\cos x-\sin x}{\cos x+\sin x} dx$;　　(24) $\int \frac{dx}{\sqrt{2x+3}+\sqrt{2x-1}}$.

**5.** 用第二换元法求下列不定积分：

(1) $\int \frac{\sqrt{2-x^2}}{x^2} dx$;　　(2) $\int x^2 \sqrt[3]{1-x} dx$;

(3) $\int \frac{\sqrt{x}}{\sqrt[4]{x^3}+1} dx$;　　(4) $\int \frac{dx}{\sqrt{x}(1+\sqrt[3]{x})}$;

(5) $\int \sqrt{\frac{x}{1-x\sqrt{x}}} dx$;　　(6) $\int \frac{dx}{x^4\sqrt{x^2+1}} \quad (x>0)$;

(7) $\int \frac{dx}{\sqrt{(1-x^2)^3}}$;　　(8) $\int \frac{1}{x^2\sqrt{x^2+1}} dx$;

(9) $\int \frac{\arctan \sqrt{x}}{\sqrt{x}} \frac{dx}{1+x}$;　　(10) $\int e^{4x}\sqrt{1+e^{2x}} dx$;

(11) $\int \frac{x^2}{(x^2+8)^{3/2}} dx$;　　(12) $\int \frac{1}{(x-1)\sqrt{x^2-2}} dx \ (x>\sqrt{2})$;

(13) $\int \frac{1}{x+2\sqrt{x}+5} dx$;　　(14) $\int \frac{1}{2+\sin x} dx$;

(15) $\int \frac{1}{\sin x+\tan x} dx$;　　(16) $\int \frac{1-\tan x}{1+\tan x} dx$;

(17) $\int \frac{1}{1+\tan x} dx$;　　(18) $\int \frac{dx}{1+\sin x+\cos x}$.

**6.** 用分部积分法求下列积分：

(1) $\int (\ln x)^2 dx$;　　(2) $\int e^{\sqrt{x}} dx$;

(3) $\int x^2 e^{-x} dx$；　(4) $\int \sin\sqrt{x} dx$；

(5) $\int \frac{x^2}{1+x^2}\arctan x dx$；　(6) $\int \left(\frac{\ln x}{x}\right)^2 dx$；

(7) $\int \sin \ln x dx$；　(8) $\int \arcsin x dx$；

(9) $\int \frac{\arctan e^x}{e^x} dx$；　(10) $\int \frac{\ln \sin x}{\sin^2 x} dx$；

(11) $\int \frac{\ln x - 1}{x^2} dx$；　(12) $\int \frac{\arcsin\sqrt{x}}{\sqrt{x}} dx$.

**7.** 求下列有理函数的积分：

(1) $\int \frac{2x+3}{(x-2)(x+5)} dx$；　(2) $\int \frac{dx}{x(3+x^7)}$；

(3) $\int \frac{x^3+x^2+2}{(x^2+2)^2} dx$；　(4) $\int \frac{x^2+5x+4}{x^4+5x^2+4} dx$；

(5) $\int \frac{x^2}{x^6+1} dx$；　(6) $\int \frac{x+1}{x^2+2x+5} dx$.

**8.** 求下列三角函数的积分：

(1) $\int \frac{1}{\sin x} dx$；　(2) $\int \sin^4 x dx$；

(3) $\int \cos^5 x dx$；　(4) $\int \frac{dx}{\sin x \cos^4 x}$；

(5) $\int \frac{\cos x}{\sin^2 x - 6\sin x + 5} dx$；　(6) $\int \frac{1}{(2-\sin x)(3-\sin x)} dx$；

(7) $\int \frac{\sin^2 x}{1+\sin^2 x} dx$；　(8) $\int \frac{\sin x}{\sin x - \cos x} dx$.

**9.** 选取适当的方法，计算下列不定积分：

(1) $\int \frac{1-\sin\sqrt{x}}{\sqrt{x}} dx$；　(2) $\int \sqrt{1-\sin x} dx$；

(3) $\int \frac{dx}{2x-x^2-10}$；　(4) $\int \frac{x^4}{x-4} dx$；

(5) $\int x^3 \arctan x dx$；　(6) $\int \frac{dx}{x^6(1+x^2)}$；

(7) $\int \frac{dx}{\sqrt{x}+\sqrt[3]{x}}$；　(8) $\int \frac{1+\sqrt{1-x^2}}{1-\sqrt{1-x^2}} dx$；

(9) $\int \frac{\sqrt{3-4x}}{x} dx$；　(10) $\int \frac{\sqrt{1+x}-1}{\sqrt{1+x}+1} dx$；

(11) $\int \sqrt{\frac{1-x}{1+x}}\frac{1}{x} dx$；　(12) $\int \frac{1}{(1+x^2)\sqrt{1-x^2}} dx$；

(13) $\int \frac{\mathrm{d}x}{x^2\sqrt{2x^2-2x+1}}$；　　(14) $\int \frac{1+\tan x}{\sin 2x}\mathrm{d}x$；

(15) $\int x\sqrt[3]{2+x}\,\mathrm{d}x$；　　(16) $\int \frac{1}{x^4+x^2}\mathrm{d}x$；

(17) $\int \frac{\sqrt{1+\cos x}}{\sin x}\mathrm{d}x, x\in(0,\pi)$；　　(18) $\int \frac{\sqrt[3]{x}}{x(\sqrt{x}+\sqrt[3]{x})}\mathrm{d}x$；

(19) $\int \frac{x\sqrt[3]{2+x}}{x+\sqrt[3]{2+x}}\mathrm{d}x$；　　(20) $\int \frac{x\ln x}{\sqrt{(x^2-1)^3}}\mathrm{d}x$.

**10.** 若 $f(x)$ 有二阶连续导数，求 $\int xf''(x)\mathrm{d}x$.

**11.** 已知 $f'(\mathrm{e}^x)=1+x$，求 $f(x)$.

**12.** 设 $f'(\sin^2 x)=\cos 2x+\tan^2 x$，求 $f(x)(0<x<1)$.

**13.** 已知 $f'(x)=\begin{cases} x^2, & x\leqslant 0, \\ \sin x, & x>0, \end{cases}$ 求 $f(x)$.

# 第 6 章 定积分

本章将讨论积分学中另一重要内容——定积分.它是在分析解决实际问题的过程中逐渐发展起来的,我们就从实际问题讲起.

## 6.1 定积分的概念

### 6.1.1 引例

**1.曲边梯形的面积**

设 $y=f(x)$是区间$[a,b]$上的非负连续函数,其图像为一段连续曲线,它与直线 $x=a,x=b,y=0$ 所围成的图形(如图 6.1)称为**曲边梯形**.现在要想办法计算这个曲边梯形的面积 $S$.

1)化整为零

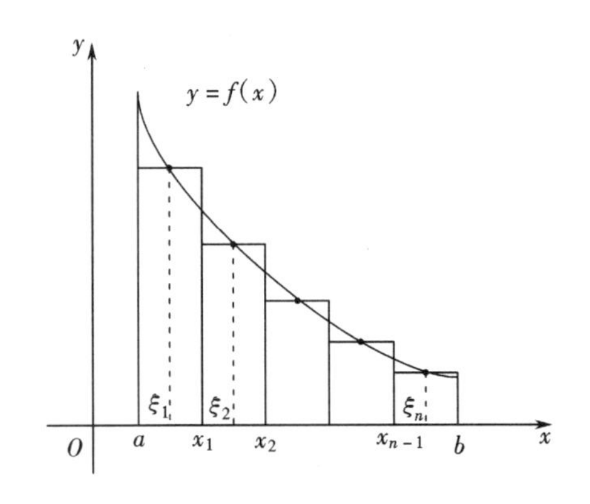

图 6.1 曲边梯形的面积

先用分点

$$a=x_0<x_1<x_2<\cdots<x_{n-1}<x_n=b$$

将区间$[a,b]$分成 $n$ 个小区间

$$[x_0,x_1],[x_1,x_2],\cdots,[x_{n-1},x_n],$$

第 $i$ 个小区间的长度记为 $\Delta x_i=x_i-x_{i-1}$, $i=1,2,\cdots,n$.

直线 $x=x_1,x=x_2,\cdots,x=x_{n-1}$将原曲边梯形分成 $n$ 个小曲边梯形,只要将这些小曲边梯形的面积相加即可得到所求面积 $S$.

2)以直代曲

小曲边梯形的面积仍然不易求出,因此考虑用直线形来代替它.如图 6.1,在区间$[x_{i-1},x_i]$$(i=1,2,\cdots,n)$上任取一点 $\xi_i$,则以 $f(\xi_i)$为高,$\Delta x_i$为长的小矩形的面积$f(\xi_i)\Delta x_i$ 与第$i$ 个小曲边梯形的面积相近.于是所求面积 $S$ 可以用这些小矩形面积之和$S_n$来近似,即

$$S\approx S_n=\sum_{i=1}^{n}f(\xi_i)\Delta x_i. \tag{6.1.1}$$

3)无限逼近

把区间$[a,b]$分得越细,小矩形面积越贴近小曲边梯形的面积,式(6.1.1)的近似

程度就越高.如果将$[a,b]$无限细分,即每个小区间长度都趋于零,$S_n$就趋于$S$.

记小区间长度的最大值$\lambda=\max\limits_{1\leqslant i\leqslant n}\{\Delta x_i\}$,则$\lambda\to 0$就表示每个小区间长度都无限缩小(此时$n\to\infty$).于是曲边梯形的面积

$$S=\lim_{\lambda\to 0}S_n=\lim_{\lambda\to 0}\sum_{i=1}^{n}f(\xi_i)\Delta x_i.\tag{6.1.2}$$

**2.变速直线运动的路程**

设某物体做变速直线运动,$t$时刻的速度为$v(t)$,现在求该物体从时刻$a$到时刻$b$运动的路程$s$.

1)化整为零

用分点

$$a=t_0<t_1<t_2<\cdots<t_{n-1}<t_n=b$$

将区间$[a,b]$分成$n$个小区间

$$[t_0,t_1],[t_1,t_2],\cdots,[t_{n-1},t_n],$$

第$i$个小区间的长度记为$\Delta t_i=t_i-t_{i-1},i=1,2,\cdots,n$.

该物体在每个小区间上运动路程之和,即为所求路程$s$.

2)以匀代变

在每个小区间$[t_{i-1},t_i](i=1,2,\cdots,n)$上任取一时刻$\xi_i$,以$v(\xi_i)$作为在$[t_{i-1},t_i]$上该物体速度的近似值.这样,此时段内物体的运动路程近似为$v(\xi_i)\Delta t_i$,将这些路程相加,得到$s$的近似值

$$s_n=\sum_{i=1}^{n}v(\xi_i)\Delta t_i.$$

3)无限逼近

记$\lambda=\max\limits_{1\leqslant i\leqslant n}\{\Delta t_i\}$,若$\lambda\to 0$时,上述和式$s_n$有极限,则该极限值就是所求路程$s$,即

$$s=\lim_{\lambda\to 0}s_n=\lim_{\lambda\to 0}\sum_{i=1}^{n}v(\xi_i)\Delta t_i.\tag{6.1.3}$$

## 6.1.2　定积分的定义

上面的两个例子来自于不同的研究领域(分别来自几何学与物理学),但求解过程中所用的数学方法(即微元法)和步骤却相同,所求的量最终都表示成特定和式的极限,如式(6.1.2),(6.1.3).事实上,许多实际问题都可以依靠这类极限求解.

现在抛开这些问题的实际背景,抓住它们在数量关系上的共同本质,就引出下述定积分的定义.

**定义 6.1.1**　设函数$f(x)$在$[a,b]$上有界,用分点

$$a=x_0<x_1<x_2<\cdots<x_{n-1}<x_n=b$$

将区间$[a,b]$任意分成$n$个小区间$[x_{i-1},x_i](i=1,2,\cdots,n)$,其长度记为$\Delta x_i=x_i-$

$x_{i-1}$. 在每个小区间$[x_{i-1},x_i]$上任取一点$\xi_i$. 构成和

$$S_n=\sum_{i=1}^{n}f(\xi_i)\Delta x_i.$$

记$\lambda=\max\limits_{1\leqslant i\leqslant n}\{\Delta x_i\}$,若当$\lambda\to 0$时,$S_n$的极限存在,且此极限与$[a,b]$的分法和$\xi_i$的取法无关,则称函数$f(x)$在$[a,b]$上是**可积**的,并称该极限值为$f(x)$在$[a,b]$上的**定积分**,记作$\int_a^b f(x)\mathrm{d}x$,即

$$\int_a^b f(x)\mathrm{d}x=\lim_{\lambda\to 0}\sum_{i=1}^{n}f(\xi_i)\Delta x_i.$$

其中$f(x)$称为**被积函数**,$f(x)\mathrm{d}x$称为**被积表达式**,$x$称为**积分变量**,$a$称为**积分下限**,$b$称为**积分上限**,$[a,b]$称为**积分区间**.

上述定积分的定义也可以用$\varepsilon-\delta$语言表述如下:

若存在常数$I$,对任意给定的$\varepsilon>0$,总存在$\delta>0$,使得对区间$[a,b]$的任何分法,不管$\xi_i$在$[x_{i-1},x_i]$中如何选取,只要$\lambda<\delta$,就有

$$\left|\sum_{i=1}^{n}f(\xi_i)\Delta x_i-I\right|<\varepsilon,$$

则称$I$为$f(x)$在$[a,b]$上的**定积分**,记作$\int_a^b f(x)\mathrm{d}x$.

下面对定积分做几点说明:

(1)当$f(x)$在$[a,b]$上可积时,定积分$\int_a^b f(x)\mathrm{d}x$是一个常数,而不定积分则是一族函数,并且定积分$\int_a^b f(x)\mathrm{d}x$的取值与积分变量用什么符号无关.

例如,在前面的引例中,计算曲边梯形的面积时,如果函数$f$不变,积分区间$[a,b]$不变,但自变量由$x$变成$u$,则$f(u)$的函数图像与$f(x)$相同,曲边梯形的面积自然不变,即

$$\text{面积 } S=\int_a^b f(x)\mathrm{d}x=\int_a^b f(u)\mathrm{d}u.$$

当求变速直线运动的路程时,如果用变量$x$(而不是$t$)来表示时刻,$x$时刻的速度为$v(x)$. 由于物体的运动规律并未改变,它从时刻$a$到时刻$b$的运动路程$s$也不会改变,即

$$\text{路程 } s=\int_a^b v(t)\mathrm{d}t=\int_a^b v(x)\mathrm{d}x.$$

(2)从定义6.1.1可以看出,有界是可积的必要条件. 但有界函数$f(x)$是否可积,如果依靠这个定义来判断,就不太容易了. 为解决这个问题,我们通过以下定理给出可积的充分条件.

**定理6.1.1** 若函数$f(x)$在区间$[a,b]$上连续(或分段连续),则$f(x)$在$[a,b]$上可积.

(3)在定义 6.1.1 中,我们假定 $a<b$.如果 $a>b$,则规定

$$\int_a^b f(x)\mathrm{d}x=-\int_b^a f(x)\mathrm{d}x.$$

如果 $a=b$,则规定

$$\int_a^b f(x)\mathrm{d}x=0.$$

最后,我们举例说明如何按定义计算定积分.

**例 6.1.1**　利用定义计算$\int_0^1 \mathrm{e}^x\mathrm{d}x$.

**解**　连续函数 $\mathrm{e}^x$ 在$[0,1]$上可积,所以定积分的值,也就是和式的极限,不受$[0,1]$的分法和 $\xi_i$ 取法的影响.为了便于计算,不妨将$[0,1]$ $n$ 等分,分点 $x_i=\frac{i}{n}(i=0,1,\cdots,n)$,取 $\xi_i=x_{i-1}=\frac{i-1}{n}(i=1,2,\cdots,n)$.于是所求定积分

$$\begin{aligned}\int_0^1 \mathrm{e}^x\mathrm{d}x&=\lim_{\lambda\to 0}\sum_{i=1}^n \mathrm{e}^{\xi_i}\Delta x_i=\lim_{n\to\infty}\sum_{i=1}^n \mathrm{e}^{\frac{i-1}{n}}\frac{1}{n}\\&=\lim_{n\to\infty}\frac{1-\mathrm{e}}{1-\mathrm{e}^{\frac{1}{n}}}\frac{1}{n}=(\mathrm{e}-1)\lim_{n\to\infty}\frac{\frac{1}{n}}{\mathrm{e}^{\frac{1}{n}}-1}\\&=\mathrm{e}-1.\end{aligned}$$

## 6.2　定积分的性质

假定以下各性质中列出的定积分都存在.

**性质 6.2.1**　$\int_a^b[f(x)\pm g(x)]\mathrm{d}x=\int_a^b f(x)\mathrm{d}x\pm\int_a^b g(x)\mathrm{d}x$.

**证**

$$\begin{aligned}\int_a^b[f(x)\pm g(x)]\mathrm{d}x&=\lim_{\lambda\to 0}\sum_{i=1}^n[f(\xi_i)\pm g(\xi_i)]\Delta x_i\\&=\lim_{\lambda\to 0}\sum_{i=1}^n f(\xi_i)\Delta x_i\pm\lim_{\lambda\to 0}\sum_{i=1}^n g(\xi_i)\Delta x_i\\&=\int_a^b f(x)\mathrm{d}x\pm\int_a^b g(x)\mathrm{d}x.\end{aligned}$$

将性质 6.2.1 加以推广,即得:**任意有限个可积函数,其代数和的积分等于各函数积分的代数和**.

**性质 6.2.2**　对任意常数 $k$,

$$\int_a^b kf(x)\mathrm{d}x=k\int_a^b f(x)\mathrm{d}x.$$

**证**

$$\int_a^b kf(x)\mathrm{d}x = \lim_{\lambda\to 0}\sum_{i=1}^n kf(\xi_i)\Delta x_i = k\lim_{\lambda\to 0}\sum_{i=1}^n f(\xi_i)\Delta x_i = k\int_a^b f(x)\mathrm{d}x.$$

**性质 6.2.3 （定积分的可加性）** 对任意常数 $a,b,c$，有

$$\int_a^b f(x)\mathrm{d}x = \int_a^c f(x)\mathrm{d}x + \int_c^b f(x)\mathrm{d}x.$$

**证** 当 $a<c<b$ 时，因为 $f(x)$ 在 $[a,b]$ 可积，所以 $[a,b]$ 的分法不会影响积分和式的极限.因此，可以把 $c$ 永远作为分点之一.于是

$$\sum_{[a,b]} f(\xi_i)\Delta x_i = \sum_{[a,c]} f(\xi_i)\Delta x_i + \sum_{[c,b]} f(\xi_i)\Delta x_i.$$

两边同时取极限（$\lambda\to 0$），得

$$\int_a^b f(x)\mathrm{d}x = \int_a^c f(x)\mathrm{d}x + \int_c^b f(x)\mathrm{d}x.$$

当 $a<b<c$ 时，由以上结果可得

$$\int_a^c f(x)\mathrm{d}x = \int_a^b f(x)\mathrm{d}x + \int_b^c f(x)\mathrm{d}x,$$

于是

$$\int_a^b f(x)\mathrm{d}x = \int_a^c f(x)\mathrm{d}x - \int_b^c f(x)\mathrm{d}x = \int_a^c f(x)\mathrm{d}x + \int_c^b f(x)\mathrm{d}x.$$

对于 $a,b,c$ 的其他大小关系，用类似方法可证.

**性质 6.2.4** 若在 $[a,b]$ 上，$f(x)\equiv k$（$k$ 为常数），则

$$\int_a^b k\,\mathrm{d}x = k(b-a).$$

特别地，当 $k=1$ 时，

$$\int_a^b \mathrm{d}x = b-a.$$

这个性质的证明留给读者完成.

**性质 6.2.5** 若在 $[a,b]$ 上，$f(x)\geqslant 0$，则

$$\int_a^b f(x)\mathrm{d}x \geqslant 0.$$

**证** 因为 $\int_a^b f(x)\mathrm{d}x = \lim_{\lambda\to 0}\sum_{i=1}^n f(\xi_i)\Delta x_i$，其中 $f(\xi_i)\geqslant 0$，$\Delta x_i\geqslant 0$（$i=1,2,\cdots,n$），所以

$$\int_a^b f(x)\mathrm{d}x \geqslant 0.$$

**推论 6.2.1** 若在 $[a,b]$ 上，$f(x)\geqslant g(x)$，则

$$\int_a^b f(x)\mathrm{d}x \geqslant \int_a^b g(x)\mathrm{d}x.$$

**证** 因为 $f(x)-g(x)\geqslant 0$，由性质 6.2.5 得

$$\int_a^b [f(x)-g(x)]\mathrm{d}x \geqslant 0.$$

再利用性质 6.2.1,即得

$$\int_a^b f(x)\mathrm{d}x \geqslant \int_a^b g(x)\mathrm{d}x.$$

**推论 6.2.2**　当 $a<b$ 时,

$$\left|\int_a^b f(x)\mathrm{d}x\right| \leqslant \int_a^b |f(x)|\mathrm{d}x.$$

**证**　因为

$$-|f(x)| \leqslant f(x) \leqslant |f(x)|,$$

所以由推论 6.2.1 和性质 6.2.2 可得

$$-\int_a^b |f(x)|\mathrm{d}x \leqslant \int_a^b f(x)\mathrm{d}x \leqslant \int_a^b |f(x)|\mathrm{d}x,$$

即

$$\left|\int_a^b f(x)\mathrm{d}x\right| \leqslant \int_a^b |f(x)|\mathrm{d}x.$$

**性质 6.2.6**　设 $M$ 和 $m$ 分别为 $f(x)$ 在 $[a,b]$ 上的最大值和最小值,则

$$m(b-a) \leqslant \int_a^b f(x)\mathrm{d}x \leqslant M(b-a).$$

**证**　因为 $m \leqslant f(x) \leqslant M$,所以由推论 6.2.1 可得

$$\int_a^b m\mathrm{d}x \leqslant \int_a^b f(x)\mathrm{d}x \leqslant \int_a^b M\mathrm{d}x.$$

再利用性质 6.2.4,即得要证的不等式.

我们可以利用上述性质,估计定积分取值的大致范围. 例如,估计 $\int_0^1 \mathrm{e}^{x^2}\mathrm{d}x$. 由于 $\mathrm{e}^{x^2}$ 在 $[0,1]$ 上的最小值为 1,最大值为 e,根据性质 6.2.6 可得

$$1 \leqslant \int_0^1 \mathrm{e}^{x^2}\mathrm{d}x \leqslant \mathrm{e}.$$

所以,此性质也常被称为积分估值定理.

**性质 6.2.7　(积分中值定理)** 设 $f(x)$ 在 $[a,b]$ 上连续,$g(x)$ 在 $[a,b]$ 上不变号且可积,则存在 $\xi \in [a,b]$,使

$$\int_a^b f(x)g(x)\mathrm{d}x = f(\xi)\int_a^b g(x)\mathrm{d}x.$$

**证**　不妨设 $g(x) \geqslant 0$,记 $f(x)$ 在 $[a,b]$ 上的最大值为 $M$,最小值为 $m$. 于是在区间 $[a,b]$ 上,

$$mg(x) \leqslant f(x)g(x) \leqslant Mg(x).$$

由推论 6.2.1 和性质 6.2.2 便有

$$m\int_a^b g(x)\mathrm{d}x \leqslant \int_a^b f(x)g(x)\mathrm{d}x \leqslant M\int_a^b g(x)\mathrm{d}x.$$

因此,存在 $m \leqslant c \leqslant M$,使

$$\int_a^b f(x)g(x)\mathrm{d}x = c\int_a^b g(x)\mathrm{d}x. \tag{6.2.1}$$

再由介值定理,存在 $\xi\in[a,b]$,使 $c=f(\xi)$.将其代入式(6.2.1),即得要证的等式.

作为特殊情况,当 $g(x)\equiv 1$ 时,积分中值定理有如下形式.

设 $f(x)$在$[a,b]$上连续,则存在 $\xi\in[a,b]$,使

$$\int_a^b f(x)\mathrm{d}x = f(\xi)(b-a). \tag{6.2.2}$$

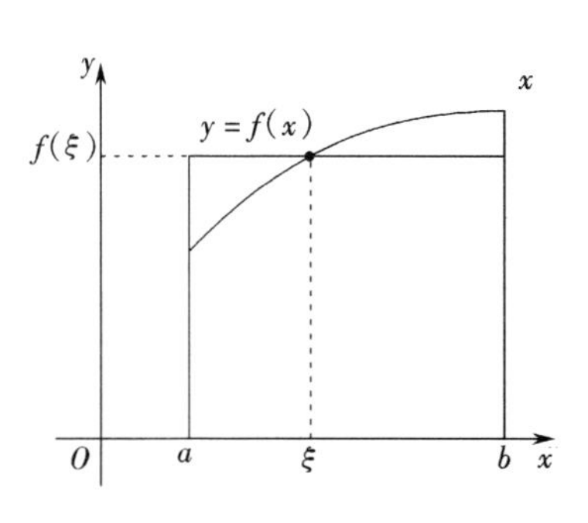


图 6.2 式(6.2.2)的几何意义

式(6.2.2)的几何意义是:曲线 $y=f(x)$与直线 $x=a$,$x=b$ 及 $x$ 轴所围曲边梯形的面积,等于以区间$[a,b]$为底,$f(\xi)$为高的矩形面积,如图 6.2.

通常称

$$f(\xi)=\frac{1}{b-a}\int_a^b f(x)\mathrm{d}x$$

为函数 $f(x)$在区间$[a,b]$上的**积分平均值**.例如,在图 6.2 中,曲边梯形的平均高度为 $f(\xi)$;又如物体以变速 $v(t)$做直线运动,在时段$[a,b]$上的运动路程为$\int_a^b v(t)\mathrm{d}t$,平均速度

$$v(\xi)=\frac{1}{b-a}\int_a^b v(t)\mathrm{d}t.$$

# 6.3 微积分基本定理

本节将引进变上限函数的概念,由此导出定积分与不定积分的关系,找到计算定积分的新方法.

## 6.3.1 变上限函数及其导数

设函数 $f(t)$在区间$[a,b]$上连续,$x$ 为$[a,b]$上一点.由 $f(t)$在$[a,x]$上连续可知,定积分$\int_a^x f(t)\mathrm{d}t$ 存在,记为 $P(x)$.对$[a,b]$上每一个 $x$,定积分有一个对应值 $P(x)$.因此,$P(x)=\int_a^x f(t)\mathrm{d}t$ 为定义在$[a,b]$上的函数,称之为**变上限函数**.它具有如下性质.

**定理 6.3.1** 设 $f(x)$在$[a,b]$上连续,则变上限函数

$$P(x)=\int_a^x f(t)\mathrm{d}t$$

在$[a,b]$上可导,且

$$P'(x)=\frac{\mathrm{d}}{\mathrm{d}x}\int_a^x f(t)\mathrm{d}t=f(x).$$

**证**

$$\frac{P(x+\Delta x)-P(x)}{\Delta x}=\frac{1}{\Delta x}\left[\int_a^{x+\Delta x}f(t)\mathrm{d}t-\int_a^x f(t)\mathrm{d}t\right]$$
$$=\frac{1}{\Delta x}\int_x^{x+\Delta x}f(t)\mathrm{d}t.$$

由积分中值定理知,在 $x$ 与 $x+\Delta x$ 之间必存在一点 $\xi$,使

$$\int_x^{x+\Delta x}f(t)\mathrm{d}t=f(\xi)\Delta x.$$

于是

$$\frac{P(x+\Delta x)-P(x)}{\Delta x}=f(\xi).$$

当 $\Delta x\to 0$ 时,$x+\Delta x\to x$,从而 $\xi\to x$. 再由 $f$ 的连续性,得

$$\lim_{\Delta x\to 0}\frac{P(x+\Delta x)-P(x)}{\Delta x}=\lim_{\xi\to x}f(\xi)=f(x),$$

即

$$P'(x)=f(x).$$

由定理 6.3.1 可知,$P(x)$是连续函数 $f(x)$的一个原函数,于是得到原函数的存在定理.

**定理 6.3.2**　设 $f(x)$在$[a,b]$上连续,则变上限函数

$$P(x)=\int_a^x f(t)\mathrm{d}t$$

就是 $f(x)$在$[a,b]$上的一个原函数.

## 6.3.2　牛顿－莱布尼茨公式

根据定理 6.3.2 可以证明如下微积分基本定理.

**定理 6.3.3　(牛顿－莱布尼茨公式)**设 $f(x)$在$[a,b]$上连续,$F(x)$是 $f(x)$的一个原函数,则

$$\int_a^b f(x)\mathrm{d}x=F(x)\Big|_a^b=F(b)-F(a).\tag{6.3.1}$$

**证**　由定理 6.3.2 可知,$P(x)=\int_a^x f(t)\mathrm{d}t$ 是 $f(x)$的一个原函数,所以 $F(x)$与 $P(x)$最多差一个常数 $C$,即

$$F(x)=P(x)+C.$$

由于 $P(a)=\int_a^a f(t)\mathrm{d}t=0$,从而

$$\int_a^b f(x)\mathrm{d}x=P(b)=P(b)-P(a)$$

$$=[F(b)-C]-[F(a)-C]$$
$$=F(b)-F(a).$$

公式(6.3.1)亦称之为牛顿－莱布尼茨公式.

利用上述定理,可得$\int_0^1 e^x dx = e^x \Big|_0^1 = e-1$,比例 1.1.1 中的解法简单得多.

**例 6.3.1** 求积分变限函数的导数:

(1)$\frac{d}{dx}\int_1^x t^2\cos^2 t\,dt$;　　(2)$\frac{d}{dx}\int_x^0 e^{\sin t}dt$;

(3)$\frac{d}{dx}\int_0^{x^2}\ln(1+t)dt$;　　(4)$\frac{d}{dx}\int_{2x}^{x^2}\arctan t\,dt$.

**解** (1)$\frac{d}{dx}\int_1^x t^2\cos^2 t\,dt = x^2\cos^2 x$;

(2)$\frac{d}{dx}\int_x^0 e^{\sin t}dt = \frac{d}{dx}\left(-\int_0^x e^{\sin t}dt\right) = -e^{\sin x}$;

(3)令 $u=x^2$,根据复合函数求导方法,有

$$\begin{aligned}\frac{d}{dx}\int_0^{x^2}\ln(1+t)dt &= \frac{d}{du}\int_0^u \ln(1+t)dt\,\frac{du}{dx}\\ &=[\ln(1+u)](2x)\\ &=2x\ln(1+x^2);\end{aligned}$$

(4)
$$\begin{aligned}\frac{d}{dx}\int_{2x}^{x^2}\arctan t\,dt &= \frac{d}{dx}\left(\int_0^{x^2}\arctan t\,dt - \int_0^{2x}\arctan t\,dt\right)\\ &=2x\arctan x^2 - 2\arctan(2x).\end{aligned}$$

**例 6.3.2** 求$\int_e^1 \frac{1}{x}dx$.

**解** $\int_e^1 \frac{1}{x}dx = \ln|x|\Big|_e^1 = -1$.

注意,如果上式中积分下限改为$-e$,按牛顿－莱布尼茨公式计算,就会得到错误的结果:

$$\int_{-e}^1 \frac{1}{x}dx = \ln|x|\Big|_{-e}^1 = -1.$$

产生错误的原因是,被积函数$\frac{1}{x}$不具有定理 6.3.3 所要求的连续性.事实上,$\frac{1}{x}$在$[-e,1]$上无界,故不可积,即$\int_{-e}^1 \frac{1}{x}dx$ 不存在.

**例 6.3.3** 求$\int_{-2}^1 3x|x|dx$.

**解**

$$\int_{-2}^1 3x|x|dx = \int_{-2}^0(-3x^2)dx + \int_0^1 3x^2 dx$$

$$= -x^3\Big|_{-2}^{0} + x^3\Big|_{0}^{1} = -7.$$

**例 6.3.4**　求 $\lim\limits_{x\to+\infty}\dfrac{\left(\int_0^x e^{t^2}dt\right)^2}{\int_0^x e^{2t^2}dt}$.

**解**　这是一个$\dfrac{\infty}{\infty}$型的未定式,可利用洛必达法则来计算.因为

$$\frac{d}{dx}\int_0^x e^{t^2}dt = e^{x^2}, \frac{d}{dx}\int_0^x e^{2t^2}dt = e^{2x^2},$$

所以

$$\lim_{x\to+\infty}\frac{\left(\int_0^x e^{t^2}dt\right)^2}{\int_0^x e^{2t^2}dt} = \lim_{x\to+\infty}\frac{2e^{x^2}\int_0^x e^{t^2}dt}{e^{2x^2}}$$

$$= \lim_{x\to+\infty}\frac{2\int_0^x e^{t^2}dt}{e^{x^2}} = \lim_{x\to+\infty}\frac{2e^{x^2}}{2xe^{x^2}}$$

$$= \lim_{x\to+\infty}\frac{1}{x} = 0.$$

# 6.4　定积分的计算

根据牛顿 - 莱布尼茨公式,定积分$\int_a^b f(x)dx$ 可以转化为 $f(x)$原函数的增量,这样,在第 5 章中介绍的换元积分法和分部积分法也可用来求定积分.对于原函数难以求出的情形,可以使用近似计算的方法求出.

## 6.4.1　定积分的换元积分法

**定理 6.4.1**　设 $f(x)$在区间$[a,b]$上连续,函数 $x=\varphi(t)$满足条件:

(1)$\varphi(\alpha)=a,\varphi(\beta)=b$;

(2)$\varphi(t)$在$[\alpha,\beta]$(或$[\beta,\alpha]$)上具有连续导数 $\varphi'(t)$;

(3)当 $t$ 从$\alpha$ 变到$\beta$ 时,$\varphi(t)$在$[a,b]$上变化,

则有

$$\int_a^b f(x)dx = \int_\alpha^\beta f(\varphi(t))\varphi'(t)dt. \tag{6.4.1}$$

**证**　由上述条件知,上式两边的被积函数都是连续的,故其原函数均存在.设 $F(x)$是 $f(x)$的一个原函数,则由不定积分的换元公式有

$$\int f(\varphi(t))\varphi'(t)dt = F(\varphi(t)) + C.$$

于是

$$\int_\alpha^\beta f(\varphi(t))\varphi'(t)\mathrm{d}t = F(\varphi(\beta)) - F(\varphi(\alpha)) = F(b) - F(a)$$

$$= \int_a^b f(x)\mathrm{d}x.$$

公式(6.4.1)称为**定积分的换元公式**.从左到右使用,相当于不定积分的第二换元法;从右到左使用,相当于不定积分的第一换元法.

应用换元公式需要注意:**进行变量代换的同时,积分的上、下限也要进行相应变化,求得原函数后代入新的积分限,即可算出定积分,不需要将积分变量换成原积分变量**.

**例 6.4.1** 求$\int_0^a \sqrt{a^2 - x^2}\mathrm{d}x \quad (a>0)$.

**解** 令 $x = a\sin t \quad (0\leqslant t\leqslant\frac{\pi}{2})$,则 $\mathrm{d}x = a\cos t\mathrm{d}t$. 当 $x=0$ 时,$t=0$;当 $x=a$ 时,$t=\frac{\pi}{2}$. 于是

$$\int_0^a \sqrt{a^2 - x^2}\mathrm{d}x = \int_0^{\frac{\pi}{2}} \sqrt{a^2 - a^2\sin^2 t}\cdot a\cos t\mathrm{d}t$$

$$= a^2\int_0^{\frac{\pi}{2}} \cos^2 t\mathrm{d}t = a^2\int_0^{\frac{\pi}{2}} \frac{1+\cos 2t}{2}\mathrm{d}t$$

$$= \frac{a^2}{2}\left(t + \frac{\sin 2t}{2}\right)\Big|_0^{\frac{\pi}{2}} = \frac{1}{4}\pi a^2.$$

**例 6.4.2** 证明:若 $f(x)$为连续的偶函数,则

$$\int_{-a}^a f(x)\mathrm{d}x = 2\int_0^a f(x)\mathrm{d}x;$$

若 $f(x)$为连续的奇函数,则

$$\int_{-a}^a f(x)\mathrm{d}x = 0.$$

**证** 令 $x=-t$,则

$$\int_{-a}^0 f(x)\mathrm{d}x = \int_a^0 f(-t)(-1)\mathrm{d}t = \int_0^a f(-t)\mathrm{d}t.$$

于是

$$\int_{-a}^a f(x)\mathrm{d}x = \int_{-a}^0 f(x)\mathrm{d}x + \int_0^a f(x)\mathrm{d}x$$

$$= \int_0^a f(-t)\mathrm{d}t + \int_0^a f(x)\mathrm{d}x$$

$$= \int_0^a [f(-x) + f(x)]\mathrm{d}x.$$

当 $f(x)$为偶函数时,即 $f(-x)=f(x)$时,有

$$\int_{-a}^a f(x)\mathrm{d}x = 2\int_0^a f(x)\mathrm{d}x.$$

当 $f(x)$ 为奇函数时，即 $f(-x)=-f(x)$ 时，有

$$\int_{-a}^{a} f(x)\mathrm{d}x=0.$$

**例 6.4.3**　求 $\int_{-\sqrt{2}}^{\sqrt{2}}[x^5\cos x\ln(1+x^2)+\sqrt{2-x^2}]\mathrm{d}x$.

**解**　注意到积分上、下限互为相反数，而被积函数中第一项为奇函数，第二项为偶函数，利用上题结论便有

$$\begin{aligned}&\int_{-\sqrt{2}}^{\sqrt{2}}[x^5\cos x\ln(1+x^2)+\sqrt{2-x^2}]\mathrm{d}x\\ &=\int_{-\sqrt{2}}^{\sqrt{2}}x^5\cos x\ln(1+x^2)\mathrm{d}x+\int_{-\sqrt{2}}^{\sqrt{2}}\sqrt{2-x^2}\mathrm{d}x\\ &=0+2\int_0^{\sqrt{2}}\sqrt{(\sqrt{2})^2-x^2}\mathrm{d}x\\ &=\pi(\text{利用例 6.4.1 结论}).\end{aligned}$$

**例 6.4.4**　设 $f(x)=\begin{cases}\mathrm{e}^{-x^2}\sin x, & x\geqslant-\pi,\\ \sin x, & x<-\pi.\end{cases}$ 求 $\int_0^{3\pi}f(\pi-x)\mathrm{d}x$.

**解**　设 $\pi-x=t$，则 $\mathrm{d}x=-\mathrm{d}t$.

$$\begin{aligned}\int_0^{3\pi}f(\pi-x)\mathrm{d}x&=-\int_{\pi}^{-2\pi}f(t)\mathrm{d}t=\int_{-2\pi}^{\pi}f(t)\mathrm{d}t\\ &=\int_{-2\pi}^{-\pi}\sin x\mathrm{d}x+\int_{-\pi}^{\pi}\mathrm{e}^{-x^2}\sin x\mathrm{d}x\\ &=-\cos x\Big|_{-2\pi}^{-\pi}+0=2.\end{aligned}$$

**例 6.4.5**　证明 $\int_0^{\frac{\pi}{2}}\cos^m x\mathrm{d}x=\int_0^{\frac{\pi}{2}}\sin^m x\mathrm{d}x$.

**证**　令 $x=\frac{\pi}{2}-t$，则 $\mathrm{d}x=-\mathrm{d}t$.

$$\begin{aligned}\int_0^{\frac{\pi}{2}}\cos^m x\mathrm{d}x&=-\int_{\frac{\pi}{2}}^{0}\cos^m\left(\frac{\pi}{2}-t\right)\mathrm{d}t\\ &=\int_0^{\frac{\pi}{2}}\sin^m t\mathrm{d}t=\int_0^{\frac{\pi}{2}}\sin^m x\mathrm{d}x.\end{aligned}$$

**例 6.4.6**　求 $\int_0^{\pi}\frac{x\sin x}{1+\cos^2 x}\mathrm{d}x$.

**解**　$$\int_0^{\pi}\frac{x\sin x}{1+\cos^2 x}\mathrm{d}x=\int_0^{\frac{\pi}{2}}\frac{x\sin x}{1+\cos^2 x}\mathrm{d}x+\int_{\frac{\pi}{2}}^{\pi}\frac{x\sin x}{1+\cos^2 x}\mathrm{d}x.$$

进行代换 $x=\pi-t$，则 $\mathrm{d}x=-\mathrm{d}t$，后一积分

$$\int_{\frac{\pi}{2}}^{\pi}\frac{x\sin x}{1+\cos^2 x}\mathrm{d}x=-\int_{\frac{\pi}{2}}^{0}\frac{(\pi-t)\sin(\pi-t)}{1+\cos^2(\pi-t)}\mathrm{d}t$$

$$=\int_0^{\frac{\pi}{2}}\frac{(\pi-t)\sin t}{1+\cos^2 t}\mathrm{d}t.$$

于是

$$\begin{aligned}\int_0^{\pi}\frac{x\sin x}{1+\cos^2 x}\mathrm{d}x&=\int_0^{\frac{\pi}{2}}\frac{x\sin x}{1+\cos^2 x}\mathrm{d}x+\int_0^{\frac{\pi}{2}}\frac{(\pi-x)\sin x}{1+\cos^2 x}\mathrm{d}x\\&=\pi\int_0^{\frac{\pi}{2}}\frac{\sin x}{1+\cos^2 x}\mathrm{d}x=-\pi\int_0^{\frac{\pi}{2}}\frac{\mathrm{d}\cos x}{1+\cos^2 x}\\&=-\pi\arctan(\cos x)\Big|_0^{\frac{\pi}{2}}=\frac{\pi^2}{4}.\end{aligned}$$

## 6.4.2 定积分的分部积分法

设函数 $u(x),v(x)$在区间$[a,b]$上具有连续导数.根据不定积分的分部积分公式及牛顿-莱布尼茨公式,立即可得定积分的分部积分公式:

$$\int_a^b uv'\mathrm{d}x=(uv)\Big|_a^b-\int_a^b u'v\mathrm{d}x, \tag{6.4.2}$$

即

$$\int_a^b u\mathrm{d}v=(uv)\Big|_a^b-\int_a^b v\mathrm{d}u. \tag{6.4.3}$$

**例 6.4.7** 求$\int_0^{4\pi^2}\cos\sqrt{x}\mathrm{d}x$.

**解** 令$\sqrt{x}=t$,则 $x=t^2$,$\mathrm{d}x=2t\mathrm{d}t$.

$$\begin{aligned}\int_0^{4\pi^2}\cos\sqrt{x}\mathrm{d}x&=\int_0^{2\pi}2t\cos t\mathrm{d}t=2\int_0^{2\pi}t\mathrm{d}\sin t\\&=2t\sin t\Big|_0^{2\pi}-2\int_0^{2\pi}\sin t\mathrm{d}t\\&=0.\end{aligned}$$

**例 6.4.8** 求$\int_0^{\frac{\pi}{2}}\sin^n x\mathrm{d}x$.

**解** 记此积分为 $I_n$,则当 $n\geqslant 2$ 时,

$$\begin{aligned}I_n&=\int_0^{\frac{\pi}{2}}\sin^n x\mathrm{d}x=-\int_0^{\frac{\pi}{2}}\sin^{n-1}x\mathrm{d}\cos x\\&=-\sin^{n-1}x\cos x\Big|_0^{\frac{\pi}{2}}+\int_0^{\frac{\pi}{2}}(n-1)\sin^{n-2}x\cos^2 x\mathrm{d}x\\&=0+(n-1)\int_0^{\frac{\pi}{2}}(\sin^{n-2}x-\sin^n x)\mathrm{d}x\\&=(n-1)I_{n-2}-(n-1)I_n.\end{aligned}$$

由此可得递推公式

$$I_n=\frac{n-1}{n}I_{n-2}.$$

注意到 $I_0=\int_0^{\frac{\pi}{2}}\mathrm{d}x=\frac{\pi}{2}$，$I_1=\int_0^{\frac{\pi}{2}}\sin x\mathrm{d}x=1$，于是

$$\begin{aligned}I_{2m}&=\frac{2m-1}{2m}I_{2m-2}\\&=\frac{2m-1}{2m}\frac{2m-3}{2m-2}I_{2m-4}\\&=\cdots\\&=\frac{2m-1}{2m}\frac{2m-3}{2m-2}\cdots\frac{3}{4}\cdot\frac{1}{2}I_0\\&=\frac{(2m-1)(2m-3)\cdots1}{(2m)(2m-2)\cdots2}\cdot\frac{\pi}{2},\end{aligned}$$

$$\begin{aligned}I_{2m+1}&=\frac{2m}{2m+1}I_{2m-1}\\&=\frac{2m}{2m+1}\cdot\frac{2m-2}{2m-1}I_{2m-3}\\&=\cdots\\&=\frac{2m}{2m+1}\cdot\frac{2m-2}{2m-1}\cdots\frac{4}{5}\cdot\frac{2}{3}\\&=\frac{(2m)(2m-2)\cdots2}{(2m+1)(2m-1)\cdots3},\end{aligned}$$

其中 $m=1,2,\cdots$.

这样就得到了积分 $\int_0^{\frac{\pi}{2}}\sin^n x\mathrm{d}x$（$n$ 为自然数）. 由例 6.4.5 可知，$\int_0^{\frac{\pi}{2}}\cos^n x\mathrm{d}x$ 与 $\int_0^{\frac{\pi}{2}}\sin^n x\mathrm{d}x$ 相等.

### 6.4.3　定积分的近似计算

用牛顿－莱布尼茨公式计算定积分，需要先求出原函数，但有些被积函数的原函数难以求出，甚至不能求出（原函数不是初等函数）. 这时我们需要求定积分的近似值.

设 $f(x)$ 在 $[a,b]$ 上连续，则 $f(x)$ 在 $[a,b]$ 上可积，用分点

$$a=x_0<x_1<\cdots<x_{n-1}<x_n=b$$

将区间 $[a,b]$ 分成 $n$ 等份，每个小区间长度为 $\frac{b-a}{n}$. 在小区间 $[x_{i-1},x_i]$ 上，取 $\xi_i=x_{i-1}$，便有

$$\int_a^b f(x)\mathrm{d}x=\lim_{n\to\infty}\sum_{i=1}^{n}f(\xi_i)\Delta x_i$$

$$=\lim_{n\to\infty}\frac{b-a}{n}\sum_{i=1}^{n}f(x_{i-1}).$$

从而对任一确定的 $n$,有

$$\int_a^b f(x)\mathrm{d}x\approx\frac{b-a}{n}\sum_{i=1}^{n}f(x_{i-1}).$$

记 $f(x_i)=y_i, i=0,1,\cdots,n-1$, 上式又可写成

$$\int_a^b f(x)\mathrm{d}x\approx\frac{b-a}{n}(y_0+y_1+\cdots+y_{n-1}).$$

以上求定积分近似值的方法称为矩形法,此外还有很多定积分的近似计算方法,这里就不一一介绍了.现在很多数学软件,如 Mathematica 等都提供了定积分的近似计算功能,使用起来非常方便.

## 6.5 定积分的应用

### 6.5.1 平面图形的面积

我们知道,由连续曲线 $y=f(x)(f(x)\geqslant 0)$及直线 $x=a, x=b(a<b)$与 $x$ 轴所围成的曲边梯形的面积

$$S=\int_a^b f(x)\mathrm{d}x.$$

实际上,我们还可以应用定积分计算一些更复杂的平面图形的面积.

(1)设 $f(x), g(x)$在$[a,b]$上连续,求由曲线 $y=f(x), y=g(x)$和直线 $x=a, x=b$ 所围成的平面图形(如图 6.3(a))的面积.

与本章第 1 节中求曲边梯形面积的方法类似:我们先将区间$[a,b]$及平面图形分成 $n$ 份(化整为零);每一份的面积用一个小矩形的面积来近似,整个平面图形的面积,可以用 $n$ 个小矩形的面积之和来近似(以直代曲);如果将$[a,b]$无限细分下去,小矩形面积之和就会趋于所求面积(无限逼近). 于是所求面积

$$S=\lim_{\lambda\to 0}\sum_{i=1}^{n}|f(\xi_i)-g(\xi_i)|\Delta x_i,$$

其中 $x_i, \Delta x_i, \xi_i, \lambda$ 等记号与本章第 1 节中的意义相同,而小区间$[x_{i-1}, x_i]$上的小矩形长为 $\Delta x_i$,高为$|f(\xi_i)-g(\xi_i)|$(如图 6.3(a)).根据定积分的定义,立即得到

$$S=\int_a^b|f(x)-g(x)|\mathrm{d}x.$$

特别地,令 $g(x)\equiv 0$,即得曲线 $y=f(x)$和直线 $x=a, x=b$ 与$x$ 轴所围曲边梯形的面积

$$S=\int_a^b|f(x)|\mathrm{d}x,$$

这里不再要求 $f(x)\geqslant 0$.

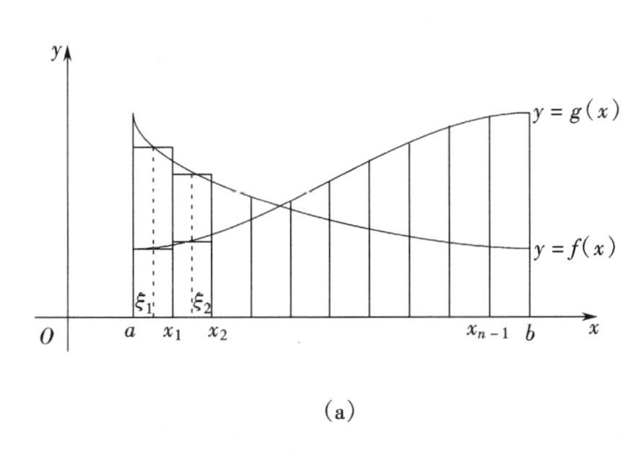


(a)

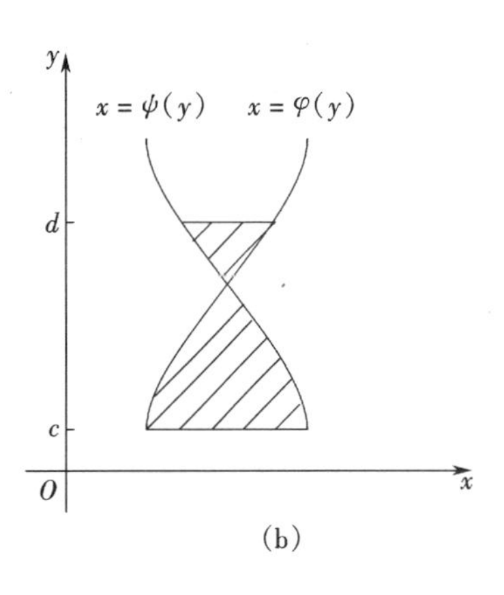


(b)

图 6.3 平面图形的面积

(2)设 $\varphi(y),\psi(y)$在$[c,d]$上连续,求由曲线 $x=\varphi(y),x=\psi(y)$和直线 $y=c,y=d$ 所围成的平面图形(如图 6.3(b))的面积.

只要将 $y$ 看作自变量,$x$ 看作因变量,利用前面的结果,即得所求面积

$$S=\int_c^d|\varphi(y)-\psi(y)|\mathrm{d}y.$$

**例 6.5.1** 求椭圆$\frac{x^2}{a^2}+\frac{y^2}{b^2}=1$ 的面积.

**解** 因为椭圆$\frac{x^2}{a^2}+\frac{y^2}{b^2}=1$ 关于坐标轴对称,所以整个椭圆的面积是其在第一象限内面积的 4 倍,如图 6.4,故

$$S=4\int_0^a\frac{b}{a}\sqrt{a^2-x^2}\mathrm{d}x=\frac{4b}{a}\int_0^a\sqrt{a^2-x^2}\mathrm{d}x.$$

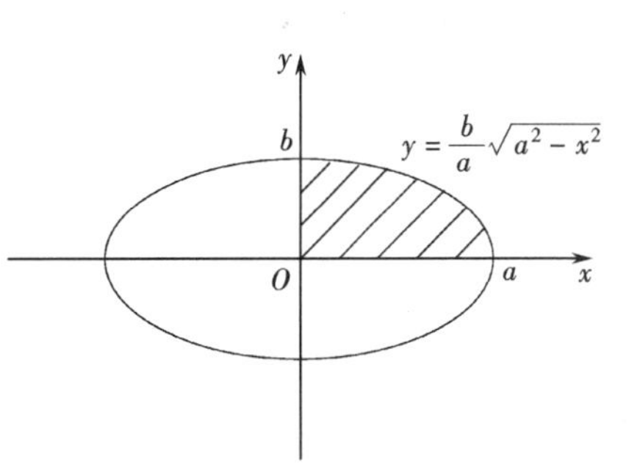


图 6.4 例 6.5.1 图

由例 6.4.1 知,

$$\int_0^a\sqrt{a^2-x^2}\mathrm{d}x=\frac{1}{4}\pi a^2,$$

所以椭圆面积

$$S=\pi ab.$$

**例 6.5.2** 求由曲线 $y=\sin x,y=\cos x$ 及直线$x=0,x=\frac{\pi}{2}$所围图形的面积.

**解** 如图 6.5,所求面积

$$S=\int_0^{\frac{\pi}{2}}|\sin x-\cos x|\mathrm{d}x$$

$$=\int_0^{\frac{\pi}{4}}(\cos x-\sin x)\mathrm{d}x+\int_{\frac{\pi}{4}}^{\frac{\pi}{2}}(\sin x-\cos x)\mathrm{d}x$$

$$=(\sin x+\cos x)\Big|_0^{\frac{\pi}{4}}+(-\cos x-\sin x)\Big|_{\frac{\pi}{4}}^{\frac{\pi}{2}}$$

$$=2(\sqrt{2}-1).$$

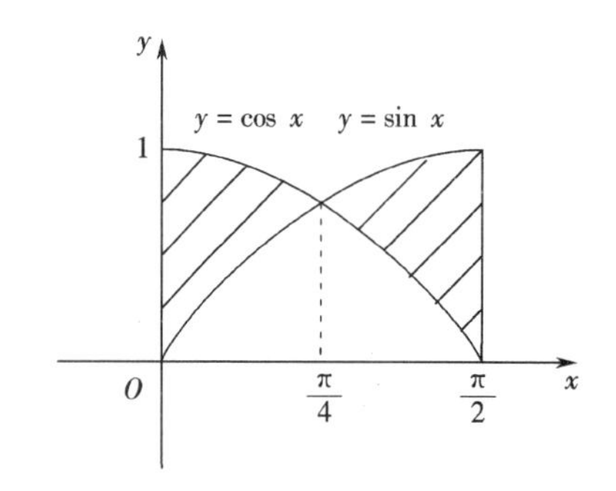


图 6.5 例 6.5.2 图

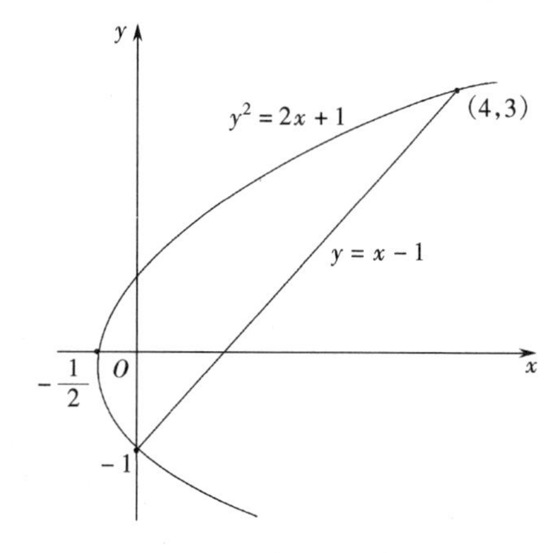


图 6.6 例 6.5.3 图

**例 6.5.3** 求由曲线 $y^2=2x+1$ 与直线 $y=x-1$ 所围成图形的面积.

**解** 如图 6.6,为确定积分限,解方程组

$$\begin{cases}y^2=2x+1,\\ y=x-1,\end{cases}$$

得交点$(0,-1)$和$(4,3)$.以 $y$ 为积分变量,则所求面积

$$S=\int_{-1}^{3}\left[(y+1)-\frac{1}{2}(y^2-1)\right]\mathrm{d}y$$

$$=\left(\frac{1}{2}y^2-\frac{1}{6}y^3+\frac{3}{2}y\right)\Big|_{-1}^{3}$$

$$=\frac{16}{3}.$$

本题如果以 $x$ 为积分变量,就必须把所围图形分成两部分,即

$$S=2\int_{-\frac{1}{2}}^{0}\sqrt{2x+1}\,\mathrm{d}x+\int_0^4[\sqrt{2x+1}-(x-1)]\mathrm{d}x.$$

可见,根据图形特点选择适当的积分变量,可以简化运算.

**例 6.5.4** 假设曲线 $y=1-x^2(0\leqslant x\leqslant 1)$,$x$ 轴和 $y$ 轴所围区域被曲线 $y=ax^2$ 平分,求常数 $a$.

**解** 先画草图 6.7.为确定积分限,解方程组

$$\begin{cases}y=1-x^2,\\ y=ax^2,\end{cases}$$

得交点$\left(\frac{1}{\sqrt{1+a}},\frac{a}{1+a}\right)$. 于是

$$S_1=\int_0^{\frac{1}{\sqrt{1+a}}}[(1-x^2)-ax^2]\mathrm{d}x$$

$$=(x-\frac{1}{3}x^3-\frac{1}{3}ax^3)\Big|_0^{\frac{1}{\sqrt{1+a}}}$$

$$=\frac{2}{3\sqrt{1+a}}.$$

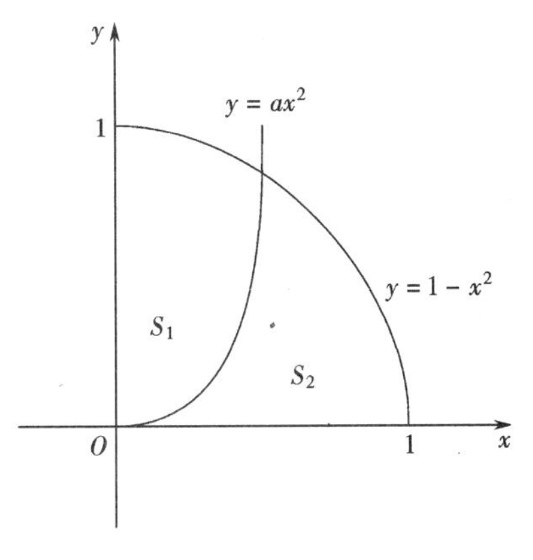

图6.7 例6.5.4图

另一方面

$$S_1=\frac{1}{2}(S_1+S_2)=\frac{1}{2}\int_0^1(1-x^2)\mathrm{d}x=\frac{1}{3},$$

从而

$$S_1=\frac{2}{3\sqrt{1+a}}=\frac{1}{3}.$$

解得 $a=3$.

如果曲线段 $l$ 以参数方程的形式给出:

$$\begin{cases}x=x(t),\\y=y(t),\end{cases}$$

其中 $\alpha\leqslant t\leqslant\beta$, $y(t)$与 $x'(t)$在$[\alpha,\beta]$上连续,并且 $x'(t)$在$[\alpha,\beta]$上非负,那么由曲线段 $l$,直线 $x=x(\alpha)$, $x=x(\beta)$以及 $x$ 轴所围图形的面积

$$S=\int_{x(\alpha)}^{x(\beta)}|y|\mathrm{d}x=\int_\alpha^\beta|y(t)|x'(t)\mathrm{d}t.$$

## 6.5.2 立体的体积

如图6.8所示,设某立体位于平面 $x=a$ 与 $x=b$ 之间($a<b$),且垂直于 $x$ 轴的平面截该立体所得的截面积 $S(x)$是关于 $x$ 的连续函数.下面求该立体的体积(图6.9).

用分点 $a=x_0<x_1<\cdots<x_{n-1}<x_n=b$ 将区间$[a,b]$分成 $n$ 个小区间$[x_{i-1},x_i]$,区间长度 $\Delta x_i=x_i-x_{i-1}$,用平面 $x=x_i$ 截该立体, $i=1,2,\cdots,n$,得到 $n$ 个小立体.

任取 $\xi_i\in[x_{i-1},x_i]$,用底面积为 $S(\xi_i)$,高为 $\Delta x_i$的柱体体积作为介于 $x=x_{i-1}$与 $x=x_i$之间的小立体体积的近似值.于是,所求体积 $V$ 可以用 $n$ 个小柱体体积之和来近似,即

$$V\approx\sum_{i=1}^n S(\xi_i)\Delta x_i.$$

令 $\lambda=\max\limits_{1\leqslant i\leqslant n}\{\Delta x_i\}$. 当 $\lambda\to0$ 时, $n\to\infty$,上述小柱体体积之和无限逼近 $V$,即

$$V=\lim_{\lambda\to0}\sum_{i=1}^n S(\xi_i)\Delta x_i.$$

由定积分的定义可得

$$V=\int_a^b S(x)\mathrm{d}x. \tag{6.5.1}$$

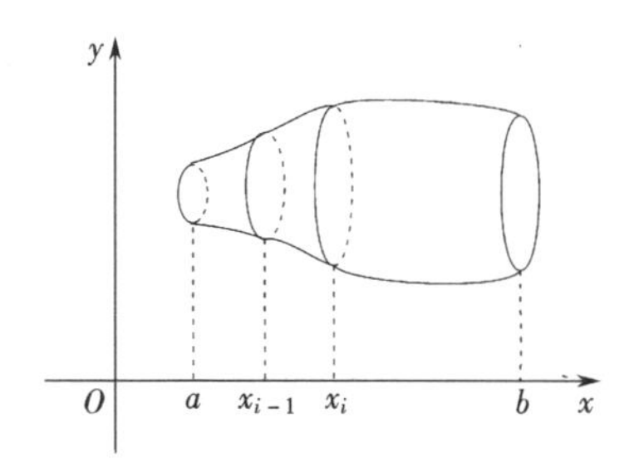


图 6.8　截面积已知立体的体积

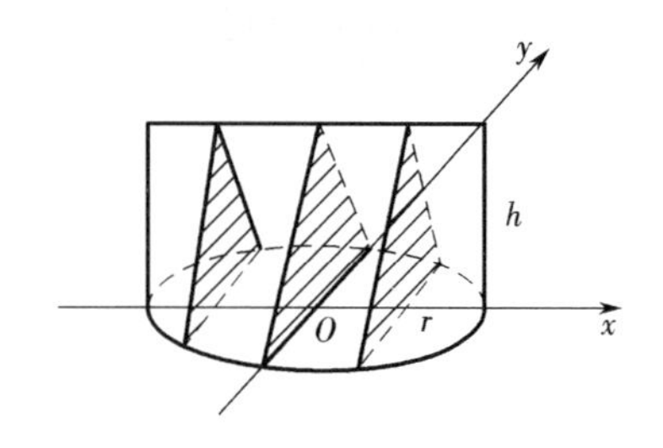


图 6.9　例 6.5.5 图

**例 6.5.5**　求以半径为 $r$ 的圆为底,以平行且等于该圆直径的线段为顶,而高为 $h$ 的**正劈锥体**的体积 $V$,如图 6.9.

**解**　取底圆所在平面为 $xOy$ 平面,圆心 $O$ 为原点,并使 $x$ 轴与正劈锥体的顶平行,则底圆方程为

$$x^2+y^2=r^2.$$

用垂直于 $x$ 轴的平面截正劈锥体,截面为等腰三角形,其面积

$$S(x)=h\sqrt{r^2-x^2}.$$

应用公式(6.5.1)得正劈锥体的体积

$$\begin{aligned}V&=\int_{-r}^{r}h\sqrt{r^2-x^2}\,\mathrm{d}x=2h\int_0^r\sqrt{r^2-x^2}\,\mathrm{d}x\\&=\frac{\pi r^2h}{2}(\text{利用例 6.4.1 结果}).\end{aligned}$$

由此可知,正劈锥体的体积等于同底等高的圆柱体体积的一半.

计算立体体积时,常用一组平行平面截该立体,如果截面积易于求出且连续变化,那么就可以用定积分求出立体体积.下面我们介绍一种特殊的立体图形,其截面积非常易求.

由一个平面图形绕平面内一条直线旋转一周而得的立体,称为**旋转体**.例如,半圆绕其直径旋转一周,得到**球体**;直角三角形绕一条直角边旋转一周,得到**圆锥体**;矩形绕其一边旋转一周,得到**圆柱体**(如图 6.10),这些都是常见的旋转体.

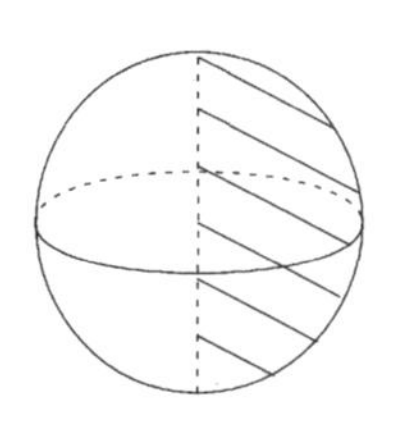

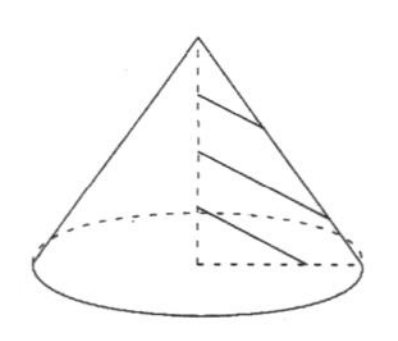

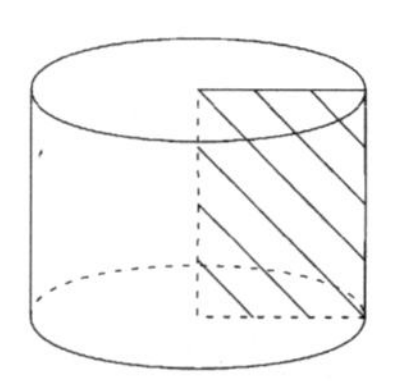

图 6.10　常见旋转体

上述旋转体都可以看成由连续曲线 $y=f(x)$,直线 $x=a$,$x=b$ $(a<b)$及 $x$ 轴所

围成的曲边梯形绕 $x$ 轴旋转一周而成的立体(图 6.11). 用与 $x$ 轴垂直的平面截此类旋转体,其截面为圆,圆面积为 $\pi[f(x)]^2$,再由公式(6.5.1)得旋转体体积

$$V=\int_a^b \pi[f(x)]^2 \mathrm{d}x.$$

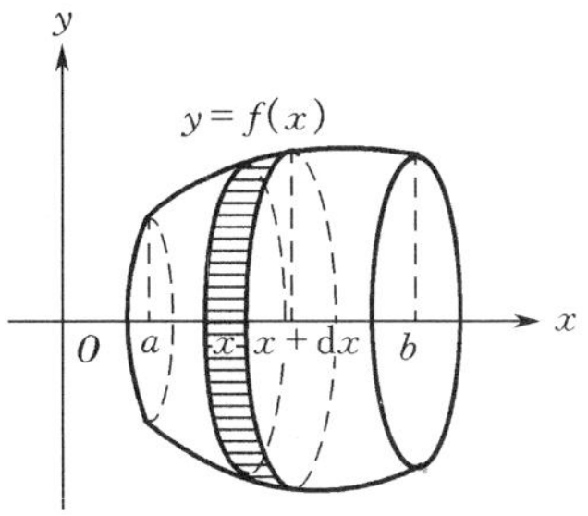

图 6.11　旋转体的体积

同理,由曲线 $x=\varphi(y)$ 和直线 $y=c, y=d\ (c<d)$ 及 $y$ 轴所围成的曲边梯形绕 $y$ 轴旋转一周,所得的旋转体体积

$$V=\int_c^d \pi[\varphi(y)]^2 \mathrm{d}y.$$

**例 6.5.6**　求椭圆 $\dfrac{x^2}{a^2}+\dfrac{y^2}{b^2}=1$ 绕 $x$ 轴旋转所得旋转体的体积(如图 6.12).

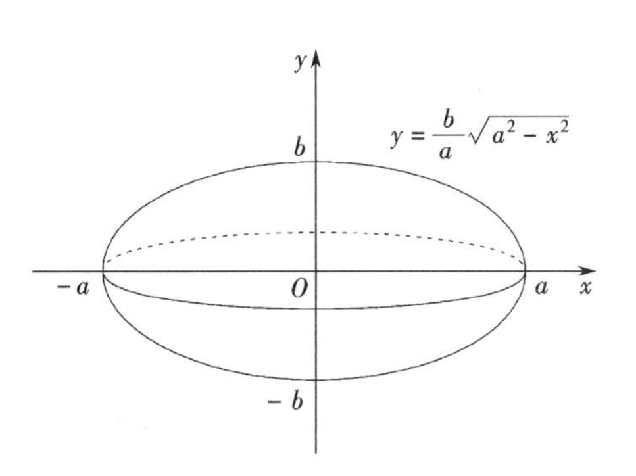


图 6.12　例 6.5.6 图

**解**　由于椭圆 $\dfrac{x^2}{a^2}+\dfrac{y^2}{b^2}=1$ 的图形关于坐标轴对称,所以所求体积为第一象限内部分旋转所得旋转体体积的 2 倍,即

$$\begin{aligned} V &= 2\int_0^a \pi\left(\frac{b}{a}\sqrt{a^2-x^2}\right)^2 \mathrm{d}x \\ &= 2\pi\frac{b^2}{a^2}\int_0^a (a^2-x^2)\mathrm{d}x \\ &= 2\pi\frac{b^2}{a^2}\left(a^2x-\frac{1}{3}x^3\right)\Big|_0^a \\ &= \frac{4}{3}\pi ab^2. \end{aligned}$$

特别地,当 $a=b$ 时,即得球体体积

$$V=\frac{4}{3}\pi a^3.$$

**例 6.5.7**　由曲线 $y=\sin x\ \left(0\leqslant x\leqslant\dfrac{\pi}{2}\right)$ 和直线 $y=1$ 及 $y$ 轴可围成一个曲边三角形,求其绕 $x$ 轴旋转所得旋转体的体积(如图 6.13).

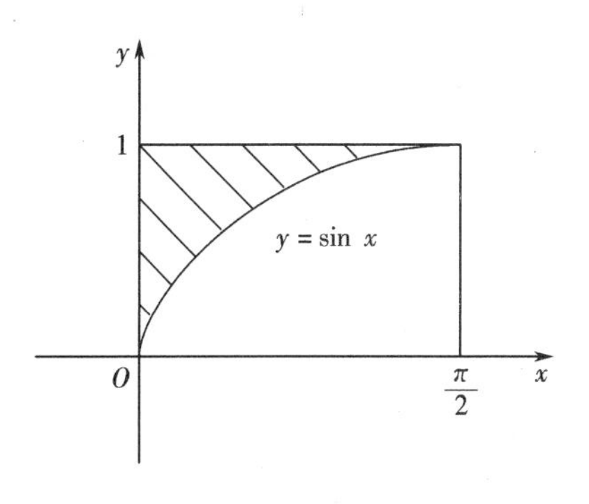


图 6.13　例 6.5.7 图

**解**　用垂直于 $x$ 轴的平面截该旋转体,截面为圆环,截面积 $S(x)=\pi(1^2-\sin^2 x)=\pi\cos^2 x$. 故所求体积

$$V=\int_0^{\frac{\pi}{2}} \pi\cos^2 x\,\mathrm{d}x$$

$$=\frac{\pi}{2}\int_0^{\frac{\pi}{2}}(1+\cos 2x)\mathrm{d}x$$

$$=\frac{\pi}{2}\left(x+\frac{1}{2}\sin 2x\right)\Big|_0^{\frac{\pi}{2}}$$

$$=\frac{\pi^2}{4}.$$

## 6.5.3 经济应用问题举例

设某产品产量为 $Q$，总成本 $C=C(Q)$，总收益 $R=R(Q)$，则边际成本 $MC=\frac{\mathrm{d}C}{\mathrm{d}Q}$，边际收益 $MR=\frac{\mathrm{d}R}{\mathrm{d}Q}$. 因此，总成本函数可以表示为

$$C(Q)=\int_0^Q(MC)\mathrm{d}Q+C_0,$$

总收益函数 $R(Q)=\int_0^Q(MR)\mathrm{d}Q$,

总利润函数 $L(Q)=\int_0^Q(MR-MC)\mathrm{d}Q-C_0$,

其中 $C_0=C(0)$为固定成本.

**例 6.5.8** 已知生产某产品的边际收入 $MR=100-\frac{Q}{20}$(元/件)，试求产量为 1 000 件时的总收入，从 1 000 件到 2 000 件所增加的收入.

**解** 产量为 1 000 件的总收入为

$$R(1\,000)=\int_0^{1\,000}\left(100-\frac{Q}{20}\right)\mathrm{d}Q$$

$$=\left(100Q-\frac{Q^2}{40}\right)\Big|_0^{1\,000}$$

$$=75\,000\text{ 元}.$$

产量从 1 000 件到 2 000 件所增加的收入为

$$R(2\,000)-R(1\,000)=\int_{1\,000}^{2\,000}\left(100-\frac{Q}{20}\right)\mathrm{d}Q$$

$$=\left(100Q-\frac{Q^2}{40}\right)\Big|_{1\,000}^{2\,000}$$

$$=25\,000\text{ 元}.$$

**例 6.5.9** 某煤矿投资 2 000 万元建成，在时刻 $t$ 的追加成本和增加收益分别为

$$C'(t)=6+2t^{\frac{2}{3}}\text{(百万元/年)},\quad R'(t)=18-t^{\frac{2}{3}}\text{(百万元/年)}.$$

试确定该矿在何时停止生产可获最大利润？最大利润是多少？

**解法一** 由极值存在的必要条件 $R'(t)-C'(t)=0$，即由

$$(18-t^{\frac{2}{3}})-(6+2t^{\frac{2}{3}})=0,$$

可解得 $t=8$. 又

$$R''(t)-C''(t)=-\frac{2}{3}t^{-\frac{1}{3}}-\frac{4}{3}t^{-\frac{1}{3}},$$

$$R''(8)-C''(8)<0.$$

故 $t=8$ 是最佳终止时间,此时获得最大利润

$$\begin{aligned}L&=\int_0^8[R'(t)-C'(t)]\mathrm{d}t-20\\&=\int_0^8[(18-t^{\frac{2}{3}})-(6+2t^{\frac{2}{3}})]\mathrm{d}t-20\\&=(12t-\frac{9}{5}t^{\frac{5}{3}})\Big|_0^8-20=18.4(\text{百万元}).\end{aligned}$$

**解法二** 同上可得

$$\begin{aligned}L(t)&=\int_0^t[R'(s)-C'(s)]\mathrm{d}s-20\\&=12t-\frac{9}{5}t^{\frac{5}{3}}-20.\end{aligned}$$

故 $$L'(t)=12-3t^{\frac{2}{3}}.$$

当 $t<8$ 时,$L'(t)>0$;当 $t=8$ 时,$L'(t)=0$;当 $t>8$ 时,$L'(t)<0$. 于是,当 $t=8$ 时可获得最大利润 $L(8)=18.4$(百万元).

## 6.6 广义积分

在定积分的定义中,我们假定被积函数在有穷区间$[a,b]$上有界.但在解决某些实际问题时,常会遇到积分区间为无穷区间或被积函数无界的情况.为此,我们对定积分的概念做两种推广,并称之为广义积分.

### 6.6.1 无穷限广义积分

**定义 6.6.1** 设 $f(x)$在区间$[a,b]$上可积,$b$ 是大于$a$ 的任何实数.如果极限 $\lim\limits_{b\to+\infty}\int_a^b f(x)\mathrm{d}x$ 存在,则称此极限为 $f(x)$在$[a,+\infty)$上的**广义积分**,记作 $\int_a^{+\infty}f(x)\mathrm{d}x$,即

$$\int_a^{+\infty}f(x)\mathrm{d}x=\lim_{b\to+\infty}\int_a^b f(x)\mathrm{d}x.$$

此时也称广义积分$\int_a^{+\infty}f(x)\mathrm{d}x$ **收敛**,或 $f(x)$在$[a,+\infty)$**可积**;如果上述极限不存在,则称广义积分$\int_a^{+\infty}f(x)\mathrm{d}x$ **发散**.

类似地,$f(x)$在$(-\infty,b]$上的广义积分定义为

$$\int_{-\infty}^{b} f(x)\mathrm{d}x = \lim_{a\to-\infty}\int_{a}^{b} f(x)\mathrm{d}x.$$

$f(x)$在$(-\infty,+\infty)$上的广义积分定义为

$$\int_{-\infty}^{+\infty} f(x)\mathrm{d}x = \int_{-\infty}^{0} f(x)\mathrm{d}x + \int_{0}^{+\infty} f(x)\mathrm{d}x.$$

当$\int_{-\infty}^{0} f(x)\mathrm{d}x$与$\int_{0}^{+\infty} f(x)\mathrm{d}x$同时收敛时,$\int_{-\infty}^{+\infty} f(x)\mathrm{d}x$收敛;否则发散.

上述广义积分的积分上限或下限是无穷,故称为**无穷限广义积分**.

**例 6.6.1** 求$\int_{0}^{+\infty}\frac{\mathrm{d}x}{1+x^2}$.

**解**

$$\int_{0}^{+\infty}\frac{\mathrm{d}x}{1+x^2} = \lim_{b\to+\infty}\int_{0}^{b}\frac{\mathrm{d}x}{1+x^2}$$

$$= \lim_{b\to+\infty}\left(\arctan x\Big|_{0}^{b}\right) = \frac{\pi}{2}.$$

为方便起见,今后常常省去极限符号,如例 6.6.1 可直接表示为

$$\int_{0}^{+\infty}\frac{\mathrm{d}x}{1+x^2} = \arctan x\Big|_{0}^{+\infty} = \arctan(+\infty) - \arctan 0 = \frac{\pi}{2},$$

其中 $\arctan(+\infty) = \lim_{x\to+\infty}\arctan x.$

**例 6.6.2** 证明广义积分$\int_{1}^{+\infty}\frac{\mathrm{d}x}{x^p}$当$p>1$时收敛,当$p\leqslant 1$时发散.

**证** 当$p=1$时,

$$\int_{1}^{+\infty}\frac{\mathrm{d}x}{x^p} = \ln x\Big|_{1}^{+\infty} = +\infty;$$

当$p\neq 1$时,

$$\int_{1}^{+\infty}\frac{\mathrm{d}x}{x^p} = \frac{x^{1-p}}{1-p}\Big|_{1}^{+\infty} = \begin{cases}\frac{1}{p-1}, & p>1,\\ +\infty, & p<1.\end{cases}$$

故当$p>1$时,积分收敛于$\frac{1}{p-1}$;当$p\leqslant 1$时,积分发散.

**例 6.6.3** 求$\int_{-\infty}^{+\infty}\cos x\mathrm{d}x$.

**解**

$$\int_{0}^{+\infty}\cos x\mathrm{d}x = \sin x\Big|_{0}^{+\infty} = \lim_{x\to+\infty}\sin x.$$

但$\lim_{x\to+\infty}\sin x$不存在,故$\int_{0}^{+\infty}\cos x\mathrm{d}x$发散.于是$\int_{-\infty}^{+\infty}\cos x\mathrm{d}x$也发散.

根据极限和定积分的性质,容易得到无穷限积分的一些性质.

**性质 6.6.1** 若$a<b$,且$f(x)$在$[a,b]$上可积,则$\int_{a}^{+\infty} f(x)\mathrm{d}x$与$\int_{b}^{+\infty} f(x)\mathrm{d}x$敛

散性相同.

**性质 6.6.2**　若常数 $k\neq 0$,则$\int_a^{+\infty} kf(x)\mathrm{d}x$ 与$\int_a^{+\infty} f(x)\mathrm{d}x$ 敛散性相同,并且

$$\int_a^{+\infty} kf(x)\mathrm{d}x = k\int_a^{+\infty} f(x)\mathrm{d}x.$$

**性质 6.6.3**　若$\int_a^{+\infty} f(x)\mathrm{d}x$ 和$\int_a^{+\infty} g(x)\mathrm{d}x$ 都收敛,则$\int_a^{+\infty}[f(x)\pm g(x)]\mathrm{d}x$ 也收敛,并且

$$\int_a^{+\infty}[f(x)\pm g(x)]\mathrm{d}x = \int_a^{+\infty} f(x)\mathrm{d}x \pm \int_a^{+\infty} g(x)\mathrm{d}x.$$

**性质 6.6.4**　设 $u'(x),v'(x)$在$[a,+\infty)$连续,又若下面的等式中有两项存在,则第三项也存在,并且

$$\int_a^{+\infty} u(x)\mathrm{d}v(x) = u(x)v(x)\Big|_a^{+\infty} - \int_a^{+\infty} v(x)\mathrm{d}u(x).$$

**性质 6.6.5**　换元法对无穷限广义积分仍然成立.

这些性质对积分上限或下限是无穷或同时为无穷的情形都成立.

## 6.6.2　无界函数广义积分

**定义 6.6.2**　设 $f(x)$在$[a,b]$无界,但对任意 $t\in(a,b)$,$f(x)$在区间$[t,b]$上可积,若极限

$$\lim_{t\to a^+}\int_t^b f(x)\mathrm{d}x$$

存在,则称此极限为 $f(x)$在$[a,b]$上的**广义积分**,仍记作$\int_a^b f(x)\mathrm{d}x$,即

$$\int_a^b f(x)\mathrm{d}x = \lim_{t\to a^+}\int_t^b f(x)\mathrm{d}x.$$

这时也称广义积分$\int_a^b f(x)\mathrm{d}x$ **收敛**;若上述极限不存在,则称广义积分$\int_a^b f(x)\mathrm{d}x$ **发散**.

这里,$x=a$ 称为 $f(x)$的**瑕点**. 因此,无界函数广义积分也称**瑕积分**.

类似地,设对任意 $t\in(a,b)$,$f(x)$在$[a,t]$可积,且 $x=b$ 为 $f(x)$的瑕点,即 $\lim\limits_{x\to b^-} f(x)=\infty$. 若极限

$$\lim_{t\to b^-}\int_a^t f(x)\mathrm{d}x$$

存在,则定义广义积分

$$\int_a^b f(x)\mathrm{d}x = \lim_{t\to b^-}\int_a^t f(x)\mathrm{d}x;$$

否则称广义积分$\int_a^b f(x)\mathrm{d}x$ **发散**.

若 $x=c(a<c<b)$ 为 $f(x)$ 的瑕点，则当 $\int_a^c f(x)\mathrm{d}x$ 和 $\int_c^b f(x)\mathrm{d}x$ 都收敛时，定义

$$\int_a^b f(x)\mathrm{d}x=\int_a^c f(x)\mathrm{d}x+\int_c^b f(x)\mathrm{d}x;$$

否则称广义积分 $\int_a^b f(x)\mathrm{d}x$ **发散**.

**例 6.6.4** 求 $\int_0^3 \frac{\mathrm{d}x}{\sqrt{9-x^2}}$.

**解** $x=3$ 为瑕点，于是

$$\int_0^3 \frac{\mathrm{d}x}{\sqrt{9-x^2}}=\lim_{t\to 3^-}\int_0^t \frac{\mathrm{d}x}{\sqrt{9-x^2}}=\lim_{t\to 3^-}\left(\arcsin\frac{x}{3}\Big|_0^t\right)$$

$$=\lim_{t\to 3^-}\arcsin\frac{t}{3}-0=\frac{\pi}{2}.$$

为了简便，常常省去极限号，如本题可写作

$$\int_0^3 \frac{\mathrm{d}x}{\sqrt{9-x^2}}=\arcsin\frac{x}{3}\Big|_0^3=\frac{\pi}{2},$$

这里 $x=3$ 为瑕点，$\arcsin\frac{x}{3}\Big|_0^3=\lim_{x\to 3^-}\arcsin\frac{x}{3}-\arcsin 0$.

**例 6.6.5** 证明广义积分 $\int_a^b \frac{\mathrm{d}x}{(x-a)^p}$ 当 $0<p<1$ 时收敛；当 $p\geqslant 1$ 时发散.

**证** 当 $p=1$ 时

$$\int_a^b \frac{\mathrm{d}x}{(x-a)^p}=\ln(x-a)\Big|_a^b$$

$$=\ln(b-a)-\lim_{x\to a^+}\ln(x-a)$$

$$=+\infty.$$

当 $p>0$ 且 $p\neq 1$ 时

$$\int_a^b \frac{\mathrm{d}x}{(x-a)^p}=\frac{(x-a)^{1-p}}{1-p}\Big|_a^b=\begin{cases}+\infty, & p>1,\\ \dfrac{(b-a)^{1-p}}{1-p}, & 0<p<1.\end{cases}$$

故当 $0<p<1$ 时，积分收敛于 $\frac{(b-a)^{1-p}}{1-p}$；当 $p\geqslant 1$ 时，积分发散.

最后，需要指出的是，定积分的一些性质，包括分部积分法和换元法，对无界函数的广义积分仍然成立.

## 6.7 广义积分的判别法 Γ 函数

在上一节，我们曾根据定义判断了一些广义积分的敛散性. 但有时仅仅依靠定义难以做出判断，甚至无法判断(如原函数不是初等函数). 本节就介绍一些不借助原函数就能判断敛散性的方法.

## 6.7.1　无穷限广义积分的判别法

**引理 6.7.1**　设对任何 $b>a$，$f(x)$在$[a,b]$上可积，且 $f(x)\geqslant 0$. 若函数

$$F(x)=\int_a^x f(t)\mathrm{d}t$$

在$[a,+\infty)$上有上界，则广义积分$\int_a^{+\infty} f(x)\mathrm{d}x$ 收敛.

**证**　由 $f(x)\geqslant 0$ 知，$F(x)$在$[a,+\infty)$上单调增加. 又因为 $F(x)$在$[a,+\infty)$有上界，所以 $F(x)$ 在 $[a,+\infty)$ 上单调有界，故有极限 $\lim\limits_{x\to+\infty} F(x)$. 因此广义积分 $\int_a^{+\infty} f(x)\mathrm{d}x=\lim\limits_{x\to+\infty}\int_a^x f(t)\mathrm{d}t$ 收敛.

**定理 6.7.1**　**(比较判别法)** 若对任何 $b>a$，函数 $f(x)$，$g(x)$在$[a,b]$上可积，且 $0\leqslant f(x)\leqslant g(x)\ (a\leqslant x<+\infty)$，则当$\int_a^{+\infty} g(x)\mathrm{d}x$ 收敛时，$\int_a^{+\infty} f(x)\mathrm{d}x$ 收敛；当 $\int_a^{+\infty} f(x)\mathrm{d}x$ 发散时，$\int_a^{+\infty} g(x)\mathrm{d}x$ 发散.

**证**　任取 $t>a$，

$$\int_a^t f(x)\mathrm{d}x\leqslant\int_a^t g(x)\mathrm{d}x\leqslant\int_a^{+\infty} g(x)\mathrm{d}x.$$

故当$\int_a^{+\infty} g(x)\mathrm{d}x$ 收敛时，$F(t)=\int_a^t f(x)\mathrm{d}x$ 上有界. 由引理 6.7.1，$\int_a^{+\infty} f(x)\mathrm{d}x$ 收敛. 而当$\int_a^{+\infty} f(x)\mathrm{d}x$ 发散时，$\int_a^{+\infty} g(x)\mathrm{d}x$ 发散.

由上述定理不难得到下述定理.

**定理 6.7.2**　**(比较判别法的极限形式)** 设对任何 $b>a$，函数 $f(x)$，$g(x)$在$[a,b]$上非负可积，若

$$\lim_{x\to+\infty}\frac{f(x)}{g(x)}=l,$$

则有如下结论：

(1)当 $0<l<+\infty$时，积分$\int_a^{+\infty} f(x)\mathrm{d}x$ 与$\int_a^{+\infty} g(x)\mathrm{d}x$ 敛散性相同；

(2)当 $l=0$ 时，若$\int_a^{+\infty} g(x)\mathrm{d}x$ 收敛，则$\int_a^{+\infty} f(x)\mathrm{d}x$ 收敛；

(3)当 $l=+\infty$时，若$\int_a^{+\infty} g(x)\mathrm{d}x$ 发散，则$\int_a^{+\infty} f(x)\mathrm{d}x$ 发散.

由例 6.6.2 知，广义积分$\int_a^{+\infty}\frac{\mathrm{d}x}{x^p}\quad(a>0)$当 $p>1$ 时收敛；否则发散. 再结合定理 6.7.1 与定理 6.7.2，即得以下两个判别法.

**定理 6.7.3**　**(柯西判别法)** 设对任何 $b>a$，$f(x)$在$[a,b]$上非负可积. 若存在常

数 $M>0$ 及 $p>1$,使 $f(x)\leqslant\dfrac{M}{x^p}(a\leqslant x<+\infty)$,则广义积分$\int_a^{+\infty}f(x)\mathrm{d}x$ 收敛;若存在常数 $N>0$,使 $f(x)\geqslant\dfrac{N}{x}(a\leqslant x<+\infty)$,则广义积分$\int_a^{+\infty}f(x)\mathrm{d}x$ 发散.

**定理 6.7.4 (柯西判别法的极限形式)**设对任何 $b>a$,$f(x)$在$[a,b]$上非负可积,若 $\lim\limits_{x\to+\infty}x^p f(x)=l$,则有如下结论:

(1)当 $0\leqslant l<+\infty$ 且 $p>1$ 时,$\int_a^{+\infty}f(x)\mathrm{d}x$ 收敛;

(2)当 $0<l\leqslant+\infty$ 且 $p\leqslant 1$ 时,$\int_a^{+\infty}f(x)\mathrm{d}x$ 发散.

前面介绍的几种判别法,总是假定 $f(x)$为非负函数.对一般的被积函数,我们介绍如下概念与结论.

**定义 6.7.1** 若对任何 $b>a$,$f(x)$在$[a,b]$上可积,且$\int_a^{+\infty}|f(x)|\mathrm{d}x$ 收敛,则称广义积分$\int_a^{+\infty}f(x)\mathrm{d}x$ **绝对收敛**.

**定理 6.7.5** 若$\int_a^{+\infty}f(x)\mathrm{d}x$ 绝对收敛,则$\int_a^{+\infty}f(x)\mathrm{d}x$ 一定收敛.

**证** 由于

$$0\leqslant|f(x)|\pm f(x)\leqslant 2|f(x)|,$$

根据此较判别法,积分$\int_a^{+\infty}[|f(x)|\pm f(x)]\mathrm{d}x$ 收敛,而

$$\int_a^{+\infty}f(x)\mathrm{d}x=\int_a^{+\infty}\frac{[|f(x)|+f(x)]-[|f(x)|-f(x)]}{2}\mathrm{d}x,$$

故$\int_a^{+\infty}f(x)\mathrm{d}x$ 也收敛.

**定义 6.7.2** 若$\int_a^{+\infty}f(x)\mathrm{d}x$ 收敛,但不绝对收敛,则称广义积分$\int_a^{+\infty}f(x)\mathrm{d}x$ **条件收敛**.

因此,对任何一个无穷限广义积分,它要么发散,要么绝对收敛,要么条件收敛,三者必居其一.

**例 6.7.1** 判断$\int_1^{+\infty}\dfrac{\mathrm{d}x}{x\sqrt{x^2+1}}$的敛散性.

**解法一**

$$0<\frac{1}{x\sqrt{x^2+1}}<\frac{1}{x^2}\quad(x>1),$$

而$\int_1^{+\infty}\dfrac{\mathrm{d}x}{x^2}$收敛.根据比较判别法,$\int_1^{+\infty}\dfrac{\mathrm{d}x}{x\sqrt{x^2+1}}$收敛.

**解法二**

$$\lim_{x\to+\infty} x^2\frac{1}{x\sqrt{x^2+1}}=\lim_{x\to+\infty}\frac{1}{\sqrt{1+\frac{1}{x^2}}}=1.$$

根据柯西判别法的极限形式，$\int_1^{+\infty}\frac{\mathrm{d}x}{x\sqrt{x^2+1}}$收敛.

**例 6.7.2**　判断$\int_1^{+\infty}\mathrm{e}^{-x}x^p\mathrm{d}x$（$p$ 为常数）的敛散性.

**解**　$\lim\limits_{x\to+\infty}x^2(\mathrm{e}^{-x}x^p)=\lim\limits_{x\to+\infty}\frac{x^{p+2}}{\mathrm{e}^x}=0$，故$\int_1^{+\infty}\mathrm{e}^{-x}x^p\mathrm{d}x$ 收敛.

## 6.7.2　无界函数广义积分的判别法

对于无界函数的广义积分，也有类似的判别法.

**定理 6.7.6　（比较判别法）**设对任何 $t\in(a,b)$，函数 $f(x)$，$g(x)$在$[t,b]$上可积，$x=a$ 为$f(x)$，$g(x)$的瑕点，且 $0\leqslant f(x)\leqslant g(x)(a<x\leqslant b)$，则当$\int_a^b g(x)\mathrm{d}x$ 收敛时，$\int_a^b f(x)\mathrm{d}x$ 收敛；当$\int_a^b f(x)\mathrm{d}x$ 发散时，$\int_a^b g(x)\mathrm{d}x$ 发散.

**定理 6.7.7　（比较判别法的极限形式）**设对任何 $t\in(a,b)$，函数 $f(x)$，$g(x)$在$[t,b]$上非负可积，$x=a$ 为$f(x)$和 $g(x)$的瑕点. 若

$$\lim_{x\to a^+}\frac{f(x)}{g(x)}=l,$$

则有如下结论：

（1）当 $0<l<+\infty$时，$\int_a^b f(x)\mathrm{d}x$ 与$\int_a^b g(x)\mathrm{d}x$ 敛散性相同；

（2）当 $l=0$ 时，若$\int_a^b g(x)\mathrm{d}x$ 收敛，则$\int_a^b f(x)\mathrm{d}x$ 收敛；

（3）当 $l=+\infty$时，若$\int_a^b g(x)\mathrm{d}x$ 发散，则$\int_a^b f(x)\mathrm{d}x$ 发散.

**定理 6.7.8　（柯西判别法）**设对任何 $t\in(a,b)$，$f(x)$在$[t,b]$上非负可积，$x=a$ 为$f(x)$的瑕点. 若存在常数 $M>0$ 及 $p<1$，使 $f(x)\leqslant\frac{M}{(x-a)^p}(a<x\leqslant b)$，则$\int_a^b f(x)\mathrm{d}x$ 收敛；若存在常数 $N>0$，使 $f(x)\geqslant\frac{N}{x-a}(a<x\leqslant b)$，则$\int_a^b f(x)\mathrm{d}x$ 发散.

**定理 6.7.9　（柯西判别法的极限形式）**设对任何 $t\in(a,b)$，$f(x)$在$[t,b]$上非负可积，$x=a$ 为$f(x)$的瑕点. 若 $\lim\limits_{x\to a^+}(x-a)^p f(x)=l$，则有如下结论：

（1）当 $0\leqslant l<+\infty$且 $p<1$ 时，$\int_a^b f(x)\mathrm{d}x$ 收敛；

(2)当 $0<l\leqslant+\infty$ 且 $p\geqslant1$ 时,$\int_a^b f(x)\mathrm{d}x$ 发散.

当被积函数 $f(x)$ 可正可负时,同样有绝对收敛、条件收敛等有关概念与结论,这里不再详述.

**例 6.7.3** 判断 $\int_0^1 \frac{\ln(1+x)}{x^p}\mathrm{d}x$ 的敛散性.

**解** $x=0$ 为瑕点.

$$\lim_{x\to0^+} x^{p-1}\frac{\ln(1+x)}{x^p}=\lim_{x\to0^+}\frac{\ln(1+x)}{x}=1.$$

由柯西判别法的极限形式,当 $p-1<1$,即 $p<2$ 时,积分收敛;否则发散.

**例 6.7.4** 判断 $\int_0^1 \frac{\mathrm{e}^x}{\sqrt{x}}\sin\frac{1}{x}\mathrm{d}x$ 的敛散性.

**解** $x=0$ 为瑕点.

$$\left|\frac{\mathrm{e}^x}{\sqrt{x}}\sin\frac{1}{x}\right|\leqslant\frac{\mathrm{e}^x}{\sqrt{x}}\leqslant\frac{\mathrm{e}}{\sqrt{x}}.$$

由 $\int_0^1\frac{\mathrm{e}}{\sqrt{x}}\mathrm{d}x$ 收敛知 $\int_0^1\frac{\mathrm{e}^x}{\sqrt{x}}\sin\frac{1}{x}\mathrm{d}x$ 绝对收敛.

## 6.7.3 Γ 函数

广义积分 $\int_0^{+\infty}x^{r-1}\mathrm{e}^{-x}\mathrm{d}x$(其中 $r$ 称为参变量)作为参变量 $r$ 的函数称为 **Γ 函数**,记作

$$\Gamma(r)=\int_0^{+\infty}x^{r-1}\mathrm{e}^{-x}\mathrm{d}x.$$

当 $r<1$ 时,$\Gamma(r)$ 不仅是无穷限广义积分,还有瑕点 $x=0$. 因此将其拆成两个积分讨论收敛性. 例如

$$\Gamma(r)=\int_0^1 x^{r-1}\mathrm{e}^{-x}\mathrm{d}x+\int_1^{+\infty}x^{r-1}\mathrm{e}^{-x}\mathrm{d}x.$$

当 $r\geqslant1$ 时,$\int_0^1 x^{r-1}\mathrm{e}^{-x}\mathrm{d}x$ 是定积分. 根据柯西判别法的极限形式可知,当 $0<r<1$ 时,$\int_0^1 x^{r-1}\mathrm{e}^{-x}\mathrm{d}x$ 收敛;当 $r\leqslant0$ 时发散. 又由例 6.7.2 知,$\int_1^{+\infty}x^{r-1}\mathrm{e}^{-x}\mathrm{d}x$ 总是收敛的. 于是,当且仅当 $r>0$ 时,$\Gamma(r)$ 收敛,即 $\Gamma(r)$ 的定义域为 $(0,+\infty)$.

Γ 函数是概率论中的一个重要函数,下面给出 Γ 函数的一些基本性质.

**定理 6.7.10** $\Gamma(r)$ 具有以下性质:

(1)$\Gamma(r+1)=r\Gamma(r)$;

(2)$\Gamma(1)=1$;

(3)$\Gamma(n+1)=n!$($n$ 为自然数);

(4) $\Gamma(\frac{1}{2})=\sqrt{\pi}$.

**证**　(1) $$\Gamma(r+1)=\int_0^{+\infty}x^r e^{-x}dx$$
$$=-x^r e^{-x}\Big|_0^{+\infty}+\int_0^{+\infty}rx^{r-1}e^{-x}dx$$
$$=r\int_0^{+\infty}x^{r-1}e^{-x}dx$$
$$=r\Gamma(r).$$

(2) $\Gamma(1)=\int_0^{+\infty}e^{-x}dx=-e^{-x}\Big|_0^{+\infty}=1$.

(3) $\Gamma(n+1)=n\Gamma(n)=n(n-1)\Gamma(n-1)=n(n-1)\cdots 2\cdot 1\Gamma(1)=n!$.

(4)令 $x=y^2$,则 $dx=2ydy$.

$$\Gamma(r)=\int_0^{+\infty}x^{r-1}e^{-x}dx=2\int_0^{+\infty}y^{2r-1}e^{-y^2}dy.$$

故
$$\Gamma(\frac{1}{2})=2\int_0^{+\infty}e^{-y^2}dy.$$

在下册第 9 章,我们会证明 $\int_0^{+\infty}e^{-y^2}dy=\frac{\sqrt{\pi}}{2}$. 于是 $\Gamma\left(\frac{1}{2}\right)=\sqrt{\pi}$.

**例 6.7.5**　概率论中的 $B$ 函数与 $\Gamma$ 函数有如下关系

$$B(p,q)=\frac{\Gamma(p)\Gamma(q)}{\Gamma(p+q)}\quad(p,q>0),$$

求 $B(\frac{3}{2},\frac{1}{2})$.

**解**　$$B\left(\frac{3}{2},\frac{1}{2}\right)=\frac{\Gamma\left(\frac{3}{2}\right)\Gamma\left(\frac{1}{2}\right)}{\Gamma(2)}=\frac{\frac{1}{2}\Gamma\left(\frac{1}{2}\right)\Gamma\left(\frac{1}{2}\right)}{1!}=\frac{\pi}{2}.$$

**例 6.7.6**　已知 $\Gamma(r)$,求 $\int_0^{+\infty}x^{r-1}e^{-\lambda x}dx\quad(\lambda>0)$.

**解**　令 $\lambda x=t$,则 $dx=\frac{dt}{\lambda}$.

$$\int_0^{+\infty}x^{r-1}e^{-\lambda x}dx=\int_0^{+\infty}(\frac{t}{\lambda})^{r-1}e^{-t}\frac{1}{\lambda}dt$$
$$=\frac{1}{\lambda^r}\int_0^{+\infty}t^{r-1}e^{-t}dt$$
$$=\frac{\Gamma(r)}{\lambda^r}.$$

## 习题 6

**1.** 用定积分的定义计算下列积分：

(1) $\int_0^{\frac{\pi}{2}} \sin x \mathrm{d}x$；　　(2) $\int_1^2 \frac{1}{x} \mathrm{d}x$.

**2.** 把下列极限表示为定积分：

(1) $\lim\limits_{n\to\infty}\left(\frac{1}{n+1}+\frac{1}{n+2}+\cdots+\frac{1}{n+n}\right)$；

(2) $\lim\limits_{n\to\infty}\frac{1}{n}\left[\sin a+\sin\left(a+\frac{b}{n}\right)+\cdots+\sin\left(a+\frac{n-1}{n}b\right)\right]$；

(3) $\lim\limits_{n\to\infty}\left[\frac{1}{\sqrt{n^2+1^2}}+\frac{1}{\sqrt{n^2+2^2}}+\cdots+\frac{1}{\sqrt{n^2+n^2}}\right]$；

(4) $\lim\limits_{n\to\infty}\left(\frac{1}{\sqrt{4n^2-1}}+\frac{1}{\sqrt{4n^2-2^2}}+\cdots+\frac{1}{\sqrt{4n^2-n^2}}\right)$；

(5) $\lim\limits_{n\to\infty}\frac{1^p+2^p+\cdots+n^p}{n^{p+1}}$；

(6) $\lim\limits_{n\to\infty}\left(\frac{1}{n^2+1}+\frac{2}{n^2+2^2}+\cdots+\frac{n}{n^2+n^2}\right)$.

**3.** 不计算积分值，比较下列各组积分的大小：

(1) $\int_0^1 \mathrm{e}^{-x}\mathrm{d}x$ 与 $\int_0^1 \mathrm{e}^{-x^3}\mathrm{d}x$；　　(2) $\int_1^2 \ln x\mathrm{d}x$ 与 $\int_1^2 (\ln x)^2\mathrm{d}x$；

(3) $\int_0^1 x^2\sin x\mathrm{d}x$ 与 $\int_0^1 x(\sin x)^2\mathrm{d}x$；　　(4) $\int_0^1 \mathrm{e}^{-x}\mathrm{d}x$ 与 $\int_0^1 (1+x)\mathrm{d}x$；

(5) $\int_0^1 \frac{x}{1+x}\mathrm{d}x$ 与 $\int_0^1 \ln(1+x)\mathrm{d}x$；　　(6) $\int_{-2}^{-1}\left(\frac{1}{3}\right)^x\mathrm{d}x$ 与 $\int_0^1 3^x\mathrm{d}x$.

**4.** 应用估值定理，估计下列积分值：

(1) $I=\int_0^{\pi}\frac{\mathrm{d}x}{2+\sin^5 x}$；　　(2) $I=\int_{\frac{1}{\sqrt{3}}}^{\sqrt{3}} x\arctan x\mathrm{d}x$；

(3) $I=\int_0^{2\pi}\frac{\mathrm{d}x}{10+3\cos x}$；　　(4) $I=\int_1^4 (x^2-3x+2)\mathrm{d}x$；

(5) $I=\int_{\frac{\pi}{4}}^{\frac{\pi}{2}}\frac{\sin x}{x}\mathrm{d}x$；　　(6) $I=\int_0^2\frac{5-x}{9-x^2}\mathrm{d}x$.

**5.** 求下列积分变限函数的导函数：

(1) $f(x)=\int_{x^2}^{x^3}\frac{\mathrm{d}t}{\sqrt{1+t^4}}$；　　(2) $f(x)=\int_0^{x^2}\mathrm{e}^{\frac{t^2}{2}}\mathrm{d}t$；

(3) $f(x)=\int_{x^2}^{b}\frac{\sin\sqrt{t}}{t}\mathrm{d}t$；　　(4) $f(x)=\int_{\mathrm{e}^x}^{2}\tan(\ln t^2+1)\mathrm{d}t$；

(5) $f(x)=\int_{\sin x}^{\cos x}\frac{\cos t}{1+t^2}\mathrm{d}t$.

**6.** 应用牛顿-莱布尼茨公式计算下列定积分：

(1) $\int_1^{\mathrm{e}}\frac{1+\ln x}{x}\mathrm{d}x$；

(2) $\int_0^1\frac{x}{(x^2+1)^2}\mathrm{d}x$；

(3) $\int_0^{\frac{\pi}{2}}\sqrt{1-\sin 4x}\,\mathrm{d}x$；

(4) $\int_{-2}^3 x\sqrt{|x|}\,\mathrm{d}x$；

(5) $\int_{-1}^0\frac{1}{x^2+4x+5}\mathrm{d}x$；

(6) $\int_0^2\sqrt{x^3-2x^2+x}\,\mathrm{d}x$；

(7) $\int_0^{2\pi}|\sin x-\cos x|\,\mathrm{d}x$；

(8) $\int_{-2}^4 \mathrm{e}^{|x|}\,\mathrm{d}x$；

(9) 设 $f(x)=\begin{cases}1-|x|, & |x|\leqslant 1,\\ x^2, & |x|>1,\end{cases}$ 求 $\int_{-1}^2 f(x)\mathrm{d}x$；

(10) $f(x)=\begin{cases}\mathrm{e}^{-x}, & x\geqslant 0,\\ 1+x^2, & x<0,\end{cases}$ 求 $\int_{\frac{1}{2}}^2 f(x-1)\mathrm{d}x$；

(11) 设 $f(x)=\begin{cases}0, & -\infty<x\leqslant 0,\\ \frac{1}{2}x, & 0<x\leqslant 2,\\ 1, & 2<x<+\infty,\end{cases}$ 试用分段函数表示 $\int_0^x f(t)\mathrm{d}t$；

(12) $\int_{-\frac{\pi}{2}}^{\frac{\pi}{2}}\cos^4\theta\sin^2\theta\,\mathrm{d}\theta$.

**7.** 设 $f(x)$ 在 $[-a,a]\,(a>0)$ 上连续，证明

$$\int_{-a}^a f(x)\mathrm{d}x=\int_0^a(f(x)+f(-x))\mathrm{d}x.$$

**8.** 用换元积分法求下列积分：

(1) $\int_1^2\frac{\sqrt{4-x^2}}{x^2}\mathrm{d}x$；

(2) $\int_4^9\frac{\sqrt{x}}{\sqrt{x}-1}\mathrm{d}x$；

(3) $\int_0^1\frac{\sqrt{\mathrm{e}^x}}{\sqrt{\mathrm{e}^x+\mathrm{e}^{-x}}}\mathrm{d}x$；

(4) $\int_0^{\frac{\pi}{2}}\cos^5 x\sin 2x\,\mathrm{d}x$；

(5) $\int_0^{\frac{\pi}{4}}\frac{1}{1+\sin^2 x}\mathrm{d}x$；

(6) $\int_0^{\frac{\pi}{2}}\frac{\sin x}{5-3\cos x}\mathrm{d}x$；

(7) $\int_{-\frac{\pi}{4}}^{\frac{\pi}{4}}\cos^7 2x\,\mathrm{d}x$；

(8) $\int_0^a x^2\sqrt{a^2-x^2}\,\mathrm{d}x$；

(9) $\int_1^2\frac{\sqrt{x^2-1}}{x}\mathrm{d}x$；

(10) $\int_0^1\frac{\arcsin\sqrt{x}}{\sqrt{x(1-x)}}\mathrm{d}x$；

(11) $\int_0^1 x\sqrt{\frac{1-x}{1+x}}\,\mathrm{d}x$；

(12) $\int_0^{\pi}x\sin^7 x\,\mathrm{d}x$；

(13) $\int_{\frac{1}{2}}^{\frac{3}{5}} \frac{1}{x\sqrt{1-x^2}}\mathrm{d}x$；

(14) $\int_0^{\pi} \sqrt{\sin x - \sin^3 x}\,\mathrm{d}x$.

**9.** 用分部积分法求下列定积分：

(1) $\int_0^1 x\mathrm{e}^{-x}\mathrm{d}x$；

(2) $\int_0^1 x^2\mathrm{e}^{2x}\mathrm{d}x$；

(3) $\int_0^{\mathrm{e}-1} \ln(x+1)\mathrm{d}x$；

(4) $\int_{\mathrm{e}}^{2\mathrm{e}} \frac{\ln x}{(1-x)^2}\mathrm{d}x$；

(5) $\int_0^{\frac{\pi}{2}} x(1-\sin x)\mathrm{d}x$；

(6) $\int_0^{2\pi} x^2\cos x\,\mathrm{d}x$；

(7) $\int_0^{\frac{\pi}{2}} x\sin^2\frac{x}{2}\mathrm{d}x$；

(8) $\int_0^{\sqrt{3}} x\arctan x\,\mathrm{d}x$；

(9) $\int_0^1 x\arctan\sqrt{x}\,\mathrm{d}x$；

(10) $\int_0^{\frac{1}{2}} (\arcsin x)^2\mathrm{d}x$；

(11) $\int_0^{\frac{1}{2}} x\ln\frac{1+x}{1-x}\mathrm{d}x$；

(12) $\int_{\frac{\pi}{4}}^{\frac{\pi}{2}} \frac{x}{(\sin x)^2}\mathrm{d}x$；

(13) $\int_0^{\frac{\pi}{2}} \mathrm{e}^{2x}\cos x\,\mathrm{d}x$；

(14) $\int_0^{\frac{\pi}{4}} \mathrm{e}^{2x}\sin^2 x\,\mathrm{d}x$；

(15) $\int_0^{\frac{\pi}{4}} \sec^3 x\,\mathrm{d}x$；

(16) $\int_0^{\frac{\pi}{4}} \frac{2x\sin x}{(\cos x)^3}\mathrm{d}x$；

(17) $\int_{\frac{1}{\mathrm{e}}}^{\mathrm{e}} |\ln x|\,\mathrm{d}x$；

(18) $\int_0^{2\pi} x\sqrt{1+\cos x}\,\mathrm{d}x$.

**10.** 计算下列定积分：

(1) $\int_0^{\pi} \sin^6\frac{x}{2}\mathrm{d}x$；

(2) $\int_0^1 (1-x^2)^n\mathrm{d}x$；

(3) $\int_0^1 \mathrm{e}^{\sqrt{x}}\mathrm{d}x$；

(4) $\int_0^{\frac{\pi^2}{4}} (\sin\sqrt{x})^2\mathrm{d}x$；

(5) $\int_{-\frac{1}{2}}^{\frac{1}{2}} \frac{(1+x)\arcsin x}{\sqrt{1-x^2}}\mathrm{d}x$；

(6) $\int_1^{16} \arctan\sqrt{\sqrt{x}-1}\,\mathrm{d}x$；

(7) $\int_1^{\mathrm{e}} \sin(\ln x)\mathrm{d}x$；

(8) $\int_{-\frac{\pi}{4}}^{\frac{\pi}{4}} \frac{x}{1+\sin x}\mathrm{d}x$；

(9) $\int_0^{\frac{\pi}{2}} \frac{x+\sin x}{1+\cos x}\mathrm{d}x$；

(10) $\int_{\frac{1}{2}}^{\frac{\sqrt{3}}{2}} \frac{\arcsin x}{x^2\sqrt{1-x^2}}\mathrm{d}x$；

(11) $\int_0^{\frac{\sqrt{2}}{2}} \arcsin x\arccos x\,\mathrm{d}x$；

(12) $\int_{-\frac{\pi}{4}}^{\frac{\pi}{4}} \frac{\mathrm{e}^{\frac{x}{2}}(\cos x - \sin x)}{\sqrt{\cos x}}\mathrm{d}x$；

(13) $\int_0^{\pi} x\sin^6 x\cos^4 x\,\mathrm{d}x$；

(14) $\int_0^{\frac{\pi}{4}} \frac{x\sec^2 x}{(1+\tan x)^2}\mathrm{d}x$；

(15)$\int_0^1 \frac{\ln(1+x)}{1+x^2}dx$；　　(16)$\int_{-\frac{\pi}{4}}^{\frac{\pi}{4}} \frac{\sin^2 x}{1+e^{-x}}dx$.

**11.** 抛物线 $y^2=2x$ 将圆 $x^2+y^2=8$ 分成两部分，试求这两部分的面积.

**12.** 求下列直线、曲线围成的平面图形的面积：

(1)$y=x^2$，$y=\frac{x^2}{2}$和 $y=2x$；

(2)$y=x^2$，$x+y=2$；

(3)$y=|\lg x|$，$y=0$，$0.1\leqslant x\leqslant 10$.

**13.** 求由抛物线 $y=-x^2+4x-3$ 及其在点 $M(0,-3)$和点 $N(3,0)$处两条切线所围成的面积 $S$.

**14.** 求下列立体的体积：

(1)以抛物线 $y^2=2x$ 与直线 $x=2$ 所围成的图形为底，而垂直于抛物线轴的截面都是等边三角形的立体的体积；

(2)以长半轴 $a=10$，短半轴 $b=5$ 的椭圆为底，而垂直于长轴的截面是等边三角形的立体的体积；

(3)由半立方抛物线 $y^2=x^3$、$x$ 轴和直线 $x=1$ 所围图形，绕 $x$ 轴和 $y$ 轴旋转而成的旋转体的体积；

(4)由抛物线 $y^2=2x$ 与直线 $x=\frac{1}{2}$所围成的图形绕直线 $y=-1$ 旋转而成的旋转体的体积；

(5)由曲线 $y=x^2+7$ 和 $y=3x^2+5$ 所围图形绕 $x$ 轴旋转而成的旋转体的体积；

(6)由圆$(x-2)^2+y^2=1$ 绕 $y$ 轴旋转而成的环体的体积；

(7)由曲线 $y=\sin x(x\in[0,\pi])$与 $x$ 轴所围图形绕 $y$ 轴和直线 $l:y=1$ 旋转而成的旋转体的体积.

**15.** 证明：正圆锥体的体积为其底面积与高的乘积的三分之一.

**16.** 已知某种产品产量为 $x$ 单位时的边际成本 $C'(x)=1$ 万元，边际收入 $R'(x)=5-x$ 万元. 求：

(1)产量为多少单位时总利润最大？

(2)从利润最大的产量再生产 100 个单位的产品，总利润将减少多少？

**17.** 判断下列无穷限广义积分的敛散性，若收敛并求其值：

(1)$\int_0^{+\infty} \frac{\arctan x}{(1+x^2)^{\frac{3}{2}}}dx$；　　(2)$\int_0^{+\infty} xe^{-ax^2}dx\,(a>0)$；

(3)$\int_e^{+\infty} \frac{dx}{x\ln^2 x}$；　　(4)$\int_{-\infty}^{+\infty} \frac{dx}{x^2+x+1}$；

(5)$\int_2^{+\infty} \frac{dx}{x\sqrt{x^2-1}}$；　　(6)$\int_1^{+\infty} \frac{\arctan x}{x^2}dx$；

(7)$\int_2^{+\infty} \frac{\ln x}{x}dx$；　　(8)$\int_{-\infty}^{+\infty} \frac{dx}{(x^2+1)(x^2+4)}$；

(9) $\int_{-\infty}^{+\infty}\frac{2x}{1+x^2}\mathrm{d}x$； (10) $\int_{0}^{+\infty}\mathrm{e}^{-2t}\sin t\cos t\mathrm{d}t$.

**18.** 判断下列广义积分的敛散性：

(1) $\int_{1}^{+\infty}\frac{\mathrm{d}x}{x\sqrt[3]{1+x^2}}$； (2) $\int_{1}^{+\infty}\frac{\ln^n x}{x^2}\mathrm{d}x\ (n>0)$；

(3) $\int_{3}^{+\infty}\frac{3\mathrm{d}x}{\sqrt{x}\sqrt{x-2}}$； (4) $\int_{1}^{+\infty}\sin\frac{1}{x^p}\mathrm{d}x\ (p>0)$.

**19.** 如果$\int_{1}^{+\infty}f(x)\mathrm{d}x$收敛，且$\lim\limits_{x\to+\infty}f(x)=A$，证明$A=0$.

**20.** 判断下列无界函数广义积分的敛散性，若收敛并求其值：

(1) $\int_{0}^{3}\frac{\mathrm{d}x}{\sqrt[3]{3x-1}}$； (2) $\int_{0}^{1}\frac{\arcsin x}{\sqrt{1-x^2}}\mathrm{d}x$；

(3) $\int_{-1}^{1}\frac{\mathrm{d}x}{\sqrt{1-x^2}}$； (4) $\int_{0}^{1}\frac{\mathrm{d}x}{\sqrt{x(1-x)}}$；

(5) $\int_{-2}^{-1}\frac{1}{x\sqrt{x^2-1}}\mathrm{d}x$； (6) $\int_{0}^{1}\ln x\mathrm{d}x$；

(7) $\int_{\frac{\pi}{4}}^{\frac{3\pi}{4}}\frac{\mathrm{d}x}{\cos^2 x}$； (8) $\int_{0}^{2}\frac{1}{\sqrt{|x^2-1|}}\mathrm{d}x$；

(9) $\int_{0}^{1}\frac{\mathrm{d}x}{\sin^2(1-x)}$.

**21.** 判断下列广义积分的敛散性：

(1) $\int_{1}^{2}\frac{\mathrm{d}x}{\sqrt[3]{x^2-3x+2}}$； (2) $\int_{0}^{1}\frac{\ln x}{1-x^2}\mathrm{d}x$；

(3) $\int_{0}^{1}\frac{1-\cos x}{x^p}\mathrm{d}x$； (4) $\int_{1}^{2}\frac{\sqrt{x}}{\ln x}\mathrm{d}x$.

**22.** 已知$\Gamma\left(\frac{1}{2}\right)=\sqrt{\pi}$，计算广义积分与Γ函数.

(1) $\int_{0}^{+\infty}\mathrm{e}^{-x^n}\mathrm{d}x\,(n>0)$； (2) $\int_{0}^{+\infty}x^n\mathrm{e}^{-a^2x^2}\mathrm{d}x\,(a>0, n\geqslant 0)$；

(3) $\int_{2}^{+\infty}\mathrm{e}^2x\mathrm{e}^{-(x-2)^2}\mathrm{d}x$； (4) $\int_{0}^{+\infty}x^{2m+1}\mathrm{e}^{-x^2}\mathrm{d}x$；

(5) $\int_{0}^{+\infty}x^{2m}\mathrm{e}^{-x^2}\mathrm{d}x$； (6) $\int_{0}^{+\infty}x^{\frac{7}{2}}\mathrm{e}^{-x}\mathrm{d}x$.

# 附录1　常用符号

数学的语言是由文字叙述和数学符号共同组成的.本附录中给出在本书中用到的数理逻辑符号和常用的数学符号.

**1.蕴含符号**

符号“⇒”表示“蕴含”或“若…,则…”.

符号“⇔”表示“充分必要”或“等价”.

设 $P$ 与 $Q$ 表示两个陈述句,$P\Rightarrow Q$ 表示“$P$ 蕴含 $Q$”或“若有 $P$,则有 $Q$”.$P\Leftrightarrow Q$ 表示“$P$ 与 $Q$ 等价”或“$P$ 的充分必要条件是 $Q$”或“$P$ 蕴含 $Q$,同时 $Q$ 蕴含 $P$”.

**2.量词符号**

全称量词的符号是“∀”,表示“对任意的”或“对任一的”.

存在量词的符号是“∃”,表示“存在”或“能找到”.

**3.几个常用数学符号**

(1)阶乘符号

设 $n$ 是自然数,符号 $n!$(读作“$n$ 的阶乘”)表示不超过 $n$ 的所有自然数的连乘积.例如,$4!=1\cdot2\cdot3\cdot4$.规定 $0!=1$.

(2)双阶乘符号

设 $n$ 是自然数,符号“$n!!$”(读作“$n$ 的双阶乘”)表示不超过 $n$ 并与 $n$ 有相同奇偶性的自然数的连乘积.例如,$6!!=2\cdot4\cdot6$,$7!!=1\cdot3\cdot5\cdot7$.

(3)组合数符号

设 $n$ 与 $m$ 是自然数,且 $m\leqslant n$.符号“$\mathrm{C}_n^m$”表示“从 $n$ 个不同元素取 $m$ 个元素的组合数”.已知

$$\mathrm{C}_n^m=\frac{n(n-1)(n-2)\cdots(n-m+1)}{m!}=\frac{n!}{m!(n-m)!}.$$

有公式

$$\mathrm{C}_n^m=\mathrm{C}_n^{n-m}\text{ 和 }\mathrm{C}_{n+1}^m=\mathrm{C}_n^m+\mathrm{C}_n^{m-1}.$$

规定 $\mathrm{C}_n^0=1$.

(4)最大(小)数的符号

符号“max”(读作“最大”),max 是 maximum 的缩写.

符号“min”(读作“最小”),min 是 minimum 的缩写.

(5)无穷大符号

$+\infty$,$-\infty$ 和 $\infty$ 是符号,不是实数,分别读作“正无穷大”、“负无穷大”和“无穷大”.

# 附录 2　常用不等式

1.

$|x-a|<\delta \Leftrightarrow a-\delta<x<a+\delta$.

$0<|x-a|<\delta \Leftrightarrow a-\delta<x<a+\delta$ 且 $x\neq a$.

$|x|>a \Leftrightarrow x<-a$ 或 $x>a$.

2.

$|a+b|\leqslant|a|+|b|$.

$|a_1+a_2+\cdots+a_n|\leqslant|a_1|+|a_2|+\cdots+|a_n|$.

3.

$|a|-|b|\leqslant|a-b|\leqslant|a|+|b|$.

4. $\forall x>-1$ 且 $x\neq0$, $\forall n\in\mathbf{N}, n\geqslant2$,有

$(1+x)^n>1+nx$ (伯努利不等式).

5. 若 $a_1,a_2,\cdots,a_n$ 是 $n$ 个正数,则有不等式

$$\sqrt[n]{a_1a_2\cdots a_n}\leqslant\frac{a_1+a_2+\cdots+a_n}{n}.$$

6. $\forall n\in\mathbf{N}$,有

$$(1+\frac{1}{n})^n<\mathrm{e}<\left(1+\frac{1}{n}\right)^{n+1}.$$

7. $\forall n\in\mathbf{N}$,有

$$\frac{1}{n!}\leqslant\frac{1}{2^{n-1}}.$$

事实上,

$$\frac{1}{n!}=\frac{1}{1\cdot2\cdot3\cdots n}\leqslant\frac{1}{1\cdot\underbrace{2\cdot2\cdots2}_{n-1\text{个}}}=\frac{1}{2^{n-1}}.$$

8. $\forall x\in\mathbf{R}$ ,有

$|\sin x|\leqslant|x|$.

9. $\arctan x-\arctan y=\arctan\dfrac{x-y}{1-xy}\ (xy>-1)$.

# 附录 3　积分表

**(一)含有 $ax+b(a\neq 0,b\neq 0)$ 的积分**

1. $\int\frac{dx}{ax+b}=\frac{1}{a}\ln|ax+b|+C.$

2. $\int(ax+b)^n dx=\frac{1}{a(n+1)}(ax+b)^{n+1}+C(n\neq -1).$

3. $\int\frac{x}{ax+b}dx=\frac{1}{a^2}(ax+b-b\ln|ax+b|)+C.$

4. $\int\frac{x^2}{ax+b}dx=\frac{1}{a^3}\left[\frac{1}{2}(ax+b)^2-2b(ax+b)+b^2\ln|ax+b|\right]+C.$

5. $\int\frac{dx}{x(ax+b)}=-\frac{1}{b}\ln\left|\frac{ax+b}{x}\right|+C.$

6. $\int\frac{dx}{x^2(ax+b)}=-\frac{1}{bx}+\frac{a}{b^2}\ln\left|\frac{ax+b}{x}\right|+C.$

7. $\int\frac{x}{(ax+b)^2}dx=\frac{1}{a^2}\left(\ln|ax+b|+\frac{b}{ax+b}\right)+C.$

8. $\int\frac{x^2}{(ax+b)^2}dx=\frac{1}{a^3}\left(ax+b-2b\ln|ax+b|-\frac{b^2}{ax+b}\right)+C.$

9. $\int\frac{dx}{x(ax+b)^2}=\frac{1}{b(ax+b)}-\frac{1}{b^2}\ln\left|\frac{ax+b}{x}\right|+C.$

**(二)含有 $\sqrt{ax+b}(a\neq 0,b\neq 0)$ 的积分**

10. $\int\sqrt{ax+b}\,dx=\frac{2}{3a}\sqrt{(ax+b)^3}+C.$

11. $\int x\sqrt{ax+b}\,dx=\frac{2}{15a^2}(3ax-2b)\sqrt{(ax+b)^3}+C.$

12. $\int x^2\sqrt{ax+b}\,dx=\frac{2}{105a^3}(15a^2x^2-12abx+8b^2)\sqrt{(ax+b)^3}+C.$

13. $\int\frac{x}{\sqrt{ax+b}}dx=\frac{2}{3a^2}(ax-2b)\sqrt{ax+b}+C.$

14. $\int\frac{x^2}{\sqrt{ax+b}}dx=\frac{2}{15a^3}(3a^2x^2-4abx+8b^2)\sqrt{ax+b}+C.$

15. $\int\frac{dx}{x\sqrt{ax+b}}=\begin{cases}\frac{1}{\sqrt{b}}\ln\left|\frac{\sqrt{ax+b}-\sqrt{b}}{\sqrt{ax+b}+\sqrt{b}}\right|+C & (b>0),\\ \frac{2}{\sqrt{-b}}\arctan\sqrt{\frac{ax+b}{-b}}+C & (b<0).\end{cases}$

16. $\int\frac{dx}{x^2\sqrt{ax+b}}=-\frac{\sqrt{ax+b}}{bx}-\frac{a}{2b}\int\frac{dx}{x\sqrt{ax+b}}.$

17. $\int\frac{\sqrt{ax+b}}{x}dx=2\sqrt{ax+b}+b\int\frac{dx}{x\sqrt{ax+b}}.$

18. $\int\frac{\sqrt{ax+b}}{x^2}dx=-\frac{\sqrt{ax+b}}{x}+\frac{a}{2}\int\frac{dx}{x\sqrt{ax+b}}.$

**(三)含有 $x^2 \pm a^2 (a \neq 0)$ 的积分**

19. $\int \frac{dx}{x^2+a^2} = \frac{1}{a}\arctan\frac{x}{a} + C.$

20. $\int \frac{dx}{(x^2+a^2)^n} = \frac{x}{2(n-1)a^2(x^2+a^2)^{n-1}} + \frac{2n-3}{2(n-1)a^2}\int \frac{dx}{(x^2+a^2)^{n-1}}.$

21. $\int \frac{dx}{x^2-a^2} = \frac{1}{2a}\ln\left|\frac{x-a}{x+a}\right| + C.$

**(四)含有 $ax^2+b(a>0)$ 的积分**

22. $\int \frac{dx}{ax^2+b} = \begin{cases} \frac{1}{\sqrt{ab}}\arctan\sqrt{\frac{a}{b}}x + C & (b>0), \\ \frac{1}{2\sqrt{-ab}}\ln\left|\frac{\sqrt{a}x-\sqrt{-b}}{\sqrt{a}x+\sqrt{-b}}\right| + C & (b<0). \end{cases}$

23. $\int \frac{x}{ax^2+b}dx = \frac{1}{2a}\ln|ax^2+b| + C.$

24. $\int \frac{x^2}{ax^2+b}dx = \frac{x}{a} - \frac{b}{a}\int \frac{dx}{ax^2+b}.$

25. $\int \frac{dx}{x(ax^2+b)} = \frac{1}{2b}\ln\frac{x^2}{|ax^2+b|} + C.$

26. $\int \frac{dx}{x^2(ax^2+b)} = -\frac{1}{bx} - \frac{a}{b}\int \frac{dx}{ax^2+b}.$

27. $\int \frac{dx}{x^3(ax^2+b)} = \frac{a}{2b^2}\ln\frac{|ax^2+b|}{x^2} - \frac{1}{2bx^2} + C.$

28. $\int \frac{dx}{(ax^2+b)^2} = \frac{x}{2b(ax^2+b)} + \frac{1}{2b}\int \frac{dx}{ax^2+b}.$

**(五)含有 $ax^2+bx+c(a>0)$ 的积分**

29. $\int \frac{dx}{ax^2+bx+c} = \begin{cases} \frac{2}{\sqrt{4ac-b^2}}\arctan\frac{2ax+b}{\sqrt{4ac-b^2}} + C & (b^2<4ac), \\ \frac{1}{\sqrt{b^2-4ac}}\ln\left|\frac{2ax+b-\sqrt{b^2-4ac}}{2ax+b+\sqrt{b^2-4ac}}\right| + C & (b^2>4ac). \end{cases}$

30. $\int \frac{x}{ax^2+bx+c}dx = \frac{1}{2a}\ln|ax^2+bx+c| - \frac{b}{2a}\int \frac{dx}{ax^2+bx+c}.$

**(六)含有 $\sqrt{x^2+a^2}(a>0)$ 的积分**

31. $\int \frac{dx}{\sqrt{x^2+a^2}} = \operatorname{arsh}\frac{x}{a} + C_1 = \ln(x+\sqrt{x^2+a^2}) + C.$

32. $\int \frac{dx}{\sqrt{(x^2+a^2)^3}} = \frac{x}{a^2\sqrt{x^2+a^2}} + C.$

33. $\int \frac{x}{\sqrt{x^2+a^2}}dx = \sqrt{x^2+a^2} + C.$

34. $\int \frac{x}{\sqrt{(x^2+a^2)^3}}dx = -\frac{1}{\sqrt{x^2+a^2}} + C.$

35. $\int \frac{x^2}{\sqrt{x^2+a^2}}dx = \frac{x}{2}\sqrt{x^2+a^2} - \frac{a^2}{2}\ln(x+\sqrt{x^2+a^2}) + C.$

36. $\int \frac{x^2}{\sqrt{(x^2+a^2)^3}}dx = -\frac{x}{\sqrt{x^2+a^2}} + \ln(x+\sqrt{x^2+a^2}) + C.$

37. $\int\frac{dx}{x\sqrt{x^2+a^2}}=\frac{1}{a}\ln\frac{\sqrt{x^2+a^2}-a}{|x|}+C.$

38. $\int\frac{dx}{x^2\sqrt{x^2+a^2}}=-\frac{\sqrt{x^2+a^2}}{a^2x}+C.$

39. $\int\sqrt{x^2+a^2}\,dx=\frac{x}{2}\sqrt{x^2+a^2}+\frac{a^2}{2}\ln(x+\sqrt{x^2+a^2})+C.$

40. $\int\sqrt{(x^2+a^2)^3}\,dx=\frac{x}{8}(2x^2+5a^2)\sqrt{x^2+a^2}+\frac{3}{8}a^4\ln(x+\sqrt{x^2+a^2})+C.$

41. $\int x\sqrt{x^2+a^2}\,dx=\frac{1}{3}\sqrt{(x^2+a^2)^3}+C.$

42. $\int x^2\sqrt{x^2+a^2}\,dx=\frac{x}{8}(2x^2+a^2)\sqrt{x^2+a^2}-\frac{a^4}{8}\ln(x+\sqrt{x^2+a^2})+C.$

43. $\int\frac{\sqrt{x^2+a^2}}{x}dx=\sqrt{x^2+a^2}+a\ln\frac{\sqrt{x^2+a^2}-a}{|x|}+C.$

44. $\int\frac{\sqrt{x^2+a^2}}{x^2}dx=-\frac{\sqrt{x^2+a^2}}{x}+\ln(x+\sqrt{x^2+a^2})+C.$

**(七)含有$\sqrt{x^2-a^2}$($a>0$)的积分**

45. $\int\frac{dx}{\sqrt{x^2-a^2}}=\frac{x}{|x|}\operatorname{arch}\frac{|x|}{a}+C_1=\ln|x+\sqrt{x^2-a^2}|+C.$

46. $\int\frac{dx}{\sqrt{(x^2-a^2)^3}}=-\frac{x}{a^2\sqrt{x^2-a^2}}+C.$

47. $\int\frac{x}{\sqrt{x^2-a^2}}dx=\sqrt{x^2-a^2}+C.$

48. $\int\frac{x}{\sqrt{(x^2-a^2)^3}}dx=-\frac{1}{\sqrt{x^2-a^2}}+C.$

49. $\int\frac{x^2}{\sqrt{x^2-a^2}}dx=\frac{x}{2}\sqrt{x^2-a^2}+\frac{a^2}{2}\ln|x+\sqrt{x^2-a^2}|+C.$

50. $\int\frac{x^2}{\sqrt{(x^2-a^2)^3}}dx=-\frac{x}{\sqrt{x^2-a^2}}+\ln|x+\sqrt{x^2-a^2}|+C.$

51. $\int\frac{dx}{x\sqrt{x^2-a^2}}=\frac{1}{a}\arccos\frac{a}{|x|}+C.$

52. $\int\frac{dx}{x^2\sqrt{x^2-a^2}}=\frac{\sqrt{x^2-a^2}}{a^2x}+C.$

53. $\int\sqrt{x^2-a^2}\,dx=\frac{x}{2}\sqrt{x^2-a^2}-\frac{a^2}{2}\ln|x+\sqrt{x^2-a^2}|+C.$

54. $\int\sqrt{(x^2-a^2)^3}\,dx=\frac{x}{8}(2x^2-5a^2)\sqrt{x^2-a^2}-\frac{3}{8}a^4\ln|x+\sqrt{x^2-a^2}|+C.$

55. $\int x\sqrt{x^2-a^2}\,dx=\frac{1}{3}\sqrt{(x^2-a^2)^3}+C.$

56. $\int x^2\sqrt{x^2-a^2}\,dx=\frac{x}{8}(2x^2-a^2)\sqrt{x^2-a^2}-\frac{a^4}{8}\ln|x+\sqrt{x^2-a^2}|+C.$

57. $\int\frac{\sqrt{x^2-a^2}}{x}dx=\sqrt{x^2-a^2}-a\arccos\frac{a}{|x|}+C.$

58. $\int \frac{\sqrt{x^2-a^2}}{x^2}\mathrm{d}x = -\frac{\sqrt{x^2-a^2}}{x} + \ln|x+\sqrt{x^2-a^2}| + C.$

**(八)含有$\sqrt{a^2-x^2}(a>0)$的积分**

59. $\int \frac{\mathrm{d}x}{\sqrt{a^2-x^2}} = \arcsin\frac{x}{a} + C.$

60. $\int \frac{\mathrm{d}x}{\sqrt{(a^2-x^2)^3}} = \frac{x}{a^2\sqrt{a^2-x^2}} + C.$

61. $\int \frac{x}{\sqrt{a^2-x^2}}\mathrm{d}x = -\sqrt{a^2-x^2} + C.$

62. $\int \frac{x}{\sqrt{(a^2-x^2)^3}}\mathrm{d}x = \frac{1}{\sqrt{a^2-x^2}} + C.$

63. $\int \frac{x^2}{\sqrt{a^2-x^2}}\mathrm{d}x = -\frac{x}{2}\sqrt{a^2-x^2} + \frac{a^2}{2}\arcsin\frac{x}{a} + C.$

64. $\int \frac{x^2}{\sqrt{(a^2-x^2)^3}}\mathrm{d}x = \frac{x}{\sqrt{a^2-x^2}} - \arcsin\frac{x}{a} + C.$

65. $\int \frac{\mathrm{d}x}{x\sqrt{a^2-x^2}} = \frac{1}{a}\ln\frac{a-\sqrt{a^2-x^2}}{|x|} + C.$

66. $\int \frac{\mathrm{d}x}{x^2\sqrt{a^2-x^2}} = -\frac{\sqrt{a^2-x^2}}{a^2x} + C.$

67. $\int \sqrt{a^2-x^2}\,\mathrm{d}x = \frac{x}{2}\sqrt{a^2-x^2} + \frac{a^2}{2}\arcsin\frac{x}{a} + C.$

68. $\int \sqrt{(a^2-x^2)^3}\,\mathrm{d}x = \frac{x}{8}(5a^2-2x^2)\sqrt{a^2-x^2} + \frac{3}{8}a^4\arcsin\frac{x}{a} + C.$

69. $\int x\sqrt{a^2-x^2}\,\mathrm{d}x = -\frac{1}{3}\sqrt{(a^2-x^2)^3} + C.$

70. $\int x^2\sqrt{a^2-x^2}\,\mathrm{d}x = \frac{x}{8}(2x^2-a^2)\sqrt{a^2-x^2} + \frac{a^4}{8}\arcsin\frac{x}{a} + C.$

71. $\int \frac{\sqrt{a^2-x^2}}{x}\mathrm{d}x = \sqrt{a^2-x^2} + a\ln\frac{a-\sqrt{a^2-x^2}}{|x|} + C.$

72. $\int \frac{\sqrt{a^2-x^2}}{x^2}\mathrm{d}x = -\frac{\sqrt{a^2-x^2}}{x} - \arcsin\frac{x}{a} + C.$

**(九)含有$\sqrt{\pm ax^2+bx+c}(a>0)$的积分**

73. $\int \frac{\mathrm{d}x}{\sqrt{ax^2+bx+c}} = \frac{1}{\sqrt{a}}\ln|2ax+b+2\sqrt{a}\sqrt{ax^2+bx+c}| + C.$

74. $\int \sqrt{ax^2+bx+c}\,\mathrm{d}x = \frac{2ax+b}{4a}\sqrt{ax^2+bx+c}$

$$+\frac{4ac-b^2}{8\sqrt{a^3}}\ln|2ax+b+2\sqrt{a}\sqrt{ax^2+bx+c}| + C.$$

75. $\int \frac{x}{\sqrt{ax^2+bx+c}}\mathrm{d}x = \frac{1}{a}\sqrt{ax^2+bx+c} - \frac{b}{2\sqrt{a^3}}\ln|2ax+b+2\sqrt{a}\sqrt{ax^2+bx+c}| + C.$

76. $\int \frac{\mathrm{d}x}{\sqrt{c+bx-ax^2}} = -\frac{1}{\sqrt{a}}\arcsin\frac{2ax-b}{\sqrt{b^2+4ac}} + C.$

77. $\int\sqrt{c+bx-ax^2}\,\mathrm{d}x=\frac{2ax-b}{4a}\sqrt{c+bx-ax^2}+\frac{b^2+4ac}{8\sqrt{a^3}}\arcsin\frac{2ax-b}{\sqrt{b^2+4ac}}+C.$

78. $\int\frac{x}{\sqrt{c+bx-ax^2}}\mathrm{d}x=-\frac{1}{a}\sqrt{c+bx-ax^2}+\frac{b}{2\sqrt{a^3}}\arcsin\frac{2ax-b}{\sqrt{b^2+4ac}}+C.$

**(十)含有$\sqrt{\pm\frac{x-a}{x-b}}$或$\sqrt{(x-a)(x-b)}$的积分**

79. $\int\sqrt{\frac{x-a}{x-b}}\mathrm{d}x=(x-b)\sqrt{\frac{x-a}{x-b}}+(b-a)\ln\left(\sqrt{|x-a|}+\sqrt{|x-b|}\right)+C.$

80. $\int\sqrt{\frac{x-a}{b-x}}\mathrm{d}x=(x-b)\sqrt{\frac{x-a}{b-x}}+(b-a)\arcsin\sqrt{\frac{x-a}{b-a}}+C.$

81. $\int\frac{\mathrm{d}x}{\sqrt{(x-a)(b-x)}}=2\arcsin\sqrt{\frac{x-a}{b-a}}+C\,(a<b).$

82. $\int\sqrt{(x-a)(b-x)}\,\mathrm{d}x=\frac{2x-a-b}{4}\sqrt{(x-a)(b-x)}+\frac{(b-a)^2}{4}\arcsin\sqrt{\frac{x-a}{b-a}}+C\,(a<b).$

**(十一)含有三角函数的积分**

83. $\int\sin x\,\mathrm{d}x=-\cos x+C.$

84. $\int\cos x\,\mathrm{d}x=\sin x+C.$

85. $\int\tan x\,\mathrm{d}x=-\ln|\cos x|+C.$

86. $\int\cot x\,\mathrm{d}x=\ln|\sin x|+C.$

87. $\int\sec x\,\mathrm{d}x=\ln\left|\tan\left(\frac{\pi}{4}+\frac{x}{2}\right)\right|+C=\ln|\sec x+\tan x|+C.$

88. $\int\csc x\,\mathrm{d}x=\ln\left|\tan\frac{x}{2}\right|+C=\ln|\csc x-\cot x|+C.$

89. $\int\sec^2 x\,\mathrm{d}x=\tan x+C.$

90. $\int\csc^2 x\,\mathrm{d}x=-\cot x+C.$

91. $\int\sec x\tan x\,\mathrm{d}x=\sec x+C.$

92. $\int\csc x\cot x\,\mathrm{d}x=-\csc x+C.$

93. $\int\sin^2 x\,\mathrm{d}x=\frac{x}{2}-\frac{1}{4}\sin 2x+C.$

94. $\int\cos^2 x\,\mathrm{d}x=\frac{x}{2}+\frac{1}{4}\sin 2x+C.$

95. $\int\sin^n x\,\mathrm{d}x=-\frac{1}{n}\sin^{n-1}x\cos x+\frac{n-1}{n}\int\sin^{n-2}x\,\mathrm{d}x.$

96. $\int\cos^n x\,\mathrm{d}x=\frac{1}{n}\cos^{n-1}x\sin x+\frac{n-1}{n}\int\cos^{n-2}x\,\mathrm{d}x.$

97. $\int\frac{\mathrm{d}x}{\sin^n x}=-\frac{1}{n-1}\cdot\frac{\cos x}{\sin^{n-1}x}+\frac{n-2}{n-1}\int\frac{\mathrm{d}x}{\sin^{n-2}x}.$

98. $\int\frac{\mathrm{d}x}{\cos^n x}=\frac{1}{n-1}\cdot\frac{\sin x}{\cos^{n-1}x}+\frac{n-2}{n-1}\int\frac{\mathrm{d}x}{\cos^{n-2}x}.$

99. $\int \cos^m x \sin^n \mathrm{d}x = \frac{1}{m+n}\cos^{m-1} x \sin^{n+1} x + \frac{m-1}{m+n}\int \cos^{m-2} x \sin^n x \mathrm{d}x$

$= -\frac{1}{m+n}\cos^{m+1} x \sin^{n-1} x + \frac{n-1}{m+n}\int \cos^m x \sin^{n-2} x \mathrm{d}x.$

100. $\int \sin ax \cos bx \mathrm{d}x = -\frac{1}{2(a+b)}\cos (a+b)x - \frac{1}{2(a-b)}\cos (a-b)x + C.$

101. $\int \sin ax \sin bx \mathrm{d}x = -\frac{1}{2(a+b)}\sin (a+b)x + \frac{1}{2(a-b)}\sin (a-b)x + C.$

102. $\int \cos ax \cos bx \mathrm{d}x = \frac{1}{2(a+b)}\sin (a+b)x + \frac{1}{2(a-b)}\sin (a-b)x + C.$

103. $\int \frac{\mathrm{d}x}{a+b\sin x} = \frac{2}{\sqrt{a^2-b^2}}\arctan \frac{a\tan \frac{x}{2}+b}{\sqrt{a^2-b^2}} + C(a^2>b^2).$

104. $\int \frac{\mathrm{d}x}{a+b\sin x} = \frac{1}{\sqrt{b^2-a^2}}\ln \left|\frac{a\tan \frac{x}{2}+b-\sqrt{b^2-a^2}}{a\tan \frac{x}{2}+b+\sqrt{b^2-a^2}}\right| + C\ (a^2<b^2).$

105. $\int \frac{\mathrm{d}x}{a+b\cos x} = \frac{2}{a+b}\sqrt{\frac{a+b}{a-b}}\arctan \left(\sqrt{\frac{a-b}{a+b}}\tan \frac{x}{2}\right) + C\ (a^2>b^2).$

106. $\int \frac{\mathrm{d}x}{a+b\cos x} = \frac{1}{a+b}\sqrt{\frac{a+b}{b-a}}\ln \left|\frac{\tan \frac{x}{2}+\sqrt{\frac{a+b}{b-a}}}{\tan \frac{x}{2}-\sqrt{\frac{a+b}{b-a}}}\right| + C\ (a^2<b^2).$

107. $\int \frac{\mathrm{d}x}{a^2\cos^2 x+b^2\sin^2 x} = \frac{1}{ab}\arctan \left(\frac{b}{a}\tan x\right) + C.$

108. $\int \frac{\mathrm{d}x}{a^2\cos^2 x-b^2\sin^2 x} = \frac{1}{2ab}\ln \left|\frac{b\tan x+a}{b\tan x-a}\right| + C.$

109. $\int x\sin ax \mathrm{d}x = \frac{1}{a^2}\sin ax - \frac{1}{a}x\cos ax + C.$

110. $\int x^2\sin ax \mathrm{d}x = -\frac{1}{a}x^2\cos ax + \frac{2}{a^2}x\sin ax + \frac{2}{a^3}\cos ax + C.$

111. $\int x\cos ax \mathrm{d}x = \frac{1}{a^2}\cos ax + \frac{1}{a}x\sin ax + C.$

112. $\int x^2\cos ax \mathrm{d}x = \frac{1}{a}x^2\sin ax + \frac{2}{a^2}x\cos ax - \frac{2}{a^3}\sin ax + C.$

**(十二)含有反三角函数的积分(其中 $a>0$)**

113. $\int \arcsin \frac{x}{a}\mathrm{d}x = x\arcsin \frac{x}{a} + \sqrt{a^2-x^2} + C.$

114. $\int x\arcsin \frac{x}{a}\mathrm{d}x = \left(\frac{x^2}{2}-\frac{a^2}{4}\right)\arcsin \frac{x}{a} + \frac{x}{4}\sqrt{a^2-x^2} + C.$

115. $\int x^2\arcsin \frac{x}{a}\mathrm{d}x = \frac{x^3}{3}\arcsin \frac{x}{a} + \frac{1}{9}(x^2+2a^2)\sqrt{a^2-x^2} + C.$

116. $\int \arccos \frac{x}{a}\mathrm{d}x = x\arccos \frac{x}{a} - \sqrt{a^2-x^2} + C.$

117. $\int x\arccos \frac{x}{a}\mathrm{d}x = \left(\frac{x^2}{2}-\frac{a^2}{4}\right)\arccos \frac{x}{a} - \frac{x}{4}\sqrt{a^2-x^2} + C.$

118. $\int x^2\arccos \frac{x}{a}\mathrm{d}x = \frac{x^3}{3}\arccos \frac{x}{a} - \frac{1}{9}(x^2+2a^2)\sqrt{a^2-x^2} + C.$

119. $\int \arctan\frac{x}{a}\mathrm{d}x = x\arctan\frac{x}{a} - \frac{a}{2}\ln(a^2+x^2) + C.$

120. $\int x\arctan\frac{x}{a}\mathrm{d}x = \frac{1}{2}(a^2+x^2)\arctan\frac{x}{a} - \frac{a}{2}x + C.$

121. $\int x^2\arctan\frac{x}{a}\mathrm{d}x = \frac{x^3}{3}\arctan\frac{x}{a} - \frac{a}{6}x^2 + \frac{a^3}{6}\ln(a^2+x^2) + C.$

**(十三)含有指数函数的积分**

122. $\int a^x\mathrm{d}x = \frac{1}{\ln a}a^x + C.$

123. $\int \mathrm{e}^{ax}\mathrm{d}x = \frac{1}{a}\mathrm{e}^{ax} + C.$

124. $\int x\mathrm{e}^{ax}\mathrm{d}x = \frac{1}{a^2}(ax-1)\mathrm{e}^{ax} + C.$

125. $\int x^n\mathrm{e}^{ax}\mathrm{d}x = \frac{1}{a}x^n\mathrm{e}^{ax} - \frac{n}{a}\int x^{n-1}\mathrm{e}^{ax}\mathrm{d}x + C.$

126. $\int xa^x\mathrm{d}x = \frac{x}{\ln a}a^x - \frac{1}{(\ln a)^2}a^x + C.$

127. $\int x^n a^x\mathrm{d}x = \frac{1}{\ln a}x^n a^x - \frac{n}{\ln a}\int x^{n-1}a^x\mathrm{d}x.$

128. $\int \mathrm{e}^{ax}\sin bx\mathrm{d}x = \frac{1}{a^2+b^2}\mathrm{e}^{ax}(a\sin bx - b\cos bx) + C.$

129. $\int \mathrm{e}^{ax}\cos bx\mathrm{d}x = \frac{1}{a^2+b^2}\mathrm{e}^{ax}(b\sin bx + a\cos bx) + C.$

130. $\int \mathrm{e}^{ax}\sin^n bx\mathrm{d}x$

$$= \frac{1}{a^2+b^2n^2}\mathrm{e}^{ax}\sin^{n-1}bx(a\sin bx - nb\cos bx) + \frac{n(n-1)b^2}{a^2+b^2n^2}\int \mathrm{e}^{ax}\sin^{n-2}bx\mathrm{d}x.$$

131. $\int \mathrm{e}^{ax}\cos^n bx\mathrm{d}x$

$$= \frac{1}{a^2+b^2n^2}\mathrm{e}^{ax}\cos^{n-1}bx(a\cos bx + nb\sin bx) + \frac{n(n-1)b^2}{a^2+b^2n^2}\int \mathrm{e}^{ax}\cos^{n-2}bx\mathrm{d}x.$$

**(十四)含有对数函数的积分**

132. $\int \ln x\mathrm{d}x = x\ln x - x + C.$

133. $\int \frac{\mathrm{d}x}{x\ln x} = \ln|\ln x| + C.$

134. $\int x^n\ln x\mathrm{d}x = \frac{1}{n+1}x^{n+1}\left(\ln x - \frac{1}{n+1}\right) + C.$

135. $\int (\ln x)^n\mathrm{d}x = x(\ln x)^n - n\int (\ln x)^{n-1}\mathrm{d}x.$

136. $\int x^m(\ln x)^n\mathrm{d}x = \frac{1}{m+1}x^{m+1}(\ln x)^n - \frac{n}{m+1}\int x^m(\ln x)^{n-1}\mathrm{d}x.$

**(十五)含有双曲函数的积分**

137. $\int \mathrm{sh}\, x\mathrm{d}x = \mathrm{ch}\, x + C.$

138. $\int \mathrm{ch}\, x\mathrm{d}x = \mathrm{sh}\, x + C.$

139. $\int \mathrm{th}\, x\mathrm{d}x = \ln \mathrm{ch}\, x + C.$

140. $\int \mathrm{sh}^2 x\mathrm{d}x = -\frac{x}{2} + \frac{1}{4}\mathrm{sh}\, 2x + C.$

141. $\int \mathrm{ch}^2 x\,\mathrm{d}x = \frac{x}{2} + \frac{1}{4}\mathrm{sh}\,2x + C$.

**(十六)定积分**

142. $\int_{-\pi}^{\pi} \cos nx\,\mathrm{d}x = \int_{-\pi}^{\pi} \sin nx\,\mathrm{d}x = 0$.

143. $\int_{-\pi}^{\pi} \cos mx \sin nx\,\mathrm{d}x = 0$.

144. $\int_{-\pi}^{\pi} \cos mx \cos nx\,\mathrm{d}x = \begin{cases} 0, & m \neq n, \\ \pi, & m = n. \end{cases}$

145. $\int_{-\pi}^{\pi} \sin mx \sin nx\,\mathrm{d}x = \begin{cases} 0, & m \neq n, \\ \pi, & m = n. \end{cases}$

146. $\int_{0}^{\pi} \sin mx \sin nx\,\mathrm{d}x = \int_{0}^{\pi} \cos mx \cos nx\,\mathrm{d}x = \begin{cases} 0, & m \neq n, \\ \pi/2, & m = n. \end{cases}$

147. $I_n = \int_0^{\frac{\pi}{2}} \sin^n x\,\mathrm{d}x = \int_0^{\frac{\pi}{2}} \cos^n x\,\mathrm{d}x$.

$I_n = \frac{n-1}{n} I_{n-2}$.

$$\begin{cases} I_n = \frac{n-1}{n} \cdot \frac{n-3}{n-2} \cdot \cdots \cdot \frac{4}{5} \cdot \frac{2}{3}\ (n\text{ 为大于 1 的正奇数}),\ I_1 = 1. \\ I_n = \frac{n-1}{n} \cdot \frac{n-3}{n-2} \cdot \cdots \cdot \frac{3}{4} \cdot \frac{1}{2} \cdot \frac{\pi}{2}\ (n\text{ 为正偶数}),\ I_0 = \frac{\pi}{2}. \end{cases}$$

# 习题参考答案

## 习题 1

**1.** (1) $-1<x<1$ (2) $(-\infty,-1)\cup(1,+\infty)$ (3) $[1,2]$ (4) $\left[-\frac{1}{3},\frac{1}{2}\right]$

(5) $(-\infty,-3)\cup[-1,1]\cup(2,+\infty)$ (6) $-1/3\leqslant x\leqslant 1$

**2.** $f(x)=\dfrac{x+\sqrt{1+x^2}}{x^2}$ $(x>0)$

**3.** $f(x)=x^2+9$

**4.** (1) $y=1+\log_2 x,\ x>0$ (2) $y=\begin{cases}\sqrt{x-1}, & 当\ x>1\\ 0, & 当\ x=0\\ -\sqrt{-x-1}, & 当\ x<-1\end{cases}$

(3) $y=\dfrac{1}{3}\arcsin\dfrac{x}{2}$ ,$x\in[-2,2]$ (4) $y=-\sqrt{1-x^2}(0\leqslant x\leqslant 1)$

**5.** 若 $a>1$,则反函数为 $y=\dfrac{a^x+a^{-x}}{2}$,$x\geqslant 0$;

若 $0<a<1$,则反函数 $y=\dfrac{a^x-a^{-x}}{2}$,$x\leqslant 0$.

**6.** $f^{-1}(x)=\begin{cases}-\sqrt{-x}, & x<-1\\ \dfrac{x-1}{2}, & x\geqslant -1\end{cases}$ $f(f(x))=\begin{cases}-x^4, & x<-1\\ 4x+3, & x\geqslant -1\end{cases}$

**8.** (1)非奇非偶函数 (2)偶函数 (3)奇函数 (4)偶函数 (5)偶函数

(6)奇函数

**10.** $f(x)=(x-na)^3$,$x\in(na,(n+1)a]$,$n=0,\pm1,\pm2,\cdots$

**12.** $f(x)=10^x(1-\sqrt{1-x})$,$x\in(-\infty,1)$

**14.** $\varphi[\psi(x)]=(2^x)^2=2^{2x}$,$\psi[\varphi(x)]=2^{x^2}$,$\varphi[\varphi(x)]=(x^2)^2=x^4$,$\psi[\psi(x)]=2^{2^x}$

**15.** $V=\pi r^2h=\pi\left(R^2-\dfrac{h^2}{4}\right)h$

**16.** $Q=10+52^p$

## 习题 2

**6.** (1) $\frac{1}{4}$ (2) $\frac{3}{2}$ (3) $-2$ (4) $\frac{3}{4}$ (5) $\frac{27}{8}$ (6) $8\sqrt{3}$

**7.** (1) $\frac{2}{3}$ (2) $\frac{1}{4}$ (3) $\frac{1}{9}$ (4) $\frac{3}{4}$

**8.** (1) 1 (2) 0 (3) 0 (4) 0 (5) 0 (6) 0 (7) $x+\frac{a}{2}$ (8) $\frac{1}{2}$ (9) $\frac{1}{2}$

(10) $nx^{n-1}$

**11.** $\alpha=1 \quad \beta=-1$

**12.** (1)2 (2)$\frac{5}{2}$ (3)5 (4)$\cos a$ (5)$\pi$ (6)$\frac{1}{2}$ (7)0 (8)$\frac{2}{\pi}$ (9)$\frac{1}{4}$

(10)$e^{-1}$ (11)$e^{5}$ (12)$e^{\frac{1}{2}}$ (13)$e^{-x}$ (14)$e^{-1}$ (15)$e^{-2}$ (16)$e^{x+1}$

(17)$e^{-6}$

**13.** $a=\frac{3}{4}\ln 2$

**14.** $f(x)=e^{\frac{1}{x-1}} \quad (x\neq 1)$

**15.** (1) 1 (2) $-1$ (3)3 (4)2 (5)0 (6)$\frac{1}{2}$

(7)$\frac{a^2}{b^2}$ (8)$\frac{1}{2}$ (9)$\frac{\pi^2}{2}$ (10)1 (11)$\frac{1}{p}$ (12)1

**19.** (1)一阶 (2)二阶 (3)三阶 (4)一阶

**20.** (1)$\frac{1}{a}$ (2)1 (3)1 (4)$\frac{3}{2}$ (5)0 (6)1 (7)e (8)$-1$

(9)1 (10)1 (11)e (12)0 (13)2 (14)$\frac{3}{4}$

**27.** (1)$x=1$ 为可去间断点,补充定义 $f(1)=-\frac{1}{2}$;$x=-1$ 为第二类间断点(无穷间断点)

(2)$x=-1$ 为可去间断点,补充定义 $f(-1)=3$

(3)$x=0$ 为可去间断点,补充定义 $f(0)=1$,$x=k\pi(k=\pm 1,\pm 2,\cdots)$为无穷间断点;

(4)$x=0$ 为可去间断点,补充定义 $f(0)=0$

(5)$x=0$ 为可去间断点,补充定义 $f(0)=1$

(6)$x=1$ 为第二类间断点

(7)$x=0$ 为第二类间断点,$x=1$ 为第一类间断点

(8)$x=3$ 为第一类间断点

**28.** $a=e-1$

**29.** $x=\pm 1$ 为间断点,$x=\pm 1$ 都属于第一类间断点

**30.** $a=0,b=e$

**31.** (1)$\frac{1}{e}$ (2)$\ln a$ (3)e (4)$e^2$

## 习题 3

**1.** (1)$-f'(x_0)$ (2)$5f'(x_0)$

**2.** (1)3 (2)$\frac{\sqrt{2}}{4}$

**3.** (1)$\frac{2}{3\sqrt[3]{x}}$ (2)$-3\sin(3x+4)$ (3)$\frac{1}{1+x^2}$ (4)$1-2x$

**4.** $\arctan\dfrac{4}{3}$

**5.** (1)切线:$x+y+2=0$,法线:$y=x$

(2) 切线:$y-\dfrac{\sqrt{3}}{2}=-\dfrac{1}{2}\left(x-\dfrac{2}{3}\pi\right)$,法线:$y-\dfrac{\sqrt{3}}{2}=2\left(x-\dfrac{2}{3}\pi\right)$

**6.** $a=2,b=-1$

**8.** (1)$f'_-(0)=f'_+(0)=0$,可导　(2)$f'_-(0)=0,f'_+(0)=1$,不可导

(3)$f'_-(0)=f'_+(0)=2$,可导

**9.** $a=\dfrac{3m^2}{2c},b=-\dfrac{m^2}{2c^3}$

**10.** 连续、可导

**11.** 连续、可导

**13.** $f'(x)=\begin{cases}\cos x, & x<0\\ 1, & x\geqslant 0\end{cases}$

**14.** $\dfrac{1}{2}F'(0)$

**15.** (1)$3\sqrt{2}x^2-\dfrac{\sqrt{2}}{2}\dfrac{1}{\sqrt{x}}$　(2)$x-\dfrac{4}{x^3}$　(3)$-\dfrac{2}{(x-1)^2}$　(4)$3x^2+12x+11$

(5)$\sin x+x\cos x+\dfrac{x\cos x-\sin x}{x^2}$　(6)$\dfrac{9x^2(3-4x^3)}{(1-x^3)^2(1-2x^3)^2}$

**16.** (1)$-\dfrac{7}{2}$　(2) $-14,\dfrac{13}{16}$

**17.** (1)$\ln x+1$　(2)$\dfrac{1}{2x\ln a}$　(3)$\tan x+x\sec^2 x+\csc^2 x$　(4)$\dfrac{1}{x^{n+1}}(1-n\ln x)$

(5)$\sin x\ln x+x\cos x\ln x+\sin x$　(6)$\dfrac{-2}{x(1+\ln x)^2}$　(7)$\dfrac{1-x\ln 4}{4^x}$

(8)$10^z(1+z\ln 10)$

**18.** (1)$\dfrac{45x^3+16x}{\sqrt{1+5x^2}}$　(2)$\dfrac{1}{\sqrt{(1-x^2)^3}}$　(3)$\dfrac{5(1+x^2)^4\cdot(x^2+2x-1)}{(1+x)^6}$

(4)$\dfrac{-4}{3\sqrt[3]{4x^2}(1+\sqrt[3]{2x})^2}$　(5)$\dfrac{2x^2-a^2}{2\sqrt{x^2-a^2}}$　(6)$\dfrac{2x}{(1+x^2)\ln a}$

(7)$\dfrac{3}{4x}\sqrt{\ln x}$　(8)$\dfrac{1}{x\ln x\ln\ln x}$　(9)$-\dfrac{1}{x\sqrt{1-x^2}(x+\sqrt{1-x^2})}$

(10)$\dfrac{e^{\sqrt{1+x}}}{2\sqrt{1+x}}$　(11)$\dfrac{e^x}{2\sqrt{1+e^x}}$　(12)$2^{\frac{x}{\ln x}}\dfrac{\ln x-1}{\ln^2 x}\ln 2$

(13)$2x\sin\dfrac{1}{x}-\cos\dfrac{1}{x}$　(14)$n\sin^{n-1}x\cos(n+1)x$　(15)$\sec^2\dfrac{x}{5}$

(16) $-\dfrac{2x\csc^2\sqrt[3]{1+x^2}}{3\sqrt[3]{(1+x^2)^2}}$ (17) $\dfrac{(x^2-1)\sec^2(x+\frac{1}{x})}{2x^2\sqrt{1+\tan(x+\frac{1}{x})}}$

(18) $\dfrac{2}{a}\left(\sec^2\dfrac{x}{a}\tan\dfrac{x}{a}-\csc^2\dfrac{x}{a}\cot\dfrac{x}{a}\right)$

**19.** (1) $\dfrac{2}{|x|\sqrt{x^2-4}}$ (2) $\dfrac{2}{1+x^2}$ (3) $\dfrac{\sqrt{1-x^2}+x\arcsin x}{\sqrt{(1-x^2)^3}}$

(4) $\dfrac{e^{\arctan\sqrt{x}}}{2\sqrt{x}(1+x)}$ (5) $2e^x\sqrt{1-e^{2x}}$

**20.** (1) $\dfrac{y}{y-1}$ (2) $\dfrac{e^y}{1-xe^y}$ (3) $-\dfrac{2\sqrt{xy}+y}{2\sqrt{xy}+x}$ (4) $\dfrac{y\cos x+\sin(x-y)}{\sin(x-y)-\sin x}$

**21.** (1) $-\sqrt[x]{\dfrac{1-x}{1+x}}\left[\dfrac{1}{x^2}\ln\left(\dfrac{1-x}{1+x}\right)+\dfrac{2}{x-x^3}\right]$

(2) $\dfrac{x^2}{1-x}\sqrt[3]{\dfrac{3-x}{(3+x)^3}}\left[\dfrac{2}{x}+\dfrac{1}{1-x}+\dfrac{2x-12}{3(9-x^2)}\right]$

(3) $(x-a_1)^{a_1}(x-a_2)^{a_2}\cdots(x-a_n)^{a_n}\left(\dfrac{a_1}{x-a_1}+\dfrac{a_2}{x-a_2}+\cdots+\dfrac{a_n}{x-a_n}\right)$

(4) $-\dfrac{1}{2}(\tan 2x)^{\cot\frac{x}{2}}\left(\csc^2\dfrac{x}{2}\ln\tan 2x-8\cot\dfrac{x}{2}\cdot\csc 4x\right)$

(5) $x^{\sin x}\left(\cos x\ln x+\dfrac{1}{x}\sin x\right)$

(6) $\dfrac{x\sqrt[3]{2x-1}\sin 2x}{\sqrt{x^2+1}e^x}\left(\dfrac{1}{x}+\dfrac{2}{3(2x-1)}+2\cot 2x-\dfrac{x}{x^2+1}-1\right)$

**22.** (1) $-\tan\varphi$ (2) $\cot\dfrac{\varphi}{2}$ (3) $\dfrac{3t^2}{2}$ (4) $\dfrac{t}{2}$

**23.** (1) $-\dfrac{1}{x^2}f'\left(\dfrac{1}{x}\right)$ (2) $e^{f(x)}[f'(e^x)e^x+f'(x)f(e^x)]$

(3) $2xf(x^2)[f(x^2)+2x^2f'(x^2)]$ (4) $\dfrac{-1}{|x|\sqrt{x^2-1}}f'\left(\arcsin\dfrac{1}{x}\right)$

(5) $\sin 2x[f'(\sin^2 x)-f'(\cos^2 x)]$

**25.** (1) $2xe^{x^2}(3+2x^2)$ (2) $\dfrac{2-2x^2}{(1+x^2)^2}$ (3) $-2\cos 2x\ln x-\dfrac{2}{x}\sin 2x-\dfrac{\cos^2 x}{x}$

(4) $-\dfrac{1}{(1-\cos t)^2}$ (5) $-\dfrac{b}{a^2\sin^3 t}$ (6) $f''[f(x)][f'(x)]^2+f'[f(x)]f''(x)$

**27.** $-\dfrac{1}{2\pi},\dfrac{1}{4\pi^2}$

**28.** (1) $a^x\ln^n a$

(2) $y^{(n)}=m(m-1)\cdots(m-n+1)\cdot(1+x)^{m-n}$，特别，当 $m$ 是正整数时，若 $m$

$>n$，结果与前相同；$m=n$，$y^{(n)}=m!$；$m<n$，$y^{(n)}=0$

(3) $(n+x)e^x$　(4) $(-1)^n\dfrac{(n-2)!}{x^{n-1}}(n\geqslant 2)$　(5) $-2^{n-1}\cos\left(2x+\dfrac{n\pi}{2}\right)$

(6) $[x^2+2(n+1)x+(n^2+n+2)]e^x$　(7) $\dfrac{(-1)^n n!}{(x+2)^{n+1}}-\dfrac{(-1)^n n!}{(x+3)^{n+1}}$

(8) $\dfrac{3}{4}\cos\left(x+\dfrac{n\pi}{2}\right)+\dfrac{3^n}{4}\cos\left(3x+\dfrac{n\pi}{2}\right)$

**30.** $\dfrac{7}{50}$弧度/min

**31.** 50 km/h

**33.** $\sqrt{2}$

**34.** 当 $\Delta x=0.1$ 时，$\Delta y=0.21$，$dy=0.2$，$\Delta y-dy=0.01$；当 $\Delta x=0.01$ 时，$\Delta y=0.020\,1$，$dy=0.02$，$\Delta y-dy=0.000\,1$

**35.** (1) $(x^2+1)^{-\frac{3}{2}}dx$　(2) $\dfrac{x^2(3-2x)}{(1-x)^2}dx$　(3) $(\sin x+\cos x)e^x dx$

(4) $\dfrac{1}{2\sqrt{x-x^2}}dx$　(5) $-\dfrac{2x}{1+x^4}dx$　(6) $2u(x)du(x)$

**36.** $40\pi\ \mathrm{cm^2/s}$

**37.** (1) $5+\dfrac{x}{5}$，　$200+\dfrac{x}{10}$，　$195-\dfrac{x}{10}$　(2) 192.5 元

**38.** ① $105.2\ \mathrm{cm^2}$，$104.7\ \mathrm{cm^2}$　② $-43.6\ \mathrm{cm^2}$，$-43.6\mathrm{cm^2}$

**39.** (1) $-8$　(2) $\eta\approx-0.54$　(3) 增加 0.46%　(4) 减少 0.85%

**40.** $2.01\pi\ \mathrm{cm^2}$　$2\pi\ \mathrm{cm^2}$

**41.** (1) 0.99　(2) 1.007　(3) $-0.874\,7$　(4) 0.484 9　(5) 0.810 4　(6) 1.043 4

**42.** $0.24\ \mathrm{m^2}$，4.2%

## 习题 4

**1.** 不满足罗尔定理的条件

**2.** $\dfrac{\pi}{4}$

**5.** $\xi=\sqrt{\dfrac{4}{\pi}-1}$

**7.** 点(2, 4)处

**12.** (1) 2　(2) $\dfrac{m}{n}a^{m-n}$　(3) $-\dfrac{1}{2}$　(4) $\ln\dfrac{a}{b}$　(5) $-\dfrac{1}{6}$　(6) $-\dfrac{e}{2}$　(7) 3　(8) 1

(9) 0　(10) $\dfrac{1}{3}$　(11) $\dfrac{a}{b}$　(12) 0　(13) 1　(14) 1

**13.** (1) $\dfrac{2}{\pi}$　(2) $+\infty$　(3) $k$　(4) $\dfrac{1}{2}$　(5) 1　(6) $e^{-1}$　(7) $e^{\frac{2}{\pi}}$　(8) $\dfrac{1}{b^2\ln a}$　(9) $a$

**14.** (1) $y=1-\frac{x^2}{2!}+\frac{x^4}{4!}-\frac{x^6}{6!}+\cdots+\frac{(-1)^n x^{2n}}{(2n)!}+R_{2n}(x)$,

$R_{2n}(x)=(-1)^{n+1}\frac{\sin\xi}{(2n+1)!}x^{2n+1}$($\xi$ 在 0 与 $x$ 之间)

(2) $y=1+\frac{x^2}{2!}+\frac{x^4}{4!}+\cdots+\frac{x^{2n}}{(2n)!}+R_{2n}(x)$,

$R_{2n}(x)=\frac{e^{\xi}-e^{-\xi}}{2(2n+1)!}x^{2n+1}$($\xi$ 在 0 与 $x$ 之间)

**15.** $2-(x-2)+(x-2)^2-(x-2)^3+\frac{(x-2)^4}{[1+\theta(x-2)]^5}$, $0<\theta<1$

**17.** (1) 1 (2) $2^{-7}$ (3) 0

**18.** (1) $2x+\frac{2}{3}x^3+\frac{2}{5}x^5+\cdots+\frac{2}{2n-1}x^{2n-1}+o(x^{2n})$, $x\to 0$

(2) $-1-3x-3x^2-4x^3-4x^4-\cdots-4x^n+o(x^n)$, $x\to 0$

(3) $1-\frac{1}{2!}x^4+\frac{1}{4!}x^8+\cdots+(-1)^m\frac{1}{(2m)!}x^{4m}+o(x^{4m})$, $x\to 0$

**19.** (1) 当 $x\in(-\infty,-2)$ 时,$y'>0$,故 $y$ 单增;

当 $x\in(-2,+\infty)$ 时,$y'<0$,故 $y$ 单减

(2) 当 $x\in(-\infty,0)$ 时,$y'>0$,故 $y$ 单增;

当 $x\in(0,2)$ 时,$y'<0$,故 $y$ 单减,当 $x\in(2,+\infty)$ 时,$y'>0$,故 $y$ 单增

(3) 函数在定义域上单减

(4) 当 $x\in(0,1)$ 时,$y'>0$,$y$ 单增;

当 $x\in(1,2)$ 时,$y'<0$,$y$ 单减

(5) 函数在定义域上单增

(6) 函数在定义域 $[0,+\infty)$ 上单增

**20.** (1) $x=-1$ 为极大值点,极大值 $y(-1)=17$;

$x=3$ 为极小值点,极小值 $y(3)=-47$

(2) $x_2=-2$ 为极小值点,极小值 $y(-2)=\frac{8}{3}$;

$x=0$ 为极大值点,极大值 $y(0)=4$

(3) $x=\pm 1$ 为极小值点,极小值 $y(\pm 1)=0$;

$x=0$ 为极大值点,极大值 $y(0)=1$

(4) $x=-1$ 与 $x=5$ 为极小值点,极小值 $y(-1)=0=y(5)$;

$x=\frac{1}{2}$ 为极大值点,极大值 $y(\frac{1}{2})=\frac{81}{8}\sqrt[3]{18}$

(5) $x=0$ 为极小值点,极小值 $y(0)=0$;

$x=2$ 为极大值点,极大值 $y(2)=4e^{-2}$

(6) $x=1$ 为极大值点,极大值 $y(1)=\frac{\pi}{4}-\frac{1}{2}\ln 2$

(7) $y(1)=\mathrm{e}^{-1}$ 为极大值，极小值 $y(0)=0$

(8) $x=\mathrm{e}, y(\mathrm{e})=\mathrm{e}^{\frac{1}{\mathrm{e}}}$ 为极大值

(9) $y\left(\frac{12}{5}\right)=\sqrt{\frac{41}{20}}$ 为极大值

(10) $x=\frac{\pi}{4}$ 为极大值点，极大值 $y\left(\frac{\pi}{4}\right)=\sqrt{2}$

**24.** (1)最大值为 66，最小值为 2　(2)最小值为 $-\frac{1}{2}$，最大值为 $\frac{1}{2}$

(3)最大值为 132，最小值为 0　(4)最大值为 5，最小值为 0

(5)最大值为 $10\frac{1}{10}$，最小值为 2　(6)最大值为 3，最小值为 1

(7)最大值为 1，最小值为 $\frac{1}{2}$　(8)最大值为 $\frac{\sqrt{2}+1}{2}$，最小值为 $\frac{1+10^2}{1+10^4}$

(9)最大值为 $y(3)=\sqrt[3]{9}$，最小值为 0　(10)最大值是 $\frac{\pi}{4}$，最小值是 $-\arctan\left(\frac{9}{11}\right)$

**25.** $x=\frac{a}{b+a}$ 是最小值点，最小值为 $f\left(\frac{a}{b+a}\right)=(a+b)^2$，没有最大值

**26.** 当 $h=\frac{4}{3}R$ 时，内接于球体内的圆锥体的体积最大

**27.** 8 被分成两部分都等于 4 时立方和最小

**29.** 当盒子的长、宽、高分别为 3，6，4 时才能使其表面积最小

**30.** 在距乙城 6 km 处开始修筑到工厂的公路，才能使运费最省

**31.** $\frac{x}{3}+\frac{y}{6}=1$

**32.** $r=\sqrt[3]{\frac{v}{2\pi}}, h=2\sqrt[3]{\frac{v}{2\pi}}$，$d:h=1:1$

**33.** (1) $(-\infty, 2)$ 为凸，$(2,+\infty)$ 为凹，拐点为 $(2,12)$

(2) $x\in(-\infty,-\sqrt{3})$ 时，$y''>0$ 为凹；$x\in(-\sqrt{3},0)$ 时，$y''<0$ 为凸；$x\in(0,\sqrt{3})$ 时，$y''>0$ 为凹；$x\in(\sqrt{3},+\infty)$ 时，$y''<0$ 为凸；拐点为 $(\pm\sqrt{3},0)$，$(0,0)$

(3)函数在 $(-\infty,+\infty)$ 为凹，无拐点

(4) $x\in(-\infty,-6)$ 时，$y''>0$ 为凹；$x\in(-6,0)$ 时，$y''<0$ 为凸；$x\in(0,6)$ 时，$y''>0$ 为凹；$x\in(6,+\infty)$ 时，$y''<0$ 为凸；拐点为 $\left(-6,-\frac{9}{2}\right)$，$(0,0)$，$\left(6,\frac{9}{2}\right)$；

(5) $x\in(0,\mathrm{e}^{-\frac{3}{2}})$ 时，$y''<0$ 为凸；$x\in(\mathrm{e}^{-\frac{3}{2}},+\infty)$ 时，$y''>0$ 为凹；拐点为 $\left(\mathrm{e}^{-\frac{3}{2}},-\frac{3}{2}\mathrm{e}^{-3}\right)$

(6) $x\in(-\infty,-3)$ 时，$y''>0$ 为凹；$x\in(-3,-1)$ 时，$y''<0$ 为凸；

$x\in(-1,+\infty)$时，$y''>0$ 为凹；拐点为$(-3,10e^{-3})$，$(-1,2e^{-1})$

(7)当 $x\in(2k\pi,(2k+1)\pi)$时，$y''<0$ 为凸；$x\in((2k-1)\pi,2k\pi)$时，$y''>0$ 为凹；拐点为$(k\pi,k\pi)$　$(k=0,\pm1,\pm2,\cdots)$

(8)$x\in(-\infty,0)$时，$y''>0$ 为凹；$x\in(0,+\infty)$时，$y''<0$ 为凸；拐点为$(0,0)$

(9)$x\in(1,\infty)$时，$y''>0$ 为凹；$x\in(0,1)$时，$y''<0$ 为凸，拐点为$(1,4)$

**34.** (1)$x=\pm2$ 为曲线的垂直渐近线，$y=1$ 为水平渐近线

(2)$y=x$ 为斜渐近线，无水平渐近线，也无垂直渐近线

(3)$y=\pm x$ 为斜渐近线，无水平渐近线，也无垂直渐近线

(4)$y=\pm1$ 为两条水平渐近线，无斜渐近线，也无垂直渐近线

(5)$x=\pm1$ 为两条垂直渐近线，$y=\pm x$ 为两条斜渐近线，无水平渐近线

(6)$y=0$ 为水平渐近线，无斜渐近线，也无垂直渐近线

(7)$y=x\pm\pi$ 为两条斜渐近线，无水平渐近线，也无垂直渐近线

(8)斜渐近线为 $y=2x-2$，$y=-2$ 为水平渐近线，无垂直渐近线

(9)$y=x+\frac{1}{e}$为斜渐近线，$x=-\frac{1}{e}$为垂直渐近线

(10)$y=x+3$ 为斜渐近线，$x=0$ 为垂直渐近线

**36.** 330 元

**37.** 0.1

**38.** $10\sqrt[3]{2}$ 吨

## 习题 5

**1.** (1)$-\frac{5}{3}x^{-3}+C$　(2)$\frac{4}{7}x^{\frac{7}{4}}+C$　(3)$\frac{2}{5}x^{\frac{5}{2}}+\frac{1}{2}x^2-x-2\sqrt{x}+C$

(4)$\frac{x^2}{2}+2\ln|x|-\frac{1}{2x^2}+C$　(5)$\frac{2^x}{\ln 2}+\frac{5^x}{\ln 5}+C$

(6)$-\frac{\cos x}{2}-\tan x+6\arctan x+C$　(7)$-2\cot x+C$

(8)$2\arctan x+C$　(9)$\frac{3}{2}\arcsin x+C$　(10)$-\cos\left(x+\frac{\pi}{4}\right)+C$

(11)$-\cot x-x+C$　(12)$\operatorname{ch} x+\operatorname{sh} x+C$　(13)$-\frac{1}{x}+\arctan x+C$

(14)$-\cot x-\tan x+C$　(15)$\frac{1}{2}\arcsin x+C$　(16)$\frac{3^x e^x}{1+\ln 3}+C$

(17)$\frac{\left(\frac{5}{3}\right)^x}{\ln\frac{5}{3}}-\frac{\left(\frac{2}{3}\right)^x}{\ln\frac{2}{3}}+C$　(18)$-\frac{1}{2}\cos x+C$　(19)$\sin x+x+C$

**2.** 曲线的方程为 $y=x^3$

**3.** 物体运动的路程与时间 $t$ 的函数关系为$s=2\arctan t-\frac{1}{2}t^2$

**4.** (1) $-\frac{1}{2}e^{-x^2}+C$　(2) $\frac{2}{3}(x^2+1)^{\frac{3}{2}}+C$　(3) $-\frac{2^{\frac{1}{x}}}{\ln 2}+C$

(4) $-\sqrt{1-x^2}+C$　(5) $\arctan e^x+C$　(6) $x-\ln(e^x+1)+C$

(7) $\frac{1}{4}x^4-\frac{1}{3}x^3+\frac{1}{2}x^2-x+\ln|x+1|+C$　(8) $\arcsin x+\sqrt{1+x^2}+C$

(9) $2\ln(\sqrt{x}+\sqrt{1+x})+C$　(10) $\frac{2}{3}(1+\ln x)^{\frac{3}{2}}+C$

(11) $\frac{1}{\ln 3-\ln 2}\arctan\left(\frac{3}{2}\right)^x+C$　(12) $\sin^2 x+C$

(13) $\frac{1}{\sqrt{2}}\arcsin\left(\frac{\sqrt{6}}{3}\sin x\right)+C$　(14) $-\cot x+\csc x+C$

(15) $-\cos x+\frac{1}{3}\cos^3 x+C$　(16) $\frac{3}{8}x-\frac{1}{4}\sin 2x+\frac{1}{32}\sin 4x+C$

(17) $-\frac{1}{16}\cos 8x+\frac{1}{4}\cos 2x+C$　(18) $\frac{1}{4}\ \frac{1}{\cos^4 x}-\frac{1}{\cos^2 x}-\ln|\cos x|+C$

(19) $\frac{1}{3}\tan^3 x-\tan x+x+C$　(20) $2\sqrt{1-\csc x}+C$

(21) $\ln\left|\arcsin\frac{x}{2}\right|+C$　(22) $\frac{1}{3}\arctan\left(\frac{x-4}{3}\right)+C$

(23) $\ln|\cos x+\sin x|+C$　(24) $\frac{1}{12}(2x+3)^{\frac{3}{2}}-\frac{1}{12}(2x-1)^{\frac{3}{2}}+C$

**5.** (1) $-\frac{\sqrt{2-x^2}}{x}-\arcsin\frac{x}{\sqrt{2}}+C$　(2) $-\frac{3}{140}(1-x)^{\frac{4}{3}}(14x^2+12x+9)+C$

(3) $\frac{4}{3}\left[\sqrt[4]{x^3}-\ln(\sqrt[4]{x^3}+1)\right]+C$　(4) $6(\sqrt[6]{x}-\arctan\sqrt[6]{x})+C$

(5) $-\frac{4}{3}\sqrt{1-x\sqrt{x}}+C$　(6) $-\frac{1}{3}\left(1+\frac{1}{x^2}\right)^{\frac{3}{2}}+\sqrt{1+\frac{1}{x^2}}+C$

(7) $\frac{x}{\sqrt{1-x^2}}+C$　(8) $-\frac{\sqrt{x^2+1}}{x}+C$

(9) $(\arctan\sqrt{x})^2+C$　(10) $\frac{1}{5}(1+e^{2x})^{\frac{5}{2}}-\frac{1}{3}(1+e^{2x})^{\frac{3}{2}}+C$

(11) $\ln\left|x+\sqrt{x^2+8}\right|-\frac{x}{\sqrt{x^2+8}}+C$　(12) $-\arcsin\frac{2-x}{\sqrt{2}(x-1)}+C$

(13) $\ln[(\sqrt{x}+1)^2+4]-\arctan\frac{\sqrt{x}+1}{2}+C$　(14) $\frac{2\sqrt{3}}{3}\arctan\frac{2\tan\frac{x}{2}+1}{\sqrt{3}}+C$

(15) $\frac{1}{2}\ln\left|\tan\frac{x}{2}\right|-\frac{1}{4}\tan^2\frac{x}{2}+C$

(16) $\ln|1+\tan x|-\frac{1}{2}\ln|1+\tan^2 x|+C$

(17) $\frac{1}{2}\ln|1+\tan x|-\frac{1}{4}\ln|1+\tan^2 x|+\frac{1}{2}x+C$

(18) $\ln\left|\tan\frac{x}{2}+1\right|+C$

**6.** (1) $x(\ln^2 x-2\ln x+2)+C$　(2) $2e^{\sqrt{x}}(\sqrt{x}-1)+C$

(3) $e^{-x}(-x^2-2x-2)+C$　(4) $-2\sqrt{x}\cos\sqrt{x}+2\sin\sqrt{x}+C$

(5) $x\arctan x-\frac{1}{2}\ln(1+x^2)-\frac{1}{2}(\arctan x)^2+C$　(6) $-\frac{1}{x}\ln^2 x-\frac{2}{x}\ln x-\frac{2}{x}+C$

(7) $\frac{x}{2}(\sin\ln x-\cos\ln x)+C$　(8) $x\arcsin x+\sqrt{1-x^2}+C$

(9) $-\frac{\arctan e^x}{e^x}+x-\frac{1}{2}\ln(1+e^{2x})+C$　(10) $-\cot x\ln\sin x-\cot x-x+C$

(11) $-\frac{1}{x}\ln x+C$　(12) $2\sqrt{x}\arcsin\sqrt{x}+2\sqrt{1-x}+C$

**7.** (1) $\ln|(x-2)(x+5)|+C$　(2) $\frac{1}{21}\ln\left|\frac{x^7}{3+x^7}\right|+C$

(3) $\frac{1}{2}\ln|x^2+2|+\frac{\sqrt{2}}{2}\arctan\frac{x}{\sqrt{2}}+\frac{1}{x^2+2}+C$　(4) $\frac{5}{6}\ln\frac{x^2+1}{x^2+4}+\arctan x+C$

(5) $\frac{1}{3}\arctan x^3+C$　(6) $\frac{1}{2}\ln|x^2+2x+5|+C$

**8.** (1) $\ln\left|\tan\frac{x}{2}\right|+C$　(2) $\frac{3}{8}x-\frac{1}{4}\sin 2x+\frac{1}{32}\sin 4x+C$

(3) $\frac{1}{5}\sin^5 x-\frac{2}{3}\sin^3 x+\sin x+C$　(4) $\frac{1}{3\cos^3 x}+\frac{1}{\cos x}+\ln\left|\tan\frac{x}{2}\right|+C$

(5) $\frac{1}{4}\ln\left|\frac{\sin x-5}{\sin x-1}\right|+C$

(6) $\frac{2}{\sqrt{3}}\arctan\left[\frac{2}{\sqrt{3}}\left(\tan\frac{x}{2}-\frac{1}{2}\right)\right]-\frac{2}{3}\ \frac{3}{2\sqrt{2}}\arctan\left[\frac{3}{2\sqrt{2}}\left(\tan\frac{x}{2}-\frac{1}{3}\right)\right]+C$

(7) $x-\frac{1}{\sqrt{2}}\arctan(\sqrt{2}\tan x)+C$　(8) $\frac{1}{2}\ln|\sin x-\cos x|+\frac{x}{2}+C$

**9.** (1) $2\sqrt{x}+2\cos\sqrt{x}+C$　(2) $2\sqrt{1+\sin x}+C$　(3) $-\frac{1}{3}\arctan\frac{x-1}{3}+C$

(4) $\frac{1}{4}x^4+\frac{4}{3}x^3+8x^2+64x+256\ln|x-4|+C$

(5) $\frac{x^4-1}{4}\arctan x-\frac{x^3}{12}+\frac{x}{4}+C$

(6) $-\frac{1}{5x^5}+\frac{1}{3x^3}-\frac{1}{x}-\arctan x+C$

(7) $2\sqrt{x}-3\sqrt[3]{x}+6\sqrt[6]{x}-6\ln\left|\sqrt[6]{x}+1\right|+C$

(8) $-\frac{2}{x}-x-\frac{2}{x}\sqrt{1-x^2}-2\arcsin x+C$

(9)$2\sqrt{3-4x}+\sqrt{3}\ln\left|\dfrac{\sqrt{3-4x}-\sqrt{3}}{\sqrt{3-4x}+\sqrt{3}}\right|+C$

(10)$(1+x)-4\sqrt{1+x}+4\ln\left|\sqrt{1+x}+1\right|+C$

(11)$\ln\left|\dfrac{\sqrt{1-x}-\sqrt{1+x}}{\sqrt{1-x}+\sqrt{1+x}}\right|+2\arctan\sqrt{\dfrac{1-x}{1+x}}+C$

(12)$\dfrac{1}{\sqrt{2}}\arcsin\dfrac{\sqrt{2}\,x}{\sqrt{1+x^2}}+C$

(13)$-\dfrac{\sqrt{2x^2-2x+1}}{x}-\ln\left|\dfrac{\sqrt{2x^2-2x+1}-x+1}{x}\right|+C$

(14)$\dfrac{1}{2}\ln|\tan x|+\dfrac{1}{2}\tan x+C$ (15)$\dfrac{3}{7}(2+x)^{\frac{7}{3}}-\dfrac{3}{2}(2+x)^{\frac{4}{3}}+C$

(16)$-\dfrac{1}{x}-\arctan x+C$

(17)$\sqrt{2}\ln\left|\csc\dfrac{x}{2}-\cot\dfrac{x}{2}\right|+C$ (18)$\ln x-6\ln(\sqrt[6]{x}+1)+C$

(19)$\dfrac{3}{4}t^4-\dfrac{3}{2}t^2-\dfrac{3}{4}\ln|t-1|+\dfrac{15}{8}\ln(t^2+t+2)-\dfrac{27}{4\sqrt{7}}\arctan\left(\dfrac{2t+1}{\sqrt{7}}\right)+C$(其中 $t=\sqrt[3]{2+x}$)

(20)$-\dfrac{\ln x}{\sqrt{x^2-1}}+\arccos\dfrac{1}{x}+C$

**10.** $xf'(x)-f(x)+C$

**11.** $x\ln x+C$.

**12.** $-x^2-\ln(1-x)+C$

**13.** $f(x)=\begin{cases}\dfrac{x^3}{3}+C, & x\leqslant 0,\\ -\cos x+1+C, & x>0\end{cases}$

## 习题 6

**1.** (1)1 (2)$\ln 2$

**2.** (1)$\int_0^1\dfrac{1}{1+x}\mathrm{d}x$ (2)$\int_0^1\sin(a+bx)\mathrm{d}x$ (3)$\int_0^1\dfrac{1}{\sqrt{1+x^2}}\mathrm{d}x$ (4)$\int_0^1\dfrac{1}{\sqrt{4-x^2}}\mathrm{d}x$

(5)$\int_0^1 x^p\mathrm{d}x$ (6)$\int_0^1\dfrac{x}{1+x^2}\mathrm{d}x$

**3.** (1)$\int_0^1 \mathrm{e}^{-x^3}\mathrm{d}x>\int_0^1\mathrm{e}^{-x}\mathrm{d}x$ (2)$\int_1^2\ln x\mathrm{d}x>\int_1^2(\ln x)^2\mathrm{d}x$

(3)$\int_0^1 x^2\sin x\mathrm{d}x>\int_0^1 x\sin^2 x\mathrm{d}x$ (4)$\int_0^1\mathrm{e}^{-x}\mathrm{d}x<\int_0^1(1+x)\mathrm{d}x$

(5)$\int_0^1\dfrac{x}{1+x}\mathrm{d}x<\int_0^1\ln(1+x)\mathrm{d}x$ (6)$\int_{-2}^{-1}\left(\dfrac{1}{3}\right)^x\mathrm{d}x>\int_0^1 3^x\mathrm{d}x$

**4.** (1)$\frac{\pi}{3}\leqslant I\leqslant\frac{\pi}{2}$ (2)$\frac{\pi}{9}\leqslant I\leqslant\frac{2}{3}\pi$ (3)$\frac{2}{13}\pi\leqslant I\leqslant\frac{2}{7}\pi$ (4)$-\frac{3}{4}\leqslant I\leqslant 18$

(5)$\frac{1}{2}\leqslant I\leqslant\frac{\sqrt{2}}{2}$ (6)$1\leqslant I\leqslant\frac{6}{5}$

**5.** (1)$\frac{3x^2}{\sqrt{1+x^{12}}}-\frac{2x}{\sqrt{1+x^8}}$ (2)$2xe^{\frac{x^4}{2}}$ (3)$-\frac{2\sin|x|}{x}$

(4)$-\tan(\ln e^{2x}+1)e^x$ (5)$\frac{-\cos(\cos x)\sin x}{1+\cos^2 x}-\frac{\cos(\sin x)\cos x}{1+\sin^2 x}$

**6.** (1)$\frac{3}{2}$ (2)$\frac{1}{4}$ (3)$\sqrt{2}$ (4)$\frac{3}{5}(9\sqrt{3}-4\sqrt{2})$ (5)$\arctan 2-\frac{\pi}{4}$

(6)$\frac{4(2+\sqrt{2})}{15}$ (7)$4\sqrt{2}$ (8)$e^4+e^2-2$ (9)$\frac{10}{3}$ (10)$\frac{37}{24}-e^{-1}$

(11)$=\begin{cases}0, & -\infty<x\leqslant 0.\\ \frac{1}{4}x^2, & 0<x\leqslant 2.\\ x-1, & 2<x<+\infty.\end{cases}$ (12)$\frac{\pi}{16}$

**8.** (1)$\sqrt{3}-\frac{\pi}{3}$ (2)$7+2\ln 2$ (3)$\ln\frac{e+\sqrt{e^2+1}}{1+\sqrt{2}}$ (4)$\frac{2}{7}$ (5)$\frac{1}{\sqrt{2}}\arctan\sqrt{2}$

(6)$\frac{1}{3}(\ln 5-\ln 2)$ (7)$\frac{16}{35}$ (8)$\frac{\pi}{16}a^4$ (9)$\sqrt{3}-\frac{\pi}{3}$ (10)$\frac{\pi^2}{4}$ (11)$1-\frac{\pi}{4}$

(12)$\frac{16}{35}\pi$ (13)$\ln(2+\sqrt{3})-\ln 3$ (14)$\frac{4}{3}$

**9.** (1)$1-\frac{2}{e}$ (2)$\frac{1}{4}(e^2-1)$ (3)1 (4)$\frac{1+\ln 2}{1-2e}-\frac{1}{1-e}+\ln\frac{2e-1}{2(e-1)}$

(5)$\frac{\pi^2}{8}-1$ (6)$4\pi$ (7)$\frac{1}{16}\pi^2-\frac{\pi}{4}+\frac{1}{2}$ (8)$\frac{2}{3}\pi-\frac{\sqrt{3}}{2}$ (9)$\frac{1}{3}$

(10)$\frac{\pi^2}{72}+\frac{\sqrt{3}}{6}\pi-1$ (11)$\frac{1}{2}-\frac{3}{8}\ln 3$ (12)$\frac{\pi}{4}+\ln\sqrt{2}$ (13)$\frac{1}{5}(e^{\pi}-2)$

(14)$\frac{1}{8}(e^{\frac{\pi}{2}}-1)$ (15)$\frac{1}{2}[\sqrt{2}+\ln(\sqrt{2}+1)]$ (16)$\frac{\pi}{2}-1$ (17)$2(1-\frac{1}{e})$

(18)$4\sqrt{2}\pi$

**10.** (1)$\frac{5}{16}\pi$ (2)$\frac{2^{2n}(n!)^2}{(2n+1)!}$ (3)2 (4)$\frac{1}{8}\pi^2+\frac{1}{2}$ (5)$1-\frac{\sqrt{3}}{6}\pi$

(6)$\frac{16}{3}\pi-2\sqrt{3}$ (7)$\frac{1}{2}[1+e(\sin 1-\cos 1)]$ (8)$-\frac{\sqrt{2}}{2}\pi+2\ln(\sqrt{2}+1)$

(9)$\frac{\pi}{2}$ (10)$\frac{\sqrt{3}}{18}\pi+\ln\sqrt{3}$ (11)$\frac{\sqrt{2}}{32}\pi^2-\frac{\pi}{2}+\sqrt{2}$ (12)$8^{\frac{1}{4}}(e^{\frac{\pi}{8}}-e^{-\frac{\pi}{8}})$

(13)$\frac{3\pi^2}{512}$ (14)$\frac{1}{4}\ln 2$ (15)$\frac{\pi}{8}\ln 2$ (16)$\frac{\pi}{8}-\frac{1}{4}$

**11.** $2\pi+\frac{4}{3}$　$6\pi-\frac{4}{3}$

**12.** (1)4　(2)$\frac{9}{2}$　(3)6.382 2

**13.** $\frac{9}{4}$

**14.** (1)$4\sqrt{3}$　(2)$\frac{1\,000}{3}\sqrt{3}$　(3)$\frac{\pi}{4},\frac{4}{7}\pi$　(4)$\frac{4}{3}\pi$　(5)$34\frac{2}{15}\pi$　(6)$4\pi^2$

(7)$2\pi^2, 4\pi-\frac{\pi^2}{2}$

**16.** (1)4 单位　(2)5 000 万元

**17.** (1)$\frac{\pi}{2}-1$　(2)$\frac{1}{2a}$　(3)1　(4)$\frac{2\sqrt{3}}{3}\pi$　(5)$\frac{\pi}{6}$　(6)$\frac{\pi}{4}+\ln\sqrt{2}$　(7)发散

(8)$\frac{\pi}{6}$　(9)发散　(10)$\frac{1}{8}$

**18.** (1)收敛　(2)收敛　(3)发散　(4)$0<p\leqslant 1$ 发散，$p>1$ 收敛

**20.** (1)$\frac{3}{2}$　(2)$\frac{\pi^2}{8}$　(3)$\pi$　(4)$\pi$　(5)$-\frac{\pi}{3}$　(6)$-1$　(7)发散

(8)$\frac{\pi}{2}+\ln(2+\sqrt{3})$　(9)发散

**21.** (1)收敛　(2)收敛　(3)$p\geqslant 3$ 时发散，$p<3$ 时收敛　(4)发散

**22.** (1)$\frac{1}{n}\Gamma\left(\frac{1}{n}\right)$　(2)$\frac{1}{2a^{n+1}}\Gamma\left(\frac{n+1}{2}\right)$　(3)$\frac{1}{2}e^2(\sqrt{\pi}+1)$　(4)$\frac{1}{2}m!$

(5)$\frac{(2m-1)!}{2^{m+1}}\sqrt{\pi}$　(6)$\frac{105}{16}\sqrt{\pi}$